新工科系列精品教材·开源口袋实验室系列

计算机系统设计（下册）

——基于 FPGA 的 SoC 设计与实现

魏继增　郭　炜　肖　健　编著

U0282867

電子工業出版社.

Publishing House of Electronics Industry

北京·BEIJING

内 容 简 介

《计算机系统设计》系列教材是在新工科建设的背景下，面向国家"自主可控"信息化发展战略，围绕系统能力培养的目标而编写的。本书为该系列教材的下册，在上册所设计的 32 位 MIPS 流水线处理器（MiniMIPS32）的基础上，详细讲授 SoC 软硬件设计、集成、测试的方法和流程。

全书分为 8 章，主要包括增强型 MiniMIPS32 处理器设计，互连总线的集成，存储系统的设计与集成，常见外设的设计与集成，操作系统移植，面向特定应用领域的 SoC 设计，基于 Xilinx FPGA 和 Vivado 的 IP 核设计、封装及基于 IP 核的 SoC 平台构建等内容，提供微课视频、电子课件、程序代码等。书中将 SoC 设计过程中每个环节所涉及的硬件和软件的基本概念关联起来，力争给读者建立一个功能完备、层次分明的 SoC 软硬件架构。

本书可作为高等院校计算机、集成电路等专业高年级本科生及研究生的教材或教学参考书，也可作为计算机系统综合课程设计、数字系统课程设计的实验指导用书或计算机系统工程师的技术参考书。

图书在版编目（CIP）数据

计算机系统设计. 下册，基于 FPGA 的 SoC 设计与实现 / 魏继增，郭炜，肖健编著. —北京：电子工业出版社，2022.2

ISBN 978-7-121-34941-6

Ⅰ．①计… Ⅱ．①魏… ②郭… ③肖… Ⅲ．①电子计算机-系统设计-高等学校-教材 Ⅳ．①TP302.1

中国版本图书馆 CIP 数据核字（2018）第 199351 号

责任编辑：王羽佳　　文字编辑：康　霞
印　　刷：三河市华成印务有限公司
装　　订：三河市华成印务有限公司
出版发行：电子工业出版社
　　　　　北京市海淀区万寿路 173 信箱　　邮编：100036
开　　本：787×1 092　1/16　印张：18.75　字数：541.2 千字
版　　次：2022 年 2 月第 1 版
印　　次：2022 年 2 月第 1 次印刷
定　　价：69.00 元

前　　言

写作背景和意义

经过"复旦共识、天大行动、北京指南"，具有中国特色工程教育的新工科（Emerging Engineering Education）建设全面启动。面向新工科，计算机类专业的教学改革也势在必行。在过去的二十几年间，计算机类专业在移动互联网、云计算、人工智能等领域为我国培养了大量人才。但这些人才主要集中在计算机应用领域，而在计算机系统设计方面，包括处理器、操作系统和编译系统等，却是人才紧缺，导致我国在各类型计算机系统设计中所使用的核心器件、高端芯片、基础软件长期依赖进口，受制于人，严重影响了"自主可控"国家信息产业战略的实施，严重危害国家安全，也是我国计算机领域自主创新不足的重要原因。造成这一问题的根本原因是，目前的计算机教育缺乏对学生进行"系统能力"的培养。让学生自己动手"设计一台功能完备，可支持简单操作系统和常见应用运行的计算机系统"将十分有助于"系统能力"的培养，同时还可激发学生从事计算机系统开发的兴趣和激情。但目前，我国计算机教学中存在知识衔接脱节、缺乏工程性和综合性教学方法、缺乏具有工程规模的系统性实验等问题，无法保证学生解决这样一个极具难度和挑战性的工程问题，自然也就谈不上"系统能力"的培养。因此，需要建设一系列全新的课程、教材对其进行尝试和探索。

作者以践行"系统能力"培养为目标，基于 Diligent 公司的 FPGA 开发平台，利用软硬件协同设计与验证方法学，围绕"设计一台功能完备，可支持操作系统微内核和常见应用运行的计算机系统"这个复杂的工程问题，编写了这套《计算机系统设计》系列教材。这套教材由上、下两册组成，上册专注于主流 RISC 处理器的设计与实现，下册使用所设计的处理器结合总线和常见外设构建一个完整的计算机系统，并完成开源操作系统的移植和常见应用的开发。

适用范围和课程

国内很多高校的"计算机系统基础"或"计算机系统导论"等课程，一般开设在本科低年级，旨在开始计算机各专业课学习之前对计算机系统形成初步认识。而本系列教材更加专注于计算机系统的设计过程，通过真正的动手实践使学生做到对数字逻辑、计算机组成原理、汇编语言程序设计、操作系统、计算机系统结构等课程所学知识的有序衔接和综合运用，形成对计算机系统更直观、更形象、更全面的认识。因此本书适用于计算机类专业（包括微电子、集成电路与集成系统专业）本科高年级（大三、大四）或研究生阶段。在使用本书之前，学生应至少学习完数字逻辑、计算机组成原理、计算机系统结构、操作系统等基础课程，此外，如果具备硬件描述语言和 FPGA 开发知识，则将更加事半功倍。

使用本书开设的课程名称可以是"计算机系统设计""计算机系统综合实验"或类似名称；也可将本书选为"计算机组成原理""计算机系统结构"等课程的实验教材，或短学期综合实践类教材。

此外，书中并非所有章节都是必需的，在教学过程中，可根据学生的实际情况有所取舍。例如，如果学生之前已经学习过有关 SoC 基本设计方法和流程，则可以跳过第 1、2 章；如果学生更关注 SoC 平台的构建，则可以跳过第 3 章，直接使用本书提供的处理器 IP 核开始 SoC 平台的设计；

如果已经学习过常见外设的理论知识，则可以跳过第 6 章各小节中有关外设工作原理的介绍。

写作思路和特色

本书为《计算机系统设计》系列教材的下册。虽然 SoC 的种类繁多、千差万别，但其设计原理和流程基本是一致的。因此，本书在上册所设计的 MiniMIPS32 处理器的基础上，详细讲授 SoC 的软硬件设计、集成、测试的方法和流程。本书将讲解增强型 MiniMIPS32 处理器设计，互连总线的集成，存储系统的设计与集成，常见外设的设计与集成，操作系统移植，面向特定应用领域的 SoC 设计，基于 Xilinx FPGA 和 Vivado 的 IP 核设计、封装及基于 IP 核的 SoC 平台构建等内容。书中将 SoC 设计过程中每个环节所涉及的硬件和软件的基本概念关联起来，力争给读者建立一个功能完备、层次分明的 SoC 软硬件架构。本书的特色表现在以下几个方面：

- 完善的处理器结构。虽然上册所设计的 MiniMIPS32 处理器功能比较完备，但还不足以支撑 SoC 的构建。本书对 MiniMIPS32 处理器的结构进一步增强和完善，设计了虚实地址映射、高速缓冲存储器、指令地址仲裁、AXI4 接口转换等功能模块，并将其封装为具有标准 AXI4 接口的 IP 核，可直接集成到各类兼容 AXI4 协议的 SoC 平台上。
- 成熟的 SoC 设计方法：本书基于业界主流 IP 核复用的设计方法，利用 Xilinx Vivado 中的 Block Design 工具，通过原理图绘制的方式，采用 Xilinx 提供的成熟 IP 核和自定义 IP 核高效完成了 SoC 的设计与集成。
- 完整的软硬件设计流程：书中不但阐述了 SoC 硬件平台搭建的全流程，还详细给出了软件驱动和测试程序的设计，完成了操作系统的移植，并针对信息安全和人工智能两个常见领域给出了专用加速模块设计和 SoC 解决方案，覆盖了基于 FPGA 的 SoC 设计中的绝大部分软硬件流程。
- "增量式"的教学方法：本书借鉴软件工程中的"增量模型"开发方法，采用循序渐进的方式，逐步完善 SoC 的软硬件功能，并为学生提供了详尽的软硬件源码和设计步骤。在降低设计难度的同时，可激发学生从事计算机系统设计的兴趣，帮助他们建立信心，也使学生更关注系统设计过程中的关键环节。

内容安排

本书由 8 章组成，分为 4 个部分：

（1）基础理论部分

第 1 章为 SoC 设计概述，重点介绍 SoC 的基本概念、SoC 的组成部分及 SoC 的发展趋势。

第 2 章为 SoC 设计流程，着重介绍 SoC 的软硬件协同设计流程，涉及基于标准单元的 SoC 设计，基于 FPGA 的 SoC 设计和 IP 复用的设计方法。

（2）增强型 MiniMIPS32 处理器设计部分

第 3 章为基于增强型 MiniMIPS32 处理器的 SoC——MiniMIPS32_FullSyS，讲解了增强型 MiniMIPS32 处理器的设计，包括虚实地址映射单元的设计、地址仲裁单元的设计及高速缓冲存储器 Cache 的设计等。此外，本章还给出了 MiniMIPS32_FullSyS SoC 的整体架构和虚拟地址空间的划分。

（3）MiniMIPS32_FullSyS 设计部分

第 4 章为 AXI4 总线接口及协议，介绍了 AX4 总线接口的结构、主要信号和读写时序，着重讲解了 AXI Interconnect IP 核，并完成了增强型 MiniMIPS32 处理器的 IP 核封装及与 AXI Interconnect IP 核的集成，为后续 SoC 设计奠定了架构基础。

第 5 章为存储系统，重点讲述 MiniMIPS2_FullSyS SoC 中主存单元和外部存储器单元的设计与集成，完成存储系统的构建。

第 6 章为外部设备，重点讲解了 MiniMIPS32_FullSyS SoC 中的各种外设的设计、集成、驱动开发及功能测试，包括 GPIO、UART 串口、Timer 定时器及 VGA 接口等。

第 7 章为操作系统移植，给出了完整的 μC/OS-II 嵌入式实时操作系统内核的移植过程和功能测试方案。

（4）样例部分

第 8 章为面向特定应用的 SoC 软硬件设计，针对信息安全和人工智能两个常见领域，详细给出了面向 RSA 公钥密码系统和手写体数字识别的 SoC 软硬件设计方案。

教辅提供

扫描二维码
在线学习本书课程

为辅助读者更好地使用本书学习，本书提供免费教学资料包，包括电子课件、程序代码、微课视频等。电子课件、程序代码等请登录华信教育资源网（http://www.hxedu.com.cn）免费注册下载。可使用华信在线学习平台 SPOC（https://www.hxspoc.cn）或扫描右边二维码，进行本课程的在线学习。

致谢

本书由天津大学计算机学院魏继增、郭炜及华为海思的肖健执笔完成。在此衷心感谢在本书编写过程给予我们大力支持和中肯建议的各位专家、同事和学生，正是他们的鼓励和帮助才能使我们顺利完成书稿的编写。在编写过程中，来自北京航空航天大学计算机学院的高小鹏教授、清华大学计算机系的刘卫东教授、南京大学计算机系的袁春风教授等专家花费了大量时间和精力对本书进行审阅，并从章节结构、内容及实践细节等方面提出许多宝贵的修改意见。国防科技大学计算机学院的王志英教授对本书的撰写做了前瞻性指导。天津大学智能与计算学部的硕士研究生薛臻、储旭、施思雨等对书中的 SoC 软硬件功能进行了部分开发和大量的功能测试。还要特别感谢电子工业出版社王羽佳编辑，华信教育研究所的肖博爱副所长对本书出版给予的热情帮助。此外，在编写过程中，作者还参阅了很多国内外作者的相关著作，特别是本书参考目录中列出的著作，在此一并表示感谢。

本书是作者以教育部高等学校计算机类专业教学指导委员会（简称计算机教指委）"系统能力"培养试点校项目、天津大学"十四五"规划教材、天津大学"研究生创新人才培养项目"（YCX18032）、Digilent-教育部产学合作协同育人项目、"龙芯杯"全国大学生计算机系统能力培养大赛为依托编写完成的，在此感谢计算机教指委、天津大学研究生院、天津大学教务处、Digilent 公司及龙芯中科技术有限公司对作者的信任和支持。

结束语

新工科的启动呼唤适应产业需求、满足国家重大需求的全新的课程和教材。在新工科的历史机遇下，本书旨在培养计算机类专业及相关专业学生的"系统能力"，为国家培养未来可适应"自主可控"信息化发展战略的创新型计算机核心人才。本书广泛参考了国内相关的经典教材和著作，在内容的组织和描述上力争做到概念准确、语言通俗易懂、实践过程循序渐进，并尽量详尽地描述处理器的设计过程和注意事项。虽然作者已经尽力，但由于计算系统设计过程十分复杂，存在很多琐碎的工程细节，加之作者水平有限，书中难免存在遗漏和不足之处，敬请广大读者给予批评指正，以便在后续版本中予以改进。

目　　录

第 1 章　SoC 设计概述

在上册书中已经设计了一款基于 32 位 MIPS 指令集的标准 5 级流水线处理器——MiniMIPS32。不过仅仅一个处理器还不足以构成功能完备的计算机系统，还需要围绕处理器进一步集成总线、存储器、外设等多种硬件模块，并完成相应的驱动程序、操作系统及应用的开发与移植，这一过程就是片上系统（SoC，System on Chip）的设计。现在请跟随本书的内容学习如何基于 Xilinx FPGA 平台设计一款 SoC——MiniMIPS32_FullSyS。

在设计 SoC 之前，需要先从了解 SoC 的基本概念入手。本章首先对 SoC 的基本概念和特点进行概述；然后讲解 SoC 的常见分类方法及基本组成要素；接着分析了未来 SoC 设计技术的发展趋势和所面临的主要挑战；最后对目标 SoC 系统——MiniMIPS32_FullSyS 进行了概述，并介绍本书的目标和组织结构。

1.1　SoC 概述

随着深亚微米集成电路制造工艺的普及，各类计算机系统，特别是消费类电子产品，如移动通信系统、音/视频处理系统等都要求进行百万门级的集成电路设计。这些系统的设计时间和产品投放市场的时间（TTM，Time-To-Market）要尽可能短，同时开发过程要有一定的可预测性、产品制造的风险要尽量小、产品质量要尽可能高。在这种情况下，传统的以单元库为基础的专用集成电路设计方法已跟不上设计需要，于是一种新的设计概念——SoC 应运而生了。

SoC 也称为系统级芯片。随着时间的不断推移和相关技术的不断完善，SoC 的定义也在不断发展和完善。概括起来说，SoC 就是将完整计算机系统所有不同的功能模块（包括各类处理器、存储器、专用加速器及外设等）一次直接集成于一块芯片之中而形成的系统或产品。此外，除上述硬件系统之外，SoC 还包括了其所承载的所有相关软件，如系统软件、应用软件等。因此，SoC 设计的本质是软硬件协同设计。

与传统设计相比，SoC 将整个系统集成在一个芯片上，使得产品的性能大为提高，体积显著缩小。此外，SoC 适用于更复杂的系统，具有更低的设计成本和更高的可靠性，因此具有广阔的应用前景。

1. SoC 可以实现更为复杂的系统

随着集成电路制造工艺的发展，SoC 已经把功能逻辑、SDRAM、Flash、E-DRAM、I/O 控制器、MEMS 集成到一个芯片上。甚至在近几年，传感器、光电器件也被集成到 SoC 中，可见 SoC 不仅仅是各种模块的集成，更是各类技术的相互集成，因此它可以完成更为复杂的系统功能。

随着 SoC 设计技术的发展，在 SoC 上可以集成多个处理器和多个异构加速器，如用于嵌入式网络领域的高速网络驱动 SoC 芯片、高端游戏驱动芯片等。预测显示，一个在 22 nm 工艺下生产的 80 个核的 SoC，其性能将优于一个在 45 nm 工艺下生产的 8 个核的 SoC 的 20 倍。

2. SoC 具有更低的设计成本

集成电路的成本包括设计的人力成本、软硬件成本、所使用的 IP 成本，以及制造、封装、测试的成本。使用基于 IP 的设计技术，为 SoC 的实现提供了多种途径，从而大大降低了设计成本。另外，随着一些高密度可编程逻辑器件的应用，设计人员能够在不改变硬件结构的前提下修改、完善甚至重新设计系统的硬件功能，这就使得数字系统具有独特的"柔性"特征，可以适应设计要求的不断变化，从而为 SoC 的实现提供一种简单易行而又成本低廉的手段。

3．SoC 具有更高的可靠性

SoC 技术的应用面向特定用户的需要，芯片能最大限度满足复杂功能要求，因而能极大地减少印制电路板上的部件数和引脚数，从而降低电路板失效的可能性。

4．缩短产品设计时间

现在电子产品的生命周期正在不断缩短，要求完成芯片设计的时间就更短。采用基于 IP 复用（Reuse）的 SoC 设计思路，可以将某些功能模块化，在需要时取出原设计重复使用，从而大大缩短设计时间。

5．减少产品反复的次数

SoC 设计面向整个系统，不再限于芯片和电路板，并且还有大量与硬件设计相关的软件。因此在软硬件设计之前，会对整个系统所实现的功能进行全面分析，以便产生一个最佳软硬件分解方案，以满足系统的速度、面积、存储容量、功耗、实时性等一系列指标要求，从而降低设计的返工次数。

6．可以满足更小尺寸的设计要求

现实生活中，很多电子产品必须具有较小的体积，如可以戴在耳朵上的便携式电话，或者手表上的可视电话。产品的尺寸限制意味着器件上必须集成越来越多的东西。采用 SoC 设计方法，可以通过优化的设计和合理的布局布线，有效提高晶圆（Wafer）的使用效率，从而减小整个产品的尺寸。

7．可达到低功耗的设计要求

虽然芯片的规模、集成密度和性能要求都达到前所未有的水平，但其功耗问题日益突出。特别是便携式产品的广泛应用，如移动通信等产品，功耗现在约为 5～10W。由于这类设备用电池作为电源，所以减小功耗就意味着延长使用时间，以及减小电池的大小和质量。

1.2　SoC 的分类及基本组成

图 1-1 所示为面向便携式消费电子应用的典型 SoC 架构示意图。其主要由多个主处理器、多个处理引擎（PE，Processing Engine）、多个外设及主存储器组成，具有高并行性的特点，同时可以完成多个功能。现在的 SoC 芯片上可整体集成 CPU、DSP、数字电路、模拟电路、存储器、片上可编程逻辑等多种电路，支持图像处理、语音处理、通信协议、信息安全、大数据处理等多种应用。

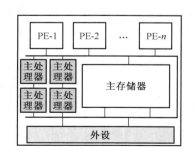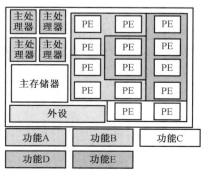

图 1-1　面向便携式消费电子应用的典型 SoC 架构

SoC 按用途可分为两种类型：一种是面向特定应用的专用 SoC 芯片，是专用集成电路（ASIC）向系统级集成的自然发展；另一种是通用 SoC 芯片，将绝大部分部件，如 CPU、DSP、存储器、I/O 外设等集成在芯片上，同时提供用户设计所需要的逻辑资源和软件编程所需的软件资源。按照所采用的设计方法，SoC 可分为基于 ASIC 的 SoC 和基于 FPGA 的 SoC。前者采用专用集成电路 ASIC 的设计流程来完成 SoC 的设计、实现和加工制造；后者也被称为 SOPC（System-on-a-Programmable-Chip），即可编程片上系统，其基于 FPGA 的设计流程将整个计算机系统集成于可编程器件 FPGA 之上。与基于 AISC 的 SoC 相比，基于 FPGA 的 SoC 具有可裁减、可扩充、可升级，并且软硬件皆可编程的特点，并且省去大多繁复的数字电路后端设计步骤，无须加工流片，具有更高的可靠性。

无论对于哪一种 SoC，IP（Intelligent Property）仍然是构成 SoC 的基本单元。IP 是指由各种超级宏单元模块电路组成并经过验证（Verification）的芯核，也可以理解为满足特定规范，并能在设计中复用的功能模块，又称为 IP 核（IP Core）。从 IP 的角度出发，SoC 又可定义为基于 IP 模块的复用技术，以嵌入式系统为核心，把整个计算机系统集成在单个（或少数几个）芯片上完成整个系统功能的复杂的集成电路。目前的 SoC 集成了诸如处理器、存储器、输入/输出端口等多种 IP。

1.3　SoC 设计的发展趋势

1.3.1　SoC 设计技术的发展和挑战

随着集成电路工艺的发展，SoC 设计的挑战不断出现。其中，设计成本（Design Cost）被认为是 SoC 发展道路上的最大障碍。从设计角度考虑，成本的变化主要体现在以下方面：

- 对于 SoC 而言，其包含软件和硬件两部分，不同的软硬件划分方案和实现方法决定了设计成本。
- 制造的非周期性发生费用（NRE，Non-Recurring Engineering）越来越高，主要包括掩模板和工程师的设计费用，一旦发生设计错误，将导致这一成本成倍增长。
- 摩尔定律加快了设计更新的步伐，缩短了产品的生命周期。相对较长的设计和验证周期增加了成本。

另外，设计方法也没有停止前进的脚步，IP 复用和 EDA 工具的发展大大降低了设计成本，从图 1-2 可以看出，这一成本的变化已经不再呈线性发展趋势。特别是，电子系统级（ESL）设计方法的广泛使用提高了系统结构设计的效率，大大减少了设计成本。加上其他设计方法的应用，使得设计成本比原先估计的大为下降。

除设计成本外，SoC 设计还面临如下诸多挑战。

1．集成密度（复杂性）

集成密度是指芯片单位面积上所含的元件数，其朝着密度越来越高的方向发展，这也意味着集成电路的规模越来越大、复杂性越来越高。造成这一发展趋势的原因是整机系统的日新月异。随着科技的进步和人们对生活需求的提高，整机系统不断朝着多功能、小体积的方向发展，如手机、PDA、MP4 等消费类通信移动终端。这就要求系统中的芯片在满足功能需求的同时，体积能够尽可能小。如今，设备制造技术的进步使得集成电路的最小特征尺寸（晶体管的最小沟道长度或芯片上可实现的互连线宽度）逐渐减小。SoC 设计技术的出现使得设计者可以将整个系统集成在一块芯片上，并且从全局出发，把处理机制、模型算法、芯片结构、各层次电路直至器件的设计紧密结合起来，通过顶层和局部的优化来提高芯片的集成密度。

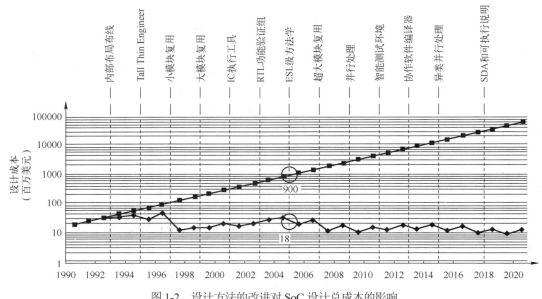

图 1-2　设计方法的改进对 SoC 设计总成本的影响

不难发现，集成密度挑战来自两方面，即硅器件的复杂性和设计的复杂性。

（1）硅器件的复杂性

硅器件的复杂性是指工艺尺寸缩小及新器件结构所带来的影响，以前可以忽视的现象现在对于设计的正确性存在着相当大的影响：

① 对于器件而言，无法确定各个参数理想的缩小比例（包括电源电压、阈值电压等）；

② 尺寸缩小使得寄生电容、电感的影响无法忽略，对于制造工艺的可靠性造成一定影响。

（2）设计的复杂性

设计的复杂性主要体现在芯片验证和测试难度的提高，以及 IP 复用、混合电路设计的困难加大。

① 芯片验证更为复杂

电路规模的增加导致庞大的设计数据和更为复杂的验证过程。集成度越高，实现的功能越丰富，所需要的验证过程就越烦琐，验证向量的需求也就更多。目前，越来越多的设计厂商在设计复杂 SoC 芯片时采用基于 IP 核复用的方法。就 IP 核功能而言，有处理器核、DSP 核、多媒体核等；就电路类型而言，有数字逻辑核、存储器核、模拟/混合核。IP 核的多样性造成了验证的复杂性。

② 芯片测试更为复杂

集成密度的提高同样给芯片测试带来了困难。芯片规模的增大，往往会导致外围引脚的增加，并且内部逻辑越来越复杂，会生成海量的测试矢量。这就对芯片测试设备提出了更高的要求。ATE（Automatic Test Equipment）所能提供的测试通道深度和测试时间都是"稀缺资源"，随着集成密度不断提高，测试日渐成为复杂 SoC 设计流程中的瓶颈。

2．时序收敛

集成电路设计中的时序收敛一般指前、后端设计时序能够达到需求。随着工艺的进步，线延迟占主导地位，时序收敛问题越来越严重。当前，基于标准单元的深亚微米集成电路设计正接近复杂度、性能和功耗的极限。设计工具的时序准确性不足及版图后的时序收敛问题已经成为成功实现这类设计项目的两大关键障碍。根据市场调研公司 Collett International 的调查，60%以上的 ASIC 设计存在时序收敛问题。

从 0.18μm 特征尺寸开始，在逻辑综合期间，用于评估互连负载和时延的基于统计扇出（Fanout）

的线负载（Wireload）模型与版图设计完成后，实际的互连负载和时延之间存在很大区别，从而导致设计的综合后和版图设计后两个版本之间缺乏可预测的时序。在 0.13μm 以下特征尺寸时，估计的和实际的互连线特征之间的差异要比 0.18μm 时大很多。因此，在更小尺寸的情况下，出现时序收敛问题时，设计工程师必须修改 RTL 设计或约束，重新综合并重新设计版图，这大大增加了前端/后端的迭代工作，既耗时也影响了项目的进度。为此，人们必须找到一种方法，能够在设计的早期获得更加精确的时序信息。

3. 低功耗设计

SoC 的低功耗设计已成为重大挑战之一，在特定领域，功耗指标甚至成为第一大要素。近年来，随着 IC 工作频率、集成度、复杂度的不断提高，IC 的功耗快速增加，以 Intel 处理器为例，处理器的最大功耗每 4 年增加 1 倍，而随着制造工艺尺寸的减小，CMOS 管的静态功耗（漏电）急剧增加，并且呈指数增长趋势。功耗的增加带来了一系列的现实问题及设计挑战：

① 功耗增加引起的 IC 运行温度上升会引起半导体电路的运行参数漂移，影响 IC 的正常工作，即降低了电路的可靠性和性能。

② 功耗增加引起的 IC 运行温度上升会缩短芯片寿命，并且对系统冷却的要求也相应提高，不仅增加了系统成本，而且限制了系统性能的进一步提高，尤其对于现在流行的移动计算。

③ 为了进行低功耗设计，选择不同性能参数的器件，如多阈值电压的 MOS 管、不同电源电压的器件等，这样一来就大大增加了设计复杂度。

系统的低功耗设计及集成电路低功耗设计至今仍是 SoC 低功耗设计的关键。

从宏观结构上看，集成电路功耗来自于集成电路内部的各功能模块及功能模块间通信的功耗，而功能模块的划分、功能特性、数量和相互关系及任务的分配是在系统结构设计时确定的。集成电路的功耗是各功能模块功耗的总和。对于性能的不同要求，对模块的功能要求就不同，从而影响集成电路的实现规模。功能越复杂，实现规模越大，集成电路的功耗就越高，所以系统结构级的设计从根本上关系到集成电路功耗的大小。随着 ESL 设计方法的出现，使得在设计的早期进行软硬件协同设计成为可能，如图 1-3 所示，系统级设计将在低功耗设计中发挥越来越重要的作用。

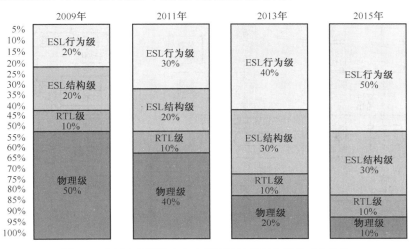

图 1-3　在低功耗设计中各个设计阶段所起作用的变化趋势

从微观电路实现上看，集成电路的功耗主要由动态功耗和静态功耗两部分组成。目前集成电路主要以静态 CMOS 为主，在这类电路中，动态功耗是整个电路功耗的主要组成部分；其次是静态功耗，随着工艺尺寸的不断减小，泄漏电流消耗的功率所占的比重越来越大，成为 IC 功耗的主要来源之一。在 0.13μm 以下工艺下，泄漏电流再也不能被忽略不计。在 90nm 工艺下，泄漏电流所消耗的功率可占总功耗的 50%左右。如何降低泄漏电流功耗又成为一个棘手的问题。因此，对于设计人员来说，需要针对不同的功耗进行设计方法的折中。

1.3.2 SoC 设计方法的发展和挑战

随着集成电路制造工艺的发展，SoC 上将集成更多数量和种类的器件。设计、制造、封装和测试变得越来越密不可分。同时，人们对高效能的 SoC 的需求会更加迫切。未来的 SoC 中将会用到更多处理器或加速器，以便更加灵活地支持不断出现的新应用。设计方法也会改进以应对新的挑战，其会对设计工具提出新的要求，产生新的设计技术。这些趋势主要体现在以下方面：

- IP 复用不仅仅在硬件领域需要，在软件设计领域同样需要；
- 今后的设计将在一个应用平台上完成，该平台包括一个或多个处理器和逻辑单元，即基于平台的设计；
- 可编程、可配置、可扩展的处理器核的使用，会使得原有的设计流程和设计者思维发生变化；
- 系统级验证时，利用高级语言搭建验证平台和编写验证向量，需要相应的工具支持；
- 软硬件协同综合，使得在同样的约束条件下，系统达到最优设计性能。

这些都要求设计层次向着更高的抽象层次发展，设计工具之间更紧密的结合，更早地实现功能验证和性能验证。图 1-4 所示为设计系统结构的发展趋势。

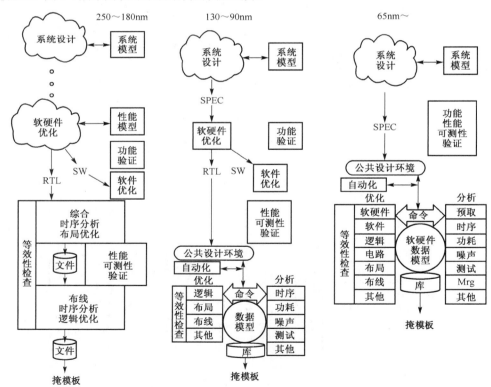

图 1-4　设计系统结构的发展趋势

SoC 设计应该是一个软件和硬件协同设计的过程，这也是 SoC 系统一个非常重要的标志。然而，传统的集成电路设计方法一般是将系统分为两个阶段：系统级软件开发部分和电路级硬件设计部分。特别需要指出的是，软件开发和硬件设计往往是相对独立进行的——在系统级，软件开发人员使用C/C++/SystemC 等高级编程语言进行系统描述和算法仿真，并分析系统在软件层面的各项指标，撰写系统设计书，然后移交给硬件设计工程师；在电路级，硬件设计师首先要用大量的时间理解系统设计书，之后才能利用 VHDL 或 Verilog 硬件描述语言进行电路设计。在这个手工转换的过程中，可能还会引入人为的错误因素。另外，为了验证软件开发的正确性，必须等到硬件全部完成之后才能开始进行软件测试和系统集成，大大延长了设计的进程。传统的设计方法使得在软件和硬件之间很难进行早期的平衡和优化，并有可能严重影响开发成本和开发周期。根据有关统计从系统级设计到电路级设计所花费的时间一般是系统级设计所花时间的 3 倍左右。因此，在系统级设计与电路级设计之间架设一座桥梁，提高设计效率，保障设计成功，已经成为集成电路设计领域极为迫切的任务。

在更高抽象层次上的建模，如系统级建模，可使得硬件及软件工程师可以在同一个平台上设计。业界领先的公司采用电子系统级（ESL，Electronic System Level）设计方法是因为它利用系统级建模，可以更有效地进行设计空间的探测（Design Space Exploration），进而快速得到优化的系统结构。ESL 设计使设计工程师能够及早进行软件开发，实现快速设计和派生设计、快速硬件验证及快速硬件/软件（HW/SW）验证。它还提供可以用来验证下游 RTL 实现符合系统规范的功能测试平台。此外，ESL 设计工具可用于综合针对特定应用设计的定制化处理器，并完成算法的快速开发和实现。

对于一个大型软件开发任务来说，即使原有软件的复用程度很高，尽可能早地开始软件开发很有必要。采用基于高级语言的 ESL 设计方法学，SoC 结构工程师可生成一个用来仿真的 SoC 行为模型，如果需要，还可以生成仿真 SoC 周期精确时序的高级模型。这个模型称为事务级模型（TLM），它使软件设计工程师在 RTL 设计或硅原型完成前几个月即可着手进行软件开发工作。

高层次的抽象使得多种验证可以更早进行，降低了产品的面世时间和产品的成本，并且可以更早地发现设计错误。在系统级设计中，多个设计文件将合并成一个有效的数据模型，功能验证、性能验证及可测性验证都被提前了。

随着高级抽象层的事务级建模标准化，自动形成设计的高层综合技术正在向普及化发展。基于事务级建模的系统设计将成为重要发展趋势之一。

1.3.3　未来的 SoC

在未来的 SoC 设计中，设计者会努力争取将系统所有的重要数字功能，如网络开关、打印机、电话、数字电视等做在一个芯片上。SoC 设计将涉及的所有重量级功能，如高效通信信号处理、图像和视频信号处理、加密和其他应用加速等功能，集成到一个芯片上。随着互联网新技术的不断涌现，人们对模拟仿真、互动及智能化的要求越来越高，这就催生了众核时代的到来。未来的众核芯片上将集成数百个乃至数千个小核，可更有效地提高 SoC 性能，改善芯片的通信方式，并降低能耗。

在未来的 SoC 设计和销售中，软件作用所占的比重将越来越大。未来的 SoC 设计不仅包含硬件，还包含很大规模的软件，传统的软硬件划分准则不再有效。同时，芯片销售将包括驱动程序、监控程序和标准的应用接口，还可能包括嵌入式操作系统。软件的增值会给设计公司带来更多收入，设计思路会发生很大变化。

在未来的 SoC 设计中，功耗问题将会遇到更大的限制和挑战。高效能（Power Efficient）的新型 SoC 系统结构将成为 SoC 发展的主要驱动力。

以前，绝大多数这样的功能都是靠使用专用硬件加速器来实现的。这使得设计的周期更长、成本更高且产品寿命更短。以电子系统级设计为代表的先进 SoC 设计方法的出现，使得以多个处理器为中心的复杂 SoC 设计变得简单，而灵活的软件方案可以更有效地解决多变、复杂的应用问题。可配置、可重构的复杂 SoC 必将成为未来的主流。

1.4 本书的目标和组织结构

本书作为《计算机系统设计》的下册，其目标是首先对上册所设计的基于 32 位 MIPS 指令集的处理器——MiniMIPS32 进行功能上的改进和扩充，形成增强型 MiniMIPS32 处理器。然后，以增强型 MiniMIPS32 处理器为基础，采用基于 IP 核复用的 SoC 设计流程，利用 Xilinx Vivado 集成开发环境提供的 IP 核设计、封装技术（IP Integrator）和基于原理图的设计工具（Block Design），搭建一个完整的 SoC，即 MiniMIPS32_FullSyS，最终将在 Digilent 的 Nexys4 DDR FPGA 开发板上进行功能验证。该 SoC 使用 Xilinx 的 AXI Interconnect 互连网络模块，通过 AXI4 总线接口协议将增强型 MiniMIPS32 处理器、存储器控制器（如 AXI BRAM 控制器、AXI Quad SPI Flash 控制器）和一系列外设控制器（如 AXI GPIO、AXI Uart、AXI Timer 和 AXI VGA）集成在一起，组成一个能够满足实际应用运行需求的软硬件系统。读者通过完成 MiniMIPS32_FullSyS SoC 的设计、集成和验证，将掌握并具备如下知识和能力：

- 掌握处理器体系结构中的虚拟地址空间，固定地址映射，高速缓冲存储器的原理、设计和实现方法；
- 学习 AXI4 总线接口协议，掌握通过 Vivado IP Integrator 将设计的硬件逻辑封装为具有 AX4 接口的主设备 IP 核或从设备 IP 核的方法，以便在后续 SoC 设计中直接调用；
- 学习常见存储器和外设控制器的工作原理、体系结构，并掌握通过 Vivado IP Integrator 工具进行 IP 核设置和集成的方法；
- 掌握使用 Vivado 提供的原理图设计工具——Block Design，通过调用 IP 核进行 SoC 设计和实现的方法；
- 掌握基于 C 语言的 SoC 功能验证程序的编写方法；
- 以 MiniMIPS32 SoC 和 μC/OS-II 为例，掌握基于具体机器的实时操作系统移植方法；
- 以 RSA 公钥密码系统和手写体数字识别为例，掌握 SoC 软硬件协同设计方法和专用加速器设计技术。

全书的组织结构如下：

第 1 章主要介绍了 SoC 的基本概念、组成要素和发展趋势。

第 2 章将讨论常见的 SoC 设计流程，主要包括软硬件协同设计方法、基于标准单元的 SoC 设计流程、基于 FPGA 的 SoC 设计流程和 IP 复用的设计方法。此外，该章还将介绍 Xilinx FPGA 最新的 Zynq、Versal ACAP 硬件架构，以及高层次综合、Vitis 等最新 FPGA 设计流程。

第 3 章首先介绍本书所要设计的目标 SoC——MiniMIPS32_FullSyS 的整体架构和虚拟地址空间的详细划分；然后，介绍 32 位 MIPS 处理器的固定地址映射机制，并在 MiniMIPS32 处理器之上集成固定地址映射单元和指令地址仲裁单元，实现从虚拟地址到物理地址的转换；最后，讲授高速缓冲存储器 Cache 的基本结构、映射机制、性能评价方法等基本知识，然后设计一款基于组相联的 Cache，并与 MiniMIPS32 处理器进行集成，构成增强型 MiniMIPS32 处理器。

第 4 章首先讲解 AX4 总线接口的结构、主要信号和读写时序；然后，设计一个类 SRAM 接口到 AXI4 接口的转换模块，并与增强型 MiniMIPS32 处理器集成，再通过 Vivado 的 IP Integrator 工具将其最终封装打包为具有 AXI4 接口的主设备 IP 核；最后，介绍 AXI Interconnect 的基本结构和接口信号，并采用 Vivado Block Design 工具将增强型 MiniMIPS32 处理器与 AXI Interconnect 进行集成。

第 5 章讲解 MiniMIPS32_FullSyS SoC 中的存储系统设计与集成。首先，介绍主存模块的设计，其使用 FPGA 块存储器（BRAM）构成，通过 Vivado 提供的 AXI BRAM 控制器将其与 AXI Interconnect

进行连接；然后，介绍外部存储器（硬盘）的设计，其使用板卡上的 SPI Flash 构成，通过 Vivado 提供的 AXI Quad SPI 控制器将其与 AXI Interconnect 进行集成。

第 6 章讲解 MiniMIPS32_FullSyS SoC 中的各种外设的设计与集成。首先介绍 AXI GPIO 的设置与集成，并编写相应程序通过控制开发板上的单色 LED 灯、三色 LED 灯及 7 段数码管等常见 I/O 设备来进行功能验证；然后介绍 AXI Uartlite 控制器的设置与集成，通过连接开发板上的 uart 接口，借助串口调试工具验证功能的正确性；接着讲解 AXI Timer 定时器模块的设置与集成，通过编写计时程序验证功能的正确性；最后介绍 VGA 控制器的设计和集成方法，与前三种外设不同，VGA 控制器不是 Vivado 提供的 IP 模块，而是自定义模块，故本章还讲解了如何通过 Vivado 的 IP Intergrator 将其封装为具有 AXI4 接口的 AXI VGA 的流程，以及与显存连接的方法。

第 7 章介绍了嵌入式实时操作系统 μC/OS-II，并将其移植到本书设计的 MiniMIPS32_FullSyS SoC 上，使其具备更完整的软硬件功能，同时也进一步验证了所设计的计算机系统的正确性。

第 8 章分别针对 RSA 公钥密码系统和手写体数字识别设计了专用加速器，并将其集成到 MiniMIPS32_FullSyS SoC 上，从而满足特定领域的应用需求，进一步扩展了应用范围。

第 2 章　SoC 设计流程

SoC 设计是一个复杂的软硬件协同设计流程。虽然各大 EDA 公司提供了不同的 SoC 设计与验证工具，但 SoC 设计的大体流程是一致的。因此，了解 SoC 设计的主要流程对于完成 SoC 的软硬件设计至关重要。

本章首先介绍软硬件协同设计的基本概念和流程，这是 SoC 设计所遵循的基本方法学；然后基于不同的实现方式分别讲解了基于标准单元的 SoC 芯片设计流程和基于 FPGA 的 SoC 设计流程，后者也是本书采用的方法，特别是还引入有关 FPGA 近年来的最新进展，如 Zynq、高层次综合、Versal ACAP 架构和 Vitis 平台等；最后介绍了 IP 复用的设计方法，这是当今 SoC 硬件设计的基础，本书设计的 MiniMIPS32_FullSyS SoC 也是基于 Xilinx 所提供的大量成熟的 IP 核搭建的。

2.1　软硬件协同设计

SoC 通常被称作系统级芯片或片上系统，作为一个完整的系统，其包含硬件和软件两部分内容。这里所说的硬件是指 SoC 芯片部分，软件是指运行在 SoC 芯片上的系统及应用。既然它由软件和硬件组合而成，则在进行系统设计时，就必须同时从软件和硬件的角度考虑。

在传统的设计方法中，设计工程师通常在"纸上"画出系统结构图。这使得设计工程师很难定量地评估特定的架构设计。一旦设计工程师选定了一种特定架构，他们就试图用硬件描述语言 Verilog 或 VHDL 来进行详细设计。这种方法使得设计工程师很快就忙于细节设计而没有对架构进行系统层次上的详细评估。随着设计的细节化，要改变系统结构就变得更难。另外，由于仿真速度的限制，软件开发没有可能在这种详细的硬件设计平台上进行，所以导致产品设计周期长、芯片设计完成后才发现硬件架构存在缺陷等问题。

软硬件协同设计指的是软硬件的设计同步进行，如图 2-1 所示，在系统定义初始阶段两者就紧密相连。近年来，由于电子系统级设计工具的发展，软硬件协同设计已被逐渐采用。这种方法使软件设计者在硬件设计完成之前就可以获得虚拟硬件平台，在虚拟硬件平台上开发应用软件，评估系统结构设计，从而使硬件设计工程师和软件设计工程师联合进行 SoC 的开发及验证。这样的并行设计不仅减少了产品开发时间，而且大大提高了芯片一次流片成功的概率。这种设计方法与传统的硬件与软件开发分离的设计方法差别非常大。具体过程如下。

1. 系统需求说明

系统设计首先从确定所需的功能开始，包含系统基本输入和输出及基本算法需求，以及系统要求的功能、性能、功耗、成本和开发时间等。在这一阶段，通常会将用户的需求转换为用于设计的技术文档，并初步确定系统的设计流程。

2. 高级算法建模与仿真

在确定流程后，设计者将使用如 C 和 C++ 等高级语言创建整个系统的高级算法模型和仿真模型。目前，一些 EDA 工具可以帮助完成这一步骤。有了高级算法模型，便可以得到软硬件协同仿真所需的可执行说明文档。此类文档会随着设计进程的深入而不断地完善和细化。

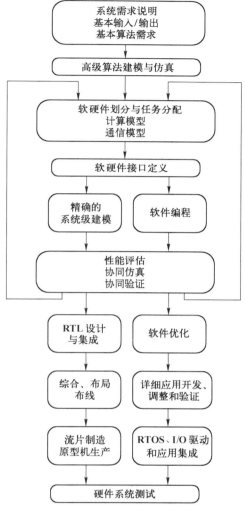

图 2-1　软硬件协同设计的 SoC 设计流程

3．软硬件划分过程

这一环节包括软硬件划分与任务分配。设计者通过软硬件划分来决定哪些功能应该由硬件完成，哪些功能应该由软件来实现。软硬件划分的合理性对系统的实现至关重要。通常，在复杂的系统中，软件和硬件都比较复杂。有些功能既可以用软件实现也可以用硬件实现，这取决于所要达到的性能指标与实现的复杂程度及成本控制等因素。对比而言，两者各有千秋。

采用硬件作为解决方案的好处有：由于增加了特定的硬件实现模块（通常是硬件加速器），所以可使系统的性能提升，仅就速度而言可以提高 10 倍，甚至 100 倍；增加的硬件所提供的功能可以分担原先处理器的部分功能，这有助于降低处理器的复杂程度，使系统整体显得简单。

硬件解决方案也存在一些不利的地方，例如，添加新的硬件必然会提高成本，主要花费在购买 IP 和支付版权费等方面；硬件的研发周期通常都比较长，中等规模的开发团队开发一套中等复杂程度的硬件系统至少需要 3 个月的时间；要改正硬件设计存在的错误，可能需要再次流片；相比于软件设计工具，硬件设计工具（EDA）要昂贵许多，这也使得设计成本增加。

采用软件实现作为解决方案的好处有：软件产品的开发更灵活，修改软件设计的错误成本低、周期短；受芯片销量的影响很小，即使所开发的软件不用在某一特定芯片上，也可以应用到其他硬件设备上，市场风险比较低。软件解决方案也存在难以克服的不足之处：软件实现从性能上来说不及硬件实现；采用软件实现对算法的要求更高，这又对处理器的速度、存储器的容量提出了更严格的条件，一般还需要实时操作系统的支持。

表 2-1 列出了软件和硬件实现各自的优缺点。

软硬件划分的过程通常是将应用在特定的系统结构上一一映射，建立系统的事务级模型，即搭建系统的虚拟平台，然后在这个虚拟平台上进行性能评估，多次优化系统结构。系统结构的选择需要在成本和性能之间折中。高抽象层次的系统建模技术及电子系统级设计的工具使得性能的评估可视化、具体化。

表 2-1　软件和硬件实现各自的优缺点

硬　件	优点	速度快，可以实现 10 倍、100 倍的提升
		对于处理器复杂度的要求比较低、系统整体简单
		相应的软件设计时间较少
	缺点	成本较高，需要额外的硬件资源、新的研发费用、IP 和版权费
		研发周期较长，通常需要 3 个月以上
		良品率较低，通常只有 50% 的 ASIC 可以在一次流片后正常工作
		辅助设计工具的成本也非常高
软　件	优点	成本较低，不会随着芯片量产而变化
		通常来说，软件设计的相关辅助工具较便宜
		容易调试，不需要考虑设计时序、功耗等问题
	缺点	比起用硬件实现同样的功能，性能较差
		算法实现对处理器速度、存储容量提出很高要求，通常需要实时操作系统的支持
		开发进度表很难确定，通常在规定时间内无法达到预定性能要求

4．软硬件同步设计

由于软硬件的分工已明确，芯片的架构及同软件的接口也已定义，接下来便可以进行软硬件的同步设计了。其中硬件设计包括 RTL 设计和集成、综合、布局布线及最后的流片。软件设计则包括算法优化、应用开发，以及操作系统、接口驱动和应用软件的开发。

5．硬件系统测试

协同设计的最后一步是硬件系统测试。系统测试策略是根据设计的层次结构制定的。首先是测试子模块的正确性，接着验证子模块的接口部分及总线功能，然后在整个搭建好的芯片上运行实际的应用软件或测试平台。这一步通常也称为软硬件协同仿真验证，软件将作为硬件设计的验证向量，这样不仅可以找出硬件设计中的问题，同时验证了软件本身的正确性。可以说验证仿真贯穿于整个软硬件协同设计的流程中，为了降低设计风险，在流程的每一步都会进行不同形式的验证和分析。

总之，协同设计方法的关键是在抽象级的系统建模。目前，对该领域的研究非常活跃，将来可以预见描述语言、结构定义及算法划分工具会被广泛使用。

2.2　基于标准单元的 SoC 设计流程

SoC 设计是从整个系统的角度出发，把处理机制、模型算法、芯片结构、各层次电路直至器件的设计紧密结合起来。SoC 设计以 IP 核为基础，以分层次的硬件描述语言为系统功能和结构的主要描述手段，并借助于 EDA 工具进行芯片设计的过程。

基于标准单元的 SoC 设计流程主要包括模块定义、代码编写、功能及性能验证、综合优化、物理设计等环节，图 2-2 所示为一个较详细的设计流程。设计者在明确了系统定义和芯片定义后，了解了包括芯片的架构和电气特性的规格说明，以及设计周期、进度、人力资源管理等，就可以进行详细的硬件设计了。架构的规格说明定义了电路要实现的功能及具体实现的架构，如核、总线、内存、接口等；电气的规格说明包括环境所能容忍的电压范围、直流特性、交流特性等。设计周期、进度和人力资源安排等则是关系到产品成败与否的关键，这是因为目前电子产品的市场生命周期越来越短，需要迅速推出自己的产品来抢占市场。人力资源调配不当、进度安排不合理将导致设计周期过长，可能会使设计成功的产品在真正推出的时候已经落后于市场。

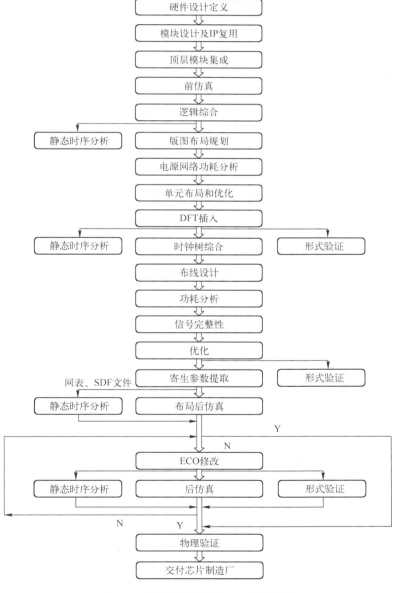

图 2-2　基于标准单元的 SoC 设计流程

从硬件设计的角度来说，在保证功能正确的前提下，芯片面积、速度、功耗、可测性及可靠性是衡量一块芯片成功与否的重要技术指标。在设计的各个步骤都应该考虑到这些，进而减少设计过程中的迭代次数，缩短设计周期。

1．硬件设计定义说明（Hardware Design Specification）

硬件设计定义说明描述芯片总体结构、规格参数、模块划分、使用的总线，以及各个模块的详细定义等。

2．模块设计及 IP 复用（Module Design & IP Reuse）

模块设计及 IP 复用是根据硬件设计所划分出的功能模块，确定需要重新设计的部分及可复用的 IP 核。可自主研发或购买其他公司的 IP。目前，设计的输入采用硬件描述语言（HDL），如 Verilog 或 VHDL，数字模块的设计通常称为 RTL 代码编写。

3．顶层模块集成（Top Level Integration）

顶层模块集成将各个不同的功能模块，包括新设计的与复用的整合在一起，形成一个完整的设计。通常采用硬件描述语言对电路进行描述，其中需要考虑系统时钟/复位、I/O 环等问题。

4．前仿真（Pre-layout Simulation）

前仿真也叫 RTL 级仿真、功能仿真。通过 HDL 仿真器验证电路逻辑功能是否有效，即 HDL 描述是否符合设计所定义的功能期望。前仿真时通常与具体的电路实现无关，没有时序信息。

5．逻辑综合（Logic Synthesis）

逻辑综合是指使用 EDA 工具把由硬件描述语言设计的电路自动转换成特定工艺下的网表（Netlist），即从 RTL 级的 HDL 描述通过编译产生符合约束条件的门级网表。网表是一种描述逻辑单元和它们之间互连的数据文件。约束条件包括时序、面积和功耗的约束。其中，时序是最复杂和最关键的约束，决定了整个芯片的性能。在综合过程中，EDA 工具会根据约束条件对电路进行优化。

6．版图布局规划（Floorplan）

版图布局规划要完成的任务是确定设计中各个模块在版图上的位置，主要包括：
- I/O 规划。确定 I/O 的位置，定义电源和接地口的位置。
- 模块放置。定义各种物理的组、区域或模块，对这些大的宏单元进行放置。
- 供电设计。设计整个版图的供电网络，基于电压降（IR Drop）和电迁移进行拓扑优化。

版图布局规划的挑战是在保证布线能够走通且性能允许的前提下，如何最大限度地减少芯片面积，是物理设计过程中需要设计者付出最大努力的地方之一。

7．功耗分析（Power Analysis）

在设计中的许多步骤都需要对芯片功耗进行分析，从而决定是否需要对设计进行改进。在版图布局规划后，需要对电源网络进行功耗分析（PNA，Power Network Analysis），确定电源引脚的位置和电源线宽度。在完成布局布线后，需要对整个版图的布局进行动态功耗分析和静态功耗分析。除对版图进行功耗分析以外，还应通过仿真工具快速计算动态功耗，找出主要的功耗模块或单元。这也是功耗分析的重要一步。

8．单元布局和优化（Placement & Optimization）

单元布局和优化主要定义每个标准单元（Cell）的摆放位置并根据摆放位置进行优化。现在 EDA 工具广泛支持物理综合，即将布局和优化与逻辑综合统一起来，引入真实的连线信息，减少了时序收敛所需的迭代次数。

9．静态时序分析（STA，Static Timing Analysis）

静态时序分析技术是一种穷尽分析方法。其通过对提取的电路中所有路径上的延迟信息进行分析，计算出信号在时序路径上的延迟，找出违背时序约束的错误，如建立时间（Setup Time）和保持时间（Hold Time）是否满足要求。静态时序分析的方法不仅依赖于激励，而且可以穷尽所有路径，运行速度快，占用内存少，完全克服了动态时序验证的缺陷，是 SoC 设计中重要的一个环节。后端设计的很多步骤完成后都要进行静态时序分析，如在逻辑综合完成之后、在布局优化之后、在布线完成后等。

10．形式验证（Formal Verification）

这里所指的形式验证是逻辑功能上的等效性检查。这种方法与动态仿真最大的不同点在于其不需要输入测试向量，而根据电路的结构判断两个设计在逻辑功能上是否相等。在整个设计流程中会多次引入形式验证用于比较 RTL 代码之间、门级网表与 RTL 代码之间，以及门级网表之间在修改之前与修改之后功能的一致性。形式验证与静态时序分析一起构成设计的静态验证。

11．可测性电路插入（DFT，Design for Test）

可测性设计是 SoC 设计中的重要一步。通常，对于逻辑电路采用扫描链的可测试结构，对于芯片的输入/输出端口采用边界扫描的可测试结构。基本思想是通过插入扫描链，增加电路内部节点的可控性和可测性，以达到提高测试效率的目的。一般在逻辑综合或物理综合后进行扫描电路的插入和优化。

12．时钟树综合（Clock Tree Synthesis）

SoC 设计方法强调同步电路的设计，即所有的寄存器或一组寄存器是由同一个时钟的同一个边沿驱动的。构造芯片内部全局或局部平衡的时钟链的过程称为时钟树综合。分布在芯片内部寄存器与时钟的驱动电路构成一种树状结构，这种结构称为时钟树。时钟树综合是在布线设计之前进行的。

13．布线设计（Routing）

这一阶段完成所有节点的连接。布线工具通常将布线分为两个阶段：全局布线与详细布线。在布局之后，电路设计通过全局布线决定布局的质量及提供大致的延时信息。如果单元布局得不好，全局布线将会花上远比单元布局多得多的时间。不好的布局同样会影响设计的整体时序。因此，为了减少综合到布局的迭代次数及提高布局的质量，通常在全局布线之后要提取一次时序信息，尽管此时的时序信息没有详细布线之后得到的准确。得到的时序信息将被反标（Back Annotation）回设计做静态时序分析，只有当时序得到满足时才进行到下一阶段。详细布线是布局工具做的最后一步，在详细布线完成之后，可以得到精确的时序信息。

14．寄生参数提取（Parasitic Extraction）

寄生参数提取是提取版图上内部互连所产生的寄生电阻和电容值。这些信息通常会转换成标准延迟的格式被反标回设计，用于做静态时序分析和后仿真。

15．后仿真（Post-layout Simulation）

后仿真也叫门级仿真、时序仿真、带反标的仿真，需要利用在布局布线后获得的精确延迟参数和网表进行仿真，验证网表的功能和时序是否正确。后仿真一般使用标准延时（SDF，Standard Delay Format）文件来输入延时信息。

16．ECO 修改（Engineering Change Order）

ECO 修改是工程修改命令的意思。这一步实际上是正常设计流程的一个例外。当在设计的最后阶段发现个别路径有时序问题或逻辑错误时，有必要对设计部分进行小范围修改和重新布线。ECO 修改只对版图的一小部分进行修改而不影响芯片其余部分的布局布线，这样就保留了其他部分的时序信息没有改变。在大规模的 IC 设计中，ECO 修改是一种有效、省时的方法，通常会被采用。

17．物理验证（Physical Verification）

物理验证是对版图的设计规则检查（DRC，Design Rule Check）及对逻辑图网表和版图网表比较（LVS，Layout Vs. Schematic）。DRC 用于保证制造良率，LVS 用于确认电路版图网表结构是否与其原始电路原理图网表一致。LVS 可以在器件级及功能块级进行网表比较，也可以对器件参数，如 MOS 电路沟道宽/长、电容值/电阻值等进行比较。

在完成以上步骤之后，设计就可以签收、交付到芯片制造厂（Tape Out）了。

在实际的 IC 设计中，设计工程师将依赖 EDA 工具完成上述各步骤。不同的 EDA 厂商通常会结合自己的 EDA 工具特点提供设计流程，但这些设计流程大体上是一致的。随着工艺尺寸的不断减小，新一代的 EDA 工具将出现，新的设计流程也将出现并用于解决新的问题。

2.3 基于 FPGA 的 SoC 设计流程

2.3.1 SoC FPGA 结构

在单芯片上集成处理器和 FPGA 的可编程能力，一直是 FPGA 技术发展的方向，既有高性能的处理能力，又有灵活的可编程配置能力。为了追求这一目标，之前 FPGA 厂商提供多种软核处理器，如 Xilinx MicroBlaze，PicoBlaze，Altera Nios II 等，用户使用这些软核处理器，采用软硬件协同设计，构建可编程片上系统，即 SOPC，扩充了 FPGA 的功能和应用领域。

随着集成电路的发展及用户对于处理性能、功耗要求的提升，FPGA 厂商相继推出集成了硬处理器内核的新型 FPGA，称之为 "**SoC FPGA**"。采用 ARM 硬核的 Xilinx Zynq-7000 系列 SoC FPGA 如图 2-3 所示。

Xilinx Zynq-7000 采用了 28nm FPGA 工艺，同时集成了双核 ARM Cortex-A9 MPCore，实现了真正紧密的高度集成。其芯片内部可分为两个部分：PS（Processing System）和 PL（Programmable Logic），其中 PS 部分和传统的嵌入式处理器内部结构一致，包括 CPU 核（运行频率可达 1GHz）、图形加速内核、浮点运算、存储控制器、各种通信接口（如 SPI、I^2C、UART 等）和 GPIO 外设等；而 PL 部分就是传统的可编程逻辑和支持多种标准的 I/O，它们之间通过内部高速总线 AXI 进行互连。

准确地说，Zynq-7000 是带 FPGA 功能的处理器，而不是带处理器的 FPGA，故被称为 "**SoC FPGA**"。Zynq-7000 的 PL 部分就是传统意义上的 FPGA，可以很方便地定制相关外设 IP。如果不使用 PL，Zynq-7000 的 PS 部分和普通的 ARM 开发一样。基于这种架构，控制和分析部分利用灵活的软件（ARM 处理器），紧密配合擅长实时处理的硬件（FPGA）。开机时启动运行独立于 FPGA 的 ARM 处理器及 OS，根据需要配置可编程逻辑。因此，Zynq-7000 既提高了系统性能（处理器和各种外设控制的 "硬核"），又简化了系统的搭建（可编程的外设配置），同时提供了足够的灵活性（可编程逻辑）。

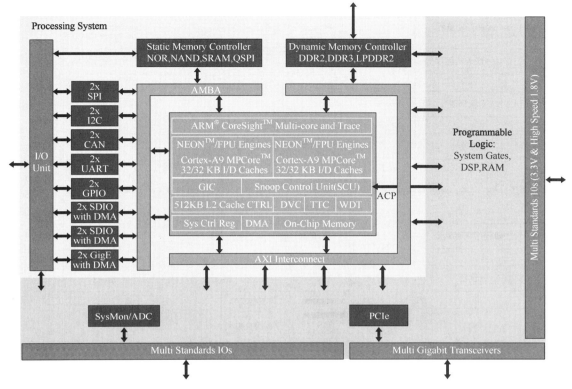

图 2-3　Zynq-7000 系列 SoC FPGA 架构

　　基于 Zynq-7000 SoC FGPA，软件开发人员首先在 Cortex-A9 处理器上运行软件代码，然后通过分析工具，识别任何可能严重影响性能并成为瓶颈的功能。这些功能随后将转交给硬件设计工程师用可编程 FPGA 来实现，这些通过 FPGA 固化的功能将使用较低的时钟频率提供更高的性能，并且功耗更低。

2.3.2　面向 SoC 的 FPGA 设计流程

　　面向 SoC 的 FPGA 设计既不同于传统的嵌入式系统设计，也不同于传统的 ASIC 设计，其设计本质是软硬件的协同设计，同时又是以软件为中心的设计技术。图 2-4 给出了基于 Xilinx EDK（Embedded Design Kit）开发套件进行面向 SoC 的 FPGA 设计流程。Xilinx EDK 支持基于硬核 PowerPC、ARM 和软核 Microblaze 的 SoC 设计，其中包括用于 SoC 硬件系统搭建的工具 XPS（Xilinx Platform Studio），目前已被最新的 Vivado 开发工具所取代，以及用于 SoC 软件开发的工具 SDK（Software Design Kit）。整个 EDK 支持将设计的导入、创建和 IP 定制进行流水化处理。由于 EDK 包含面向 SoC 的 FPGA 的属性和选项，因此能自动为其外设生成软件驱动、测试代码和创建外设的板级支持包（BSP，Board Support Package）。这些 BSP 为常用的操作系统，如 VxWorks、Linux，提供设备驱动。

　　图 2-4 所示的面向 SoC 的 Xilinx FPGA 设计流程是一个软硬件协同处理和设计的过程。软件流程完成 C 程序的编写、编译和链接过程。硬件流程完成 HDL 设计输入、仿真、综合和实现过程。EDK 提供了一个 Data2MEM 工具，将 C 程序生成的 ELF 文件插入生成的 FPGA 比特流文件中，将其生成能够下载到 FPGA 并能启动的映像文件。最后，通过 Xilinx 的 JTAG 技术，完成 FPGA 的下载和调试，以及 C 语言程序的下载和调试。此外，如果最终的设计无法满足设计要求，则需要进行迭代设计，对 SoC 软件部分及硬件部分进行修改，直到满足设计要求为止。

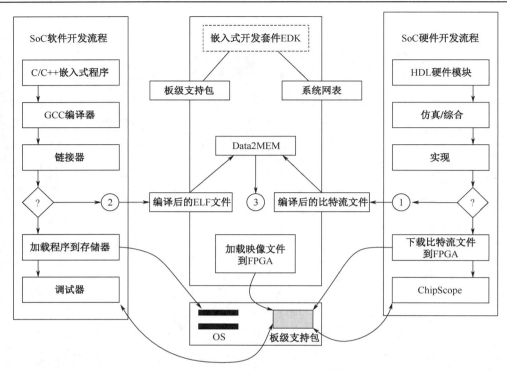

图 2-4　面向 SoC 的 Xilinx FPGA 设计流程

2.3.3　高层次综合

随着摩尔定律的发展，SoC 系统演化得越来越复杂，这给设计者带来了越来越大的设计压力。这个压力主要体现在硬件设计的需求和现有硬件设计能力之间的鸿沟将会越来越显著。因此，当前的 SoC 设计急需一个更有效的设计工具来加速硬件设计流程。此外，相对于硬件设计和开发，软件，尤其是 C 语言及其衍生语言（如 SystemC、Matlab、Python 等）有着更广泛的资源、更全面的开源算法库（如 OpenCV 等），以及更加庞大的开发人员团队。因此，如果将手工硬件设计的复杂度大幅度降低，将会有更多的资源、人力加入硬件设计的行列，推动硬件设计的发展。正是基于上述因素，推动了**高层次综合**的发展。

高层次综合与 ASIC 设计流程中的综合一样，也是指完成两种不同设计描述之间的转换。高层次综合特指将行为级或更高层次的描述转化为 RTL 级别的描述。以 Xilinx 的高层次综合为例，其是将 C/C++ 及其衍生语言（如 SystemC 等）或更高层次描述语言（如 Matlab）转换为 RTL 级别的描述。高层次综合有时也被称为行为综合、C 综合等。基于高层次综合技术，SoC 设计不再是从硬件设计上着手，而是从系统层面上开始设计，这也就是电子系统级设计的设计思想，其涵盖了软硬件系统设计和仿真的概念，也被称为系统综合。

采用了高层次综合技术后的 SoC FPGA 设计流程如图 2-5 所示。该流程与传统的软硬件协同设计类似，首先需要根据应用设计整个系统功能，通常使用高层次语言来描述，如 C/C++、SystemC、Matlab 等。然后需要根据系统和各个功能模块的性能和资源需求进行软硬件的划分，即将描述系统的 C/C++ 程序分解为将作为软件运行在处理器上的 C/C++ 程序和将要转化为硬件的 C/C++ 程序，也就是所谓的软硬件划分。与传统 SoC FPGA 设计最大的不同在于将 C/C++ 程序转化为硬件，需要手工编写 RTL 代码来完成。基于高层次综合技术后，将借助高层次综合工具，如 Xilinx Vivado HLS，将 C/C++ 程序自动转化为与之对应的 RTL 描述，将大大降低设计难度，提高设计效率，缩短产品的上市时间。通过高层次综合生成的硬件（通常需要带有特定接口，如 AXI 接口）需要完成单独验证，并将其集成到整个系统中去。被划分到软件的部分需要为硬件部分设计软件接口，如果涉及操作系统，还需要设计相应硬件协处理器的驱动程序，这样软件才可以顺利调度所设计的硬件协处理器。最后需要将软硬件联合到一起进行仿真和调试。如果性能、所占 FPGA 资源满足设计的要求，则设计完成。如果不满足设计要求，则需返回之前的步骤进行重新设计，比如，重新进行软硬件划分，以及重新设计硬件和优化软件等。

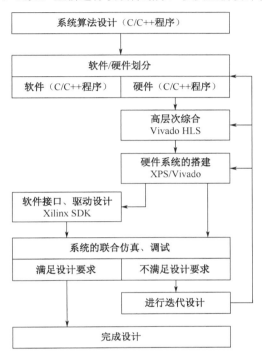

图 2-5　采用了高层次综合技术后的 SoC FPGA 设计流程

　　Vivado HLS 高层次综合设计工具的前身 AutoESL 是由加州大学洛杉矶分校的丛京生教授于 2005 年创办的一家从事 ESL 软件工具设计的公司研发的。AutoESL 支持利用 SystemC、C 等高级语言进行算法开发，并方便地生成 RTL 级代码。2010 年，经过伯克利设计技术中心（BDTI）的中立评定，基于 AutoESL，C 程序只需经过一些优化修改就可被转化为高效率 RTL 代码，与手工开发的 RTL 代码不相上下，但开发速度大大提高。2011 年 Xilinx 宣布收购 AutoESL，并将其并入新一代集成开发套件 Vivado，最终成为 Vivado HLS。

2.3.4　Versal ACAP 和 Vitis

　　近年来，为了适应数据中心、人工智能领域应用的迅猛发展，Xilinx 推出了一种革命性的新异构计算 SoC 架构，即自适应计算加速平台——Versal ACAP。其囊括了标量处理单元（如 CPU）、矢量处理单元（如 GPU、DSP）及可编程逻辑（如 FPGA）三方面的优势，提供了与下一代可编程逻辑（PL）紧密耦合的矢量与标量处理单元，通过高带宽片上网络（NoC）联通，提供对三种处理单元类型的存储器映射访问。这种紧密耦合的混合架构比任何一种单独架构的实现都支持更高的定制水平和性能提升。Versal ACAP 架构如图 2-6 所示。

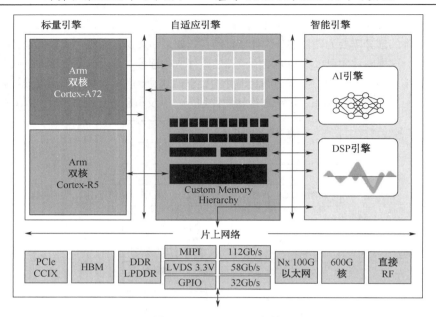

图 2-6　Versal ACAP 架构

　　图 2-6 中，标量引擎基于双核 Arm® Cortex-A72 构建，自适应引擎由可编程逻辑和存储器单元组成；除支持原有设计之外，还可以重新编程这些结构，以形成针对特定计算任务定制的存储器层级；智能引擎由一组超长指令字（VLIW）和单指令、多个数据（SIMD）处理引擎及存储器构成，互连速度和存储带宽均为 100Tb/s，可显著提升机器学习和数字信号处理应用的性能。Versal ACAP 平台的应用领域广泛，如数据中心、人工智能学习与推断、有线网络、5G 无线和汽车驾驶辅助等。

　　为了使包括软件工程师、AI 科学家在内的广大开发者都能受益于 Versal ACAP SoC 平台带来的性能、功耗及硬件灵活应变的优势，Xilinx 推出统一软件平台——Vitis。Vitis 无须用户深入掌握硬件专业知识，即可根据软件或算法代码自动适配和使用 Xilinx 硬件架构，如 Versal ACAP。此外，Vitis 平台不限制使用专有开发环境，而是可以插入通用的软件开发工具中，并利用丰富的、已经优化过的开源库，使开发者能够专注于算法的开发。Vitis 独立于 Vivado 设计套件，后者仍然继续为希望使用硬件代码进行编程的用户提供支持。Vitis 也能够通过将硬件模块封装成软件可调用的函数，来提高硬件开发者的工作效率。Vitis 完整软件开发栈如图 2-7 所示。

　　Vitis 软件开发栈为一个四层结构。第一层是目标平台层，其为 Xilinx 平台定义了基本软硬件架构及应用环境，包括外部存储接口、自定义输入/输出接口和软件运行时；第二层是核心开发套件层，其涉及完整的图形开发工具和命令行开发工具，其中包括编译器、分析器和调试器，用于构建、分析性能瓶颈问题，调试加速算法，开发者可以使用 C、C++或 OpenCL 进行开发；第三层是加速库层，其包括了 8 个库，提供 400 余种优化的开源应用，这 8 个库分别是基本线性代数子程序（BLAS）库、求解器、Vitis 安全库、Vitis 视觉库、Vitis 视频编/解码库、Vitis 计量金融库、Vitis 数据库集和 Vitis AI库。借助这些库，软件开发者可以使用标准的应用编程接口（API），对于采用 C、C++或 Python 编写的现有应用，仅需要修改极少代码，甚至不需要修改代码就可以实现硬件加速；第四层是特定领域开发环境层，提供了面向专用领域的开发环境，目前最核心的就是 Vitis AI。其是一个专门的人工智能开发环境，用于在 Xilinx 嵌入式平台、FPGA 加速卡上加速 AI 推断。Vitis AI 开发环境不仅支持业界领先的深度学习框架，如 Tensorflow 和 Caffe，而且还提供全面的 API 进行剪枝、量化、优化和编译训练过的网络，从而可为在 Xilinx FPGA 上部署的应用实现最高的 AI 推断性能。

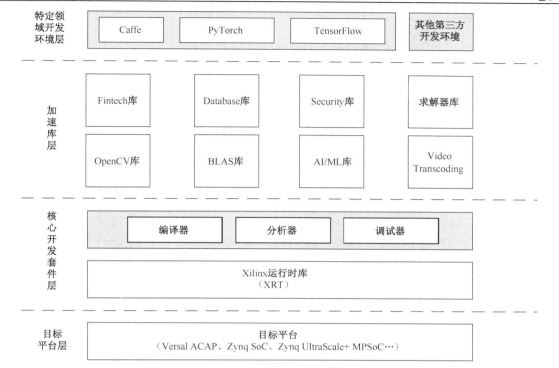

图 2-7　Vitis 完整软件开发栈

2.4　IP 复用的设计方法

2.4.1　IP 的基本概念与分类

如前所述，SoC 设计是指在单个硅片上集成处理器、存储器、I/O 端口及模拟电路等，从而实现一个完整系统的功能。这样虽然能够实现一个高层次的系统集成，但同时对设计提出了巨大挑战。一方面，随着芯片性能越来越强，规模越来越大，设计复杂度迅速增加；另一方面，市场对产品设计周期减短的要求越来越高，因此造成了设计复杂度和设计产能之间的巨大鸿沟，如果每一次新的 SoC 产品都要实现每个模块的从头设计进而进行系统整合与验证，必定会导致开发周期越来越长，设计质量越来越难以控制，芯片设计成本越来越趋于高昂。重复使用预先设计并验证过的集成电路模块，被认为是最有效的方案，用于解决当今芯片设计工业界所面临的难题。这些可重复使用的集成电路模块称为 IP（Intellectual Property）。

IP 指一种事先定义、经验证可以重复使用的、能完成某些功能的组块。在集成电路行业中，IP 通常是指硅知识产权（Silicon Intellectual Property），即 IP 核。可以说，当今 SoC 设计是以 IP 复用为基础的，基于 IP 的大规模集成电路设计是 SoC 硬件实现的关键。

最常见的 IP 分类方式有两种：一种是从设计流程上来区分其类型，另一种是从差异化的程度来区分其类型。除可集成到 SoC 芯片上的 IP 核外，还有大量专门用于验证电路的 IP。这些 IP 称为验证 IP（Verification IP），如用于验证 USB2.0 的 IP、用于验证 AMBA 总线功能模型的 IP 等，这些 IP 是不需要可综合的。

1. 依设计流程区分

从设计流程区分 IP，可将其分为软核、固核和硬核 3 种类型。

（1）软核（Soft IP）

在 SoC 设计的过程中，设计者会在系统规格制定完成后，利用 Verilog 或 VHDL 等硬件描述语言，依照所制定的规格，将系统所需的功能写成寄存器传输级（RTL，Register Transfer Level）的程序。这个 RTL 文件就被称为软核。

由于软核是以源代码的形式提供的，因此具有较高的灵活性，并与具体的实现工艺无关，其主要缺点是缺乏对时序、面积和功耗的预见性，并且自主知识产权不容易得到保护。软核可经用户修改，以实现所需要的电路系统设计，其主要用于接口、编码、译码、算法和信道加密等对速度要求范围较宽的复杂系统。通常，多数应用于 FPGA 的 IP 核均为软核。

（2）固核（Firm IP）

RTL 程序经过仿真验证（Simulation）后，如果没有问题则可以进入下一个流程——综合（Synthesis），设计者可以借助电子设计自动化工具（EDA），将 RTL 文件转换成以逻辑门单元形式呈现的网表（Netlist）文件，这个网表文件即所谓的固核。

固核是软核和硬核的折中，其比软核的可靠性高，比硬核的灵活性强，允许用户重新定义关键的性能参数，有的也可以重新优化内部连线。

（3）硬核（Hard IP）

网表文件经过验证（Verification）后，可以进入实体设计的步骤，先进行功能模块的位置配置设计（Floor Planning），再进行布局与布线设计（Place & Routing），做完实体的布局与布线后所产生的版图文件，称为硬核。

硬核的设计与工艺已经完成且无法修改，用户得到的硬核仅是产品功能而不是产品设计，因此硬核的设计与制造厂商对其实行全权控制。相对于软核和固核，硬核的知识产权保护也较简单。

软核、固核及硬核间的权衡要依据可复用性、灵活性、可移植性、性能优化、成本及面市时间等进行考虑。图 2-8 所示为这种权衡的量化表示。

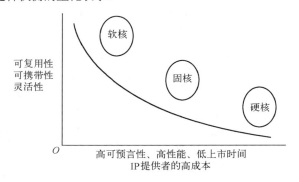

图 2-8　软核、固核和硬核的比较

2. 依差异化程度区分

从差异化的程度来区分 IP，可将其分为基础 IP（Foundation IP）、标准 IP（Standard IP）和明星 IP（Star IP 或 Unique IP）3 种类型。

（1）基础 IP（Foundation IP）

基础 IP 的主要特点是其与具体工艺相关性高，且买价低廉。例如，IP 单元库（Cell Library）、门阵列（Gate Array）等产品。

（2）标准 IP（Standard IP）

标准 IP 指符合产业组织制定标准的 IP 产品，如 IEEE 1394、USB 等。由于是工业标准，其架构应该是公开的，进入门槛较低，因此，这类 IP 厂商间竞争激烈，通常只有技术领先者可以获得较大的利润。虽然 Standard IP 的应用范围相对较广泛，但产品价格随着下一代产品的出现而迅速滑落。

（3）明星 IP（Star IP 或 Unique IP）

明星 IP 一般复杂性高，通常必须要具备相应的工具软件与系统软件相互配合才能开发，因此不易于模仿，进入门槛较高，竞争者少，产品有较高的附加价值，所需的研究、开发时间也较长。另外，明星 IP 通常需要长时间的市场验证才能确保产品的可靠性及稳定性。持续的投资与高开发成本，是此类型产品的特点。产品类型包括 CPU、DSP、GPU 等。

以上 3 种类型中以明星 IP 的附加价值最高，标准 IP 次之，基础 IP 则因其价格低廉，常被晶圆代工厂用来免费提供给客户使用，如图 2-9 所示。

图 2-9　按照差异化程度划分 IP

2.4.2　IP 设计的流程

其实从某种观点来看，IP 核的区分不过是一种观念上的区别。每一种 IP 核都可以从 IP 规范书开始前端电路设计，然后进行仿真、后端设计，最后得到网表，并流片验证（或得到 bitstream 文件，下载到 FPGA 进行验证）。真正区别在于 IP 核的设计者在哪个阶段将 IP 核交付给 IP 使用者。图 2-10 所示为数字电路 IP 设计基本流程。

1．设计目标

为了支持最大范围的应用，可复用 IP 应具有以下特点：

- 可配置，参数化，提供最大程度的灵活性；
- 标准接口；
- 多种工艺下的可用性，提供各种库的综合脚本，可以移植到新的技术；
- 完全、充分的验证，保证设计的健壮性；
- 完整的文档资料。

2．设计流程

图 2-11 总结了 IP 设计的几个主要流程，包括 IP 关键特性的定义、设计规范的制定和规划、模块设计和集成、IP 产品化，以及产品发布。

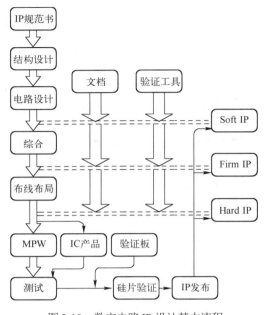

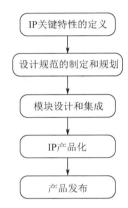

图 2-10　数字电路 IP 设计基本流程　　　　　　图 2-11　IP 设计的主要流程

（1）IP 关键特性的定义

IP 关键特性是对 IP 的需求定义，包括概述、功能需求、性能需求、物理需求、对外系统接口的详细定义、可配置功能的详细描述、需要支持的制造测试方法、需要支持的验证策略等，以便 IP 可被用于不同的应用系统中。

（2）设计规范的制定和规划

在项目规划和制定设计规范阶段，将编写整个项目周期中需要的关键文档。通常，这些文档包括以下 4 部分。

① 功能设计规范

功能设计规范提供全面的对 IP 设计功能的描述，它的内容来自应用需求，也来自需要使用该 IP 进行芯片集成的设计人员。功能设计规范由引脚定义、参数定义、寄存器定义、性能和物理实现需求等组成。

对于许多基于国际标准的 IP，开发功能设计规范比较容易，因为这些国际标准本身已经详细定义了功能和接口，但对于其他设计，开发出模型，用于探索不同算法和架构的性能是非常必要的。这种高级模型可以作为设计的可执行功能规范。

高级模型可在算法和传输级构建。算法级模型是纯行为级的，不包含时序信息。这种模型特别适合于多媒体和无线领域，可用于考察算法的带宽需求、信噪比性能和压缩率等。传输级模型是一种周期精确模型，它把接口上的传输看作是原子事件，而不是作为引脚上的一连串事件进行模拟。传输级模型可以相当精确地体现模型的行为，同时又比 RTL 模型执行速度快，使得传输级模型在用于评价一个设计的多种结构时特别有用。

② 验证规范

验证规范定义了用于 IP 验证的测试环境，同时描述了验证 IP 的方法。测试环境包括总线功能模型和其他必须开发或购买的相关环境。验证方法有直接测试、随机测试和全面测试等，应根据具体情况选择使用。

③ 封装规范

封装规范定义了一些要作为最终可交付 IP 的一部分的特别脚本，通常它们包括安装脚本、配置脚本和综合脚本。对于硬核 IP，这一部分规范也要在附加信息中列出。对于基于 FPGA 的设计而言，则无须封装规范。

④ 开发计划

开发计划描述了如何实现项目的技术内容，它包括交付信息、进度安排、资源规划、文档计划、交付计划等。

（3）模块设计和集成

对于软核和固核，通常采用基于 RTL 综合的设计流程，如图 2-12 所示。

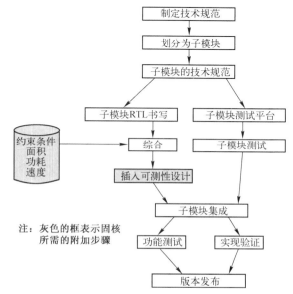

图 2-12　用于软核和固核的基于 RTL 综合的设计流程

硬核中可能包括一些全定制电路和一些经综合生成的模块。对于综合生成的模块，应遵循图 2-13 所示的设计流程，而全定制电路可以在晶体管级进行仿真，设计数据中应该有全部的原理图。使用全定制电路的 RTL 模型和综合模块的 RTL 模型来开发整个 IP 的 RTL 模型，并通过这个模型的综合流程反复迭代，使面积、功耗及时序在认可的范围之内。

（4）IP 产品化

IP 产品化意味着需要提交系统集成者在使用 IP 时所要的所有资料。软核、固核的产品化过程如图 2-14 所示。硬核主要用于 ASIC 设计，以 GDSII 格式的版图数据作为其表现形式，在时序、功耗、面积等特性方面比软核更具有可预见性，但是没有软核的灵活性。它既不会是参数化的设计，也不会存在可配置的选项。然而，硬核由软核发展而来，所以硬核的开发与软核的开发相比，只需要增加两个设计流程：产生 IP 的版图设计，以及建立硬核的仿真模型、时序模型、功耗模型和版图模型。硬核的产品化过程与软核的产品化过程相比，前端的处理基本上是一致的，只是需要在一个目标库上综合即可。硬核的功能仿真过程也比较简单，只需要在一个目标库上仿真通过即可。

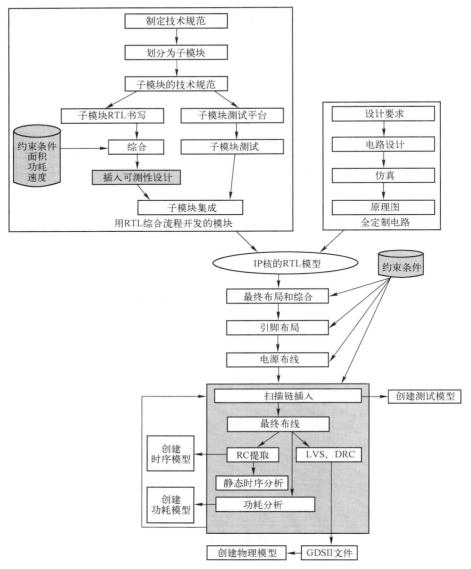

图 2-13　硬核的设计流程

IP 打包提交过程是指通过对模块设计信息的进一步整理，使得提交给用户的信息清晰、完整。通常，软核需要提交的内容有产品文件、验证文件、用户文档、系统集成文件；硬核需要提交的内容有产品文件、系统集成文件、用户文档和各种仿真模型等。以 MIPS 处理器为例，其提供的硬核包含完整的设计包，主要包含了功能模型、时序模型、测试模型和物理模型。其中，功能模型可以满足 RTL 和网表的创建和功能验证，时序模型用于设计过程中的静态时序分析，测试模型用于生成测试向量，物理模型则用于芯片其他部分的物理设计和布局布线后的仿真。

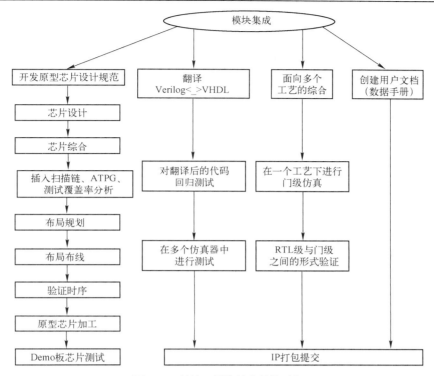

图 2-14 软核、固核的产品化过程

2.4.3 IP 核的选择

面对种类繁多的 IP，在进行 SoC 设计时应该怎样去选择，是一个很困难的问题。比如说，一个 SoC 芯片中需要 MIPS 处理器的 IP 和异步收发器（UART）的 IP，能够找到什么样的 IP？什么样的 IP 又是最好的选择呢？那么如果是一个模数转换器（ADC），又该怎样去选择呢？

1. IP 种类的选择

首先要确定 IP 的种类。一个基于 IP 的 SoC 设计能够顺利完成取决于以下几个重要因素：性能（Performance）、上市时间（Time-to-market）、成本（Cost）等。从硬核的特点来看，在工艺受到限制的情况下，要得到一个高性能的 IP，只有通过 IP 设计者自己对 IP 进行后端物理设计，因为只有 IP 设计者才最清楚如何能够根据 IP 核的功能和结构优化出最好的结果。在市场激烈竞争的今天，时间是关键因素，错过了市场的进入期，过小的市场份额不足以支撑前期的巨额投入，而事实证明，芯片开发的绝大多数时间是花在了功能验证、时序验证和物理设计上。如果要抓住市场机会，硬核是最好的选择。对于一个 IP 而言，其价格昂贵，因此 IP 设计者不愿意 IP 使用者得到可以修改和再次开发的 RTL 代码，硬核就成了保护 IP 的最有效手段。由此完全可以理解软核比硬核昂贵很多的原因。所以，事实上多数的 CPU 核是以固核或硬核的形式交付的，而一些简单的外设却可以有更多形式的交付。

2. 产品完整性

在确定要选择一个 IP 核后，要在能够满足需求的不同设计者提供的 IP 中继续进行选择。设计者应该着手比较不同 IP 提供商除了 IP 本身之外的文档和各种模型的质量。

对于处理器而言，指令级模型提供了一个处理器执行指令的行为级模型，但是没有对任何具体实现细节进行建模。这种模型用于高速系统仿真或软硬件协同仿真。对于非处理器模块，行为级模型提供了一个高速系统级仿真模型。行为级模型只是基于事件处理对模块的功能进行模拟，并没有具体的实现细节。对于大的模块，由于总线模型只是对模块总线事件进行模拟，因此总线功能模型可以提供最快的仿真速度。当要对芯片进行综合时就需要用到硬核的时序模型。生产测试激励如果不提供给最终用户，也应该提供给生产制造商。

需要注意，功能模型、时序模型、综合模型和预布局模型必须提供。如果是 CPU，那么 IP 提供者还必须提供编译器和调试器。如果这些所有的信息都是完整的，并且是在硅片上或产品中验证过的，那么这就是设计者所需要的 IP 了。注意，由于软核和固核没有经过硅片或产品的验证，其可靠性就很难保证了，要特别小心。

第3章　基于增强型 MiniMIPS32 处理器的 SoC ——MiniMIPS32_FullSyS

通过前两章的学习，大家已经对片上系统（SoC）的基础理论知识、设计方法和设计流程有了较深的理解和认识。从本章开始，本书将在上册所设计的 32 位 MIPS 处理器——MiniMIPS32 的基础上，通过 6 章内容逐步设计和实现一个完整的 SoC 系统，即 MiniMIPS32_FullSyS。

本章将给出 MiniMIPS32_FullSyS 的基本架构，并对 MiniMIPS32 处理器进行功能扩充（称为增强型 MiniMIPS32 处理器），使其满足 SoC 的系统设计要求。第 4 章将讲解 AXI4 总线接口及协议，进而围绕 AXI Interconnect IP 核完成增强型 MiniMIPS32 处理器的封装和集成。第 5 章在 MiniMIPS32_FullSyS SoC 中添加存储系统，包括 AXI BRAM 和 SPI Flash。前者作为系统的主存，后者作为系统的外部存储器（硬盘），并基于 AXI Interconnect，通过 AXI BRAM 控制器和 Quad SPI 控制器完成存储系统的集成。第 6 章将在 MiniMIPS32_FullSyS SoC 中添加 4 个外设：通用输入/输出端口（GPIO）、串口（UART）、定时器（Timer）和 VGA 接口，并完成功能验证。第 7 章将针对 MiniMIPS32_FullSyS SoC 的架构特点移植嵌入式实时操作系统 μC/OS-II。第 8 章针对密码学和机器学习常见应用领域提供两个基于 MiniMIPS32_FullSyS 的 SoC 软硬件设计实例。

本章首先介绍了 MiniMIPS32_FullSyS 的整体架构，并给出增强型 MiniMIPS32 处理器相比上册的 MiniMIPS32 处理器在设计上的改变；然后介绍了 MiniMIPS32_FullSyS SoC 系统的虚拟地址空间划分方式和映射策略，在此基础上完成了增强型 MiniMIPS32 处理器中固定地址映射单元和指令地址仲裁单元的设计与实现；最后讲解了高速缓冲存储器 Cache 的基本工作原理，并完成了增强型 MiniMIPS32 处理器中指令 Cache 和数据 Cache 的设计。

3.1　MiniMIPS32_FullSyS 的整体架构

本书所设计的目标 SoC 称为 MiniMIPS32_FullSyS，采用 AXI4 总线接口及协议，支持常见外设接口，其整体架构如图 3-1 所示。另外，与上册相同，最终 MiniMIPS32_FullSyS 将部署在 Nexys4 DDR FPGA 开发板上。

MiniMIPS32_FullSyS 的核心是增强型 MiniMIPS32 处理器，它是整个 SoC 的核心控制部件，也是唯一主设备，其架构如图 3-2 所示。增强型 MiniMIPS32 处理器在本书上册所实现的 MiniMIPS32 处理器基础上主要进行了四点改进：① 增加固定地址映射模块以支持虚拟地址到物理地址的变换；② 添加了指令地址仲裁逻辑用于区分访问 Bootloader ROM 的地址和访问指令存储器的地址；③ 集成了高速缓冲 Cache 模块以提升访存性能；④ 添加了类 SRAM 转 AXI4 模块以连接标准总线接口。增强型 MiniMIPS32 处理器具有 3 组对外端口：第一组直连一块只读存储器 ROM，容量为 16KB，用于存放系统启动代码（Bootloader），也就是系统上电复位后需要立即执行的程序；第二组为 AXI4 总线接口，与 AXI Interconnect 相连控制系统内其他模块；第三组是中断请求信号，最多可连接 6 个外部中断源。有关增强型 MiniMIPS32 处理器的设计请参照本章和第 4 章。

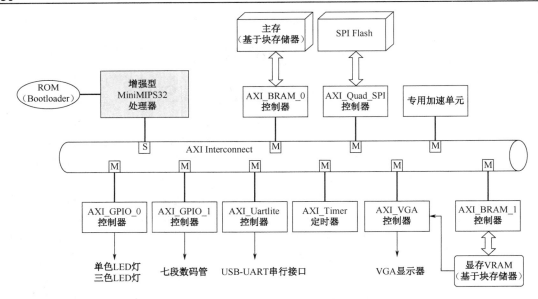

图 3-1　MiniMIPS32_FullSyS 的整体架构

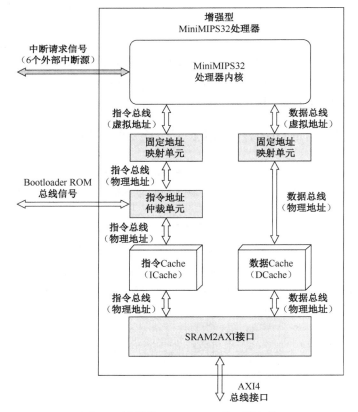

图 3-2　增强型 MiniMIPS32 处理器架构

AXI Interconnect 是 Xilinx 提供的支持多对多设备通信的交叉互连网络 IP 核，兼容多种 AXI 协议（如

AXI3、AXI4 及 AXI4-Lite 等）和多种数据宽度。MiniMIPS32_FullSyS 中的各个组件将通过 AXI Interconnect IP 核实现地址、数据及各类控制信息的传输和交互。AXI Interconnect 的具体设计和集成请参照第 4 章。

MiniMIPS32_FullSyS 中的存储系统主要包括主存和 Flash 两个部分。主存模块由 Xilinx FPGA 内部的块存储器（BRAM）构成，容量为 256KB，用于在运行时存放用户程序、数据和操作系统。主存模块通过 AXI_BRAM_0 控制器 IP 核与 AXI Interconnect 进行连接。Flash 作为非易失存储器永久保存用户程序和数据，相当于外部存储器（硬盘）。它采用了 Nexsys4 DDR FPGA 板卡上的 Quad SPI Flash（Spansion S25FL128S），容量为 128 Mb（16MB），并通过 AXI Quad SPI 控制器 IP 核与 AXI Interconnect 相连。存储系统的设计与集成请参照第 5 章。

此外，MiniMIPS32_FullSyS 支持多种外设，具体设计与集成请参照第 6 章，主要包括：

- 两个通用输入/输出控制器 IP 核（AXI_GPIO_0 和 AXI_GPIO_1）：前者用于控制 Nexsys4 DDR FPGA 开发板上单色 LED 灯和三色 LED 灯，后者用于控制开发板上七段数码管。
- 一个串口控制器 IP 核（AXI_Uartlite）：用于控制开发板上的 UART 串口，实现关键调试信息的打印输出。
- 一个定时器控制器 IP 核（AXI_Timer）：用于实现系统的精准计时。
- 一个 VGA 控制器 IP 核（AXI_VGA）：用于实现基于 VGA 协议的图像显示。其支持两组端口，一组用于连接外部显示器，另一组用于连接存放图像数据的显存 VRAM。VRAM 采用 FPGA 内部的 BRAM 构成，在本书设计中它是双端口 RAM。另一组端口通过 AXI_BRAM_1 控制器 IP 核连接到 AXI Interconnect 上。显存容量为 64KB。
- 若干个专用加速单元：它们是针对特定应用设计的专用加速模块，主要用于提升瓶颈算法模块的计算性能。本书将针对密码学和机器学习领域设计两款加速单元，分别是 RSA 加解密模块和贝叶斯分类模块，具体设计与集成请参照第 8 章。

3.2　MiniMIPS32_FullSyS 的地址空间划分与映射

3.2.1　32 位 MIPS 处理器的虚拟地址空间

在上册中，为了使大家更加关注 MiniMIPS32 处理器微结构的设计，对其地址空间的使用进行了简化。假设 MiniMIPS32 处理器上电或复位后的第一条指令地址为 0x00000000，并且在执行程序的过程中，所使用的访存地址均是物理地址，这与 MIPS 官方的规定不符，也与现代计算机系统设计的理念不符。为了将程序员从繁复的存储管理任务中解放出来，同时为了提高多道程序运行的安全性，当前程序员编程时所使用的地址空间实际上是一种与可用物理内存容量无关的地址空间，称为虚拟地址空间（Virtual Address Space）。虚拟地址空间的大小通常由处理器的位数决定，对于 32 位处理器而言，其虚拟地址空间容量的理论上限为 2^{32} 字节，即 4GB（0x00000000～0xFFFFFFFF）。程序员编写程序时使用的是虚拟地址，而程序本身是存放在物理存储器中的，故处理器在运行程序时，需要先将虚拟地址映射为物理地址，才能访问到对应的指令或数据，这个地址映射的过程通常由一种专门的硬件完成，称为内存管理单元（MMU，Memory Management Unit）。一般而言 MMU 都集成到处理器内部，不会以独立的部件存在。

通常，32 位 MIPS 处理器可以运行在两种特权级上，分别是用户模式和核心模式，也称为用户态和内核态，处于不同特权级的程序，按照约定使用 4GB 的虚拟地址空间。相比用户态，内核态拥有更高的优先权，因此，如果在用户态试图访问内核态的空间，将会引发异常。在进行虚拟地址到物理地址的映射时，32 位 MIPS 处理器一般会根据虚拟地址所处区域的不同采用两种不同方式，一种是基于 MMU 的地址映射，另一种是固定地址映射。对于 32 位 MIPS 处理器，4GB 虚拟地址空间被划分为 4 个区域（每个区域都有一个约定俗成的名字），并被映射到相应的物理地址空间，如图 3-3 所示。根据虚拟地址所处区域的不同，其所在的特权级及地址映射的方式也会不同。

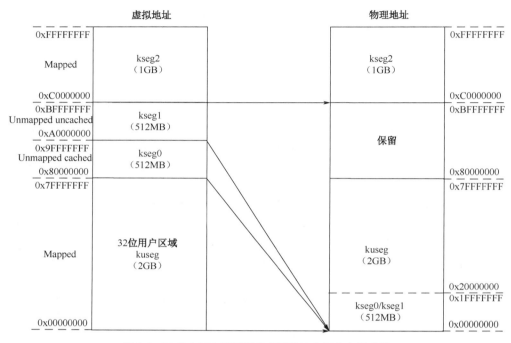

图 3-3　32 位 MIPS 处理器的虚拟地址空间分布及映射

（1）可映射（Mapped）用户区域 kuseg

这部分区域（0x00000000～0x7FFFFFFF）占据了 4GB 虚拟地址空间的低 2GB，剩下的 2GB 为内核区域。该区域在用户态和内核态均可以访问。程序在使用用户区域 kuseg 的时候，需要通过处理器中的 MMU 将虚拟地址映射成实际的物理地址。也就是说，kuseg 区域的虚拟地址空间和物理地址空间的对应关系是由 MMU 决定的，在带有 MMU 的 MIPS 处理器中，若要使用这部分地址，必须经过 MMU 的转换。在使用这个区域前，必须先由操作系统内核设置好 MMU，否则不可使用这部分区域。对于缺少 MMU 的处理器，对该区域的访问由具体实现方式决定，需参考相应的用户手册。因此，如果希望程序可以在缺少 MMU 的 MIPS 处理器和带有 MMU 的 MIPS 处理器之间移植，应尽量避免使用这块区域。

（2）非映射可缓存（Unmapped Cached）区域 kseg0

这部分地址区域（0x80000000～0x9FFFFFFF，512MB）是非映射可缓存的，仅限于内核态使用。非映射（Unmapped）是指将处于该区域的虚拟地址映射成物理地址时，不需要经过 MMU，而是采用固定地址映射，只需将最高位清零。因此，kseg0 区域将被固定映射到物理地址空间的低512MB 中（0x00000000～0x1FFFFFFF）。可缓存是指对这个区域所有地址的访问都需要通过高速缓存（Cache）。因此，在 Cache 未初始化之前，不要使用这部分地址区域。通常一个缺少 MMU 的MIPS 处理器会使用这个区域存放绝大多数程序和数据。对于带有 MMU 的 MIPS 处理器，操作系统内核会存放在该区域。

（3）非映射非缓存（Unmapped Uncached）区域 kseg1

这部分地址区域（0xA0000000～0xBFFFFFFF，512MB）是非映射非缓存的，也仅限于内核态使用。

处于该区域的虚拟地址映射成物理地址时，也不需要经过 MMU 转换，而是采用固定地址映射，映射的方法是将虚拟地址的最高 3 位清零。因此，与 kseg0 映射的物理地址一样，kseg1 区域也将被固定映射到物理地址空间的低 512MB 中（0x00000000～0x1FFFFFFF），可见 kseg0 和 kseg1 这两个区域在物理地址上是重叠的。但不同于 kseg0，kseg1 是不可缓存的（Uncached），也就是说，对该区域地址的访问是不需要经过高速缓存（Cache）的。由于计算机系统上电或重启时，MMU 和 Cache 均未被初始化，故 kseg1 是唯一能在系统重启时正常工作的内存映射地址空间。也就是说，系统重启时，kseg1 是唯一可以正常访问的地址区域。因此，MIPS 官方手册规定，上电重启后第一条指令的地址（也称为入口向量）就在这个区域，即 0xBFC00000，映射成对应的物理地址是 0x1FC00000。本册书将对上册书中的 MiniMIPS32 处理器进行修改，将重启复位后的地址设置为 0xBFC00000。通常，系统设计者会将存放初始化启动程序 bootloader 的 ROM（或 Flash）分配给该区域。此外，也会将 I/O 端口寄存器的地址空间放到该区域，其原因是对 I/O 的访问如果通过高速缓存，则有可能无法保证数据的一致性，而 kseg1 的非缓存特性恰恰避免这一问题。

　　虽然 kseg0 和 kseg1 会被映射到同一物理地址空间（0x00000000～0x1FFFFFFF），但在实际使用时，由于两个区域的属性不同，故不会用两个不同的虚拟地址去映射同一个物理地址。例如，对于 32 位 MIPS 处理器而言，通常 kseg0 只使用从 0x80000000 到 0x8FFFFFFF 的地址区域，而 kseg1 只使用从 0xB0000000 到 0xBFFFFFFF 的地址区域，即分别使用 512MB 物理地址空间的各 256MB 即可。kseg0 一般分配给内核（带 MMU）或主程序（不带 MMU）使用，而 kseg1 分配给初始化启动程序及 I/O 端口地址空间使用。

　　（4）可映射（Mapped）区域 kseg2

　　这段地址区域（0xC0000000～0xFFFFFFFF，1GB）只能在内核态下使用，并且必须经过 MMU 进行转换。在 MMU 设置好之前，不能使用这段区域。除非系统中移植了一个操作系统，否则一般来说这段地址空间是不需要使用的。

　　对于本册书而言，为了尽量与 MIPS 的官方规定一致，并使用虚拟地址空间，我们将对 MiniMIPS32 处理器进行改进，增加地址映射和高速缓冲存储器。由于没有实现内存管理单元，故 MiniMIPS32 处理器只需要支持固定地址映射机制，也就是只会用到 kseg0 和 kseg1 这两块虚拟地址区域。其中，kseg0 用于存放待运行的程序和数据，kseg1 则分配给初始化启动程序 Bootloader 和 I/O 设备的端口寄存器。MiniMIPS32 处理器一直处于内核态，复位重启的入口地址为 0xBFC00000。

3.2.2　MiniMIPS32_FullSyS 的地址空间划分

　　增强型 MiniMIPS32 处理器与大多数 RISC 处理器一样，采用访存指令对外设的接口寄存器进行读/写，因此，在 MiniMIPS32_FullSyS 系统中，所有外设和存储器进行统一编址。这样，对外设接口寄存器的访问和访问存储器一样，也是通过传递访存地址完成的。其中指令使用的是虚拟地址，然后虚拟地址经过固定地址映射单元（详见 3.2.3 节）被映射为物理地址，再被送到 AXI Interconnect 互连模块，经过译码选中相应的存储单元或外设接口寄存器，从而实现数据的传输。MiniMIPS32_FullSyS 中各存储器及外设接口寄存器的寻址空间如表 3-1 所示。

表 3-1　MiniMIPS32_FullSyS 中各存储器及外设接口寄存器的寻址空间

设　　备	寻址空间（虚拟地址）	容　　量	所属区域	映射后的物理地址
AXI_BRAM_0（主存）	0x8000_0000～0x8003_FFFF	256KB	kseg0	0x0000_0000～0x0003_FFFF
AXI_BRAM_1（VRAM）	0x9000_0000～0x9000_FFFF	64KB	kseg0	0x1000_0000～0x1000_FFFF

续表

设　备	寻址空间（虚拟地址）	容　量	所属区域	映射后的物理地址
Bootloader ROM	0xBFC0_0000～0xBFC0_3FFF	16KB	kseg1	0x1FC0_0000～0x1FC0_3FFF
AXI_GPIO_0	0xBFD0_0000～0xBFD0_0FFF	4KB	kseg1	0x1FD0_0000～0x1FD0_0FFF
AXI_GPIO_1	0xBFD0_1000～0xBFD0_1FFF	4KB	kseg1	0x1FD0_1000～0x1FD0_1FFF
AXI_Uartlite	0xBFD1_0000～0xBFD1_0FFF	4KB	kseg1	0x1FD1_0000～0x1FD1_0FFF
AXI_Quad_SPI	0xBFD2_0000～0xBFD2_0FFF	4KB	kseg1	0x1FD2_0000～0x1FD2_0FFF
AXI_Timer	0xBFD3_0000～0xBFD3_0FFF	4KB	kseg1	0x1FD3_0000～0x1FD3_0FFF
AXI_VGA	0xBFD4_0000～0xBFD4_0FFF	4KB	kseg1	0x1FD4_0000～0x1FD4_0FFF
专用加速单元	0xBFE0_0000～0xBFE0_0FFF	4KB	kseg1	0x1FE0_0000～0x1FE0_0FFF

从上表可以看出，主存、显存（VRAM）和 Bootloader ROM 通过地址的高 12 位即可进行区分。除 AXI_GPIO_0 和 AXI_GPIO_1 之外，其他外设可以根据地址的高 16 位进行区分，而 AXI_GPIO_0 和 AXI_GPIO_1 则需要使用地址的高 20 位进行区分。主存占用地址空间 256KB，显存占用 64KB，Bootloader ROM 占用地址空间 16KB，每个外设的接口寄存器所占地址空间均为 4KB。

3.2.3　固定地址映射单元的设计与实现

在本书的设计中，MiniMIPS32_FullSyS 只用到虚拟地址空间中的 kseg0 和 kseg1 区域，它们均可通过固定地址映射实现从虚拟地址到物理地址的变换，不需要 MMU 的支持。如图 3-2 所示，增强型 MiniMIPS32 处理器中固定地址映射单元的作用就是完成上述地址变换的功能，其代码如图 3-4 所示，输入/输出端口如表 3-2 所示。

```
01    `include "defines.v"
02
03    module vmmap(
04        input  wire [`INST_ADDR_BUS    ] vaddr,
05        output wire [`INST_ADDR_BUS    ] paddr
06    );
07
08        assign paddr = {3'b000, vaddr[28:0]};
09
10    endmodule
```

图 3-4　vmap.v 源代码（固定地址映射单元）

表 3-2　固定地址映射单元的输入/输出端口

端口名称	端口方向	端口宽度/位	端口描述
vaddr	输入	32	虚拟地址
paddr	输出	32	物理地址

固定地址映射单元的代码十分简单，该模块的输入是 MiniMIPS32 处理器送出的虚拟地址，输出是经过固定地址映射后的物理地址。如 3.2.1 节所示，kseg0 区域地址进行映射时，最高位清 0；kseg1 区域地址进行映射时，高 3 位清 0。由于 kseg0 区域地址最高有效字节为"0x8"或"0x9"，kseg1 区域地址最高有效字节为"0xA"或"0xB"，故前者最高位清 0 等同于高 3 位清 0，与 kseg1 区域地址变换后的效果一致。因此第 8 行代码给出了该模块的核心逻辑，将虚拟地址的高 3 位清 0 即完成了从虚拟地址到物理地址的变换。

3.2.4　指令地址仲裁单元的设计与实现

由图 3-2 可知，MiniMIPS32 处理器内核发出指令地址经过固定地址映射单元后会被送到两个地方，一个是存放启动代码 Bootloader 的 ROM 中，另一个则是指令 Cache。因此，需要设计一个指令地址仲裁单元对指令地址的去向进行判断。图 3-5 给出了 iaddr_arbi.v 源代码，指令地址仲裁单元输入/输出端口如表 3-3 所示。

```
01    `include "defines.v"
02
03    module iaddr_arbi(
04        input  wire                    cpu_clk_50M,
05        input  wire                    ice,
06        input  wire [`INST_ADDR_BUS ]  iaddr,
07        input  wire [`INST_BUS      ]  btl_dout,
08        input  wire [`INST_BUS      ]  if_rdata,
09        input  wire                    if_hit,
10        output wire                    btl_ce,
11        output wire [`INST_ADDR_BUS ]  btl_addr,
12        output wire [`INST_ADDR_BUS ]  if_iaddr,
13        output wire [`INST_BUS      ]  inst,
14        output wire                    if_data_ok
15
16    );
17
18        reg ice_t;
19        always @(posedge cpu_clk_50M) begin
20            ice_t <= ice;
21        end
22
23        // 仲裁指令来自Bootloader还是内存
24        assign btl_ce       = (ice == 1'b1 && iaddr[31:20] == 12'h1fc) ? 1 : 0;
25        assign btl_addr     = iaddr[13:2];
26        assign if_iaddr     = iaddr[31:0];
27        assign inst         = (iaddr[31:20] == 12'h1fc) ? btl_dout : if_rdata;
28        assign if_data_ok   = (iaddr[31:20] == 12'h1fc) ? ice_t : if_hit;
29
30    endmodule
```

图 3-5　iaddr_arbi.v 源代码（指令地址仲裁单元）

表 3-3　指令地址仲裁单元输入/输出端口

端 口 名 称	端 口 方 向	端口宽度/位	端 口 描 述
cpu_clk_50M	输入	1	系统时钟（50MHz）
ice	输入	1	指令访问使能信号
iaddr	输入	32	指令地址
btl_dout	输入	32	Bootloader ROM 返回的指令
if_rdata	输入	32	指令 Cache 返回的指令
if_hit	输入	1	指令 Cache 命中标志
btl_ce	输出	1	Bootloader ROM 的使能信号
btl_addr	输出	32	Bootloader ROM 的访存地址
if_iaddr	输出	32	指令 Cache 的访存地址
inst	输出	32	从 Bootloader 或指令 Cache 读出的指令
if_data_ok	输出	1	取指操作的完成标志

第 24 行代码判断指令访问使能信号（ice）和指令地址的高 12 位为 0x1FC 是否同时有效，如果是，则说明指令来自 Bootloader ROM，置其使能信号 btl_ce 为 1；否则，置 Bootloader ROM 使能信号 btl_ce 为 0。

第 25～26 行代码分别获取访问 Bootloader ROM 和指令 Cache 的访存地址。

第 27 行代码用于返回所读取的指令 inst。如果指令地址 iaddr 的高 12 位是 0x1FC，则指令来自 Bootloader ROM（btl_dout）；否则指令来自指令 Cache（if_rdata）。

第 28 行代码用于产生取指操作完成的标志信号 if_data_ok。如果指令地址 iaddr 的高 12 位不是 0x1FC，则将指令 Cache 命中标志（if_hit）作为取指操作完成标志；否则，将指令操作使能信号延迟一个周期（参见第 19～21 行代码）作为取指操作完成标志。延迟一个时钟周期的原因是 Bootloader ROM 将由 FPGA 内的块存储器构建，该存储器为同步存储器，读数据需要花费一个时钟周期，因此需要将取指完成标志和读出的指令进行同步。

3.3   高速缓冲存储器

3.3.1   高速缓冲存储器概述

随着集成电路工艺水平的发展，处理器的时钟频率和性能以超乎想象的速度增长，但是主存的访问速度（主要是 DRAM）的增长却要缓慢得多，并且这种处理器和存储器之间的性能鸿沟越来越大。由于主存缓慢的访问速度，导致处理器性能的大幅度提升并不能带来计算机整体性能的显著变化，这种现象就是高性能计算机设计所遭遇的存储墙问题（Memory Wall）。

在 CPU 和主存之间设置高速缓冲存储器（Cache），可以有效地缓解由存储墙问题导致的 CPU 和主存之间的速度不匹配问题，提升访存速度。Cache 之所以能够提升访存速度，带来计算机整体性能的提升，主要是因为程序访问的局部性特征。所谓程序访问局部性是指在较短的时间间隔内，程序产生的地址往往集中在存储器一个很小的范围内，又可进一步细分为时间局部性和空间局部性。时间局部性是指被访问的某个存储单元在不久的将来很可能又被访问。空间局部性是指被访问的某个存储单元的邻近单元在不久的将来很可能也被访问。例如，循环程序中的指令序列通常被重复执行，表现出时间局部性，又如，数组中的元素在主存中是按序存储的，通常也是按序访问，表现出空间局部性。在 CPU 内部设置小容量的、基于 SRAM 的 Cache，把主存中被频繁访问的活跃程序块或数据块复制到 Cache 中，基于程序访问的局部性特征，在大多数情况下，CPU 能直接从 Cache 中读取指令和数据，而不必访问主存，由于 Cache 的速度几乎与 CPU 一样快，所以大大提升了访存性能。

为了便于 Cache 和主存之间交换信息，主存和 Cache 空间都被划分为相等的区域。主存中的区域称为块（Block），也称为主存块，它是 Cache 和主存之间进行信息交换的基本单位，Cache 中存放一个主存块的区域称为行（Line）或槽（Slot）。CPU 发出访存物理地址后，首先判断该地址所在的主存块是否已经放入 Cache 中，如果是（Cache 命中），则直接从 Cache 中获取相应信息，而不用访问主存；否则（Cache 缺失），则需要从主存中把当前访存地址所在的主存块调入 Cache 中，如果 Cache 没有空闲行，还需要从 Cache 中替换一行，然后再将相应信息送到 CPU。

根据上述的访存过程可知，完成 Cache 的设计需要解决 4 个问题：（1）一个主存块应当放在 Cache 的什么位置（映射机制）；（2）如何判断 Cache 是否命中（查找方法）；（3）如果 Cache 中没有空闲行，则需要替换 Cache 中的哪一行（替换策略）；（4）对 Cache 的写操作需要如何处理（写策略）。下面将分别对这 4 个问题展开叙述。

1. Cache 的映射机制

如上所述，Cache 的容量一般远小于主存容量，故 Cache 中存放的内容是物理主存所存放内容的一个子集。因此，将一个主存块放入到 Cache 时，其在 Cache 中的摆放位置必须遵循一定的规则，称为 Cache 映射机制（也称为 Cache 组织形式）。目前，主存块和 Cache 行之间的主要映射机制可分为三种：

直接映射（Direct Mapping）、全相联映射（Fully Associative Mapping）和 N 路组相联映射（N-way Set Associative Mapping）。

（1）直接映射（Direct Mapping）

直接映射指每个主存块只存放在唯一一个 Cache 行中，该映射方法比较简单，可描述为

$$Cache 行号 = 主存块号 \bmod Cache 行数$$

例如，假设 Cache 有 8 行，主存有 32 块，则采用直接映射时主存块和 Cache 行的对应关系如图 3-6 所示。主存的第 1（00001）、9（01001）、17（10001）和 25（11001）块被映射到 Cache 的第 1 行中，主存的第 6（00110）、14（01110）、22（10110）和 30（11110）块被映射到 Cache 的第 6 行中。

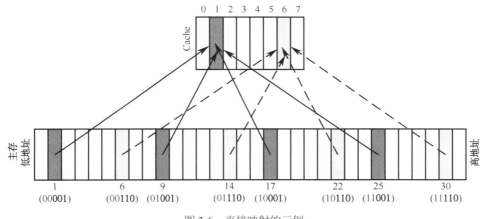

图 3-6　直接映射的示例

一般而言，Cache 中的行数取 2 的幂次。假设 Cache 有 2^c 行，主存有 2^m 块（$m \geqslant c$），则直接映射中的求模运算本质上就取 m 位主存块号（主存块地址）的低 c 位作为对应的 Cache 行号。换句话说，m 位主存块号中低 c 位相同（图 3-6 中主存块号加粗的部分）的那些主存块，即"同余"块，都将被映射到同一个 Cache 行中，形成一个"多对一"的映射关系。

直接映射机制中的映射关系固定，故查找速度快，硬件设计十分简单，但由于有多个主存块映射到同一个 Cache 行中，因此，即使 Cache 中仍然有空闲行，也可能因为映射关系导致块冲突，引起频繁的调入调出，造成较高的 Cache 缺失率，降低了 Cache 的性能。

（2）全相联映射（Fully Associative Mapping）

全相联映射指任意一个主存块都可以被装入任意一个 Cache 行中，如图 3-7 所示，主存块 1 可以装入 8 个 Cache 行中的任意一个。全相连映射是一种"多对多"的映射关系，在该种映射机制下，只要 Cache 中有空闲的行，就不会发生块冲突，因而相比直接映射，Cache 缺失率较低。但由于主存块与 Cache 行的映射关系不固定，因此硬件实现更为困难，查找所花费的时间开销也较大，不适合大容量 Cache 的设计。

（3）N 路组相联映射（N-way Set Associative Mapping）

通过前面的分析可知，直接映射和全相联映射各有优缺点，可将二者相结合，取长补短，从而得到一种新的映射机制——N 路组相联映射（简称组相联映射）

可将 Cache 所有行划分为若干个大小相等的组，每组中包含 N 个 Cache 行（$N \geqslant 1$），这里的 N 就表示"N 路"，也称为相联度。不同于直接映射，只能将块号中低位相同的主存块映射到唯一一个 Cache 行中，对于组相联映射，只需将块号中低位相同的主存块映射到唯一一个 Cache 组中，而在组中可以放到 N 个 Cache 行中的任意一个。也就是说，只要该 Cache 组中还有空余的 Cache 行，当调入新块时，就不需要替换组内已存放的块，除非 N 个 Cache 行全部用完，才需要考虑替换。因此，本质上组相联映射

就是一种"组间直接映射，组内全相联映射"的映射机制。其映射方法如下。

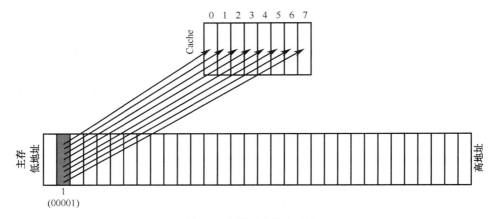

图 3-7　全相联映射的示例

$$Cache\ 组号\ =\ 主存块号\ mod\ Cache\ 组数$$

例如，假设 Cache 有 8 行，每组 4 行，主存有 32 块，此时，主存块和 Cache 行之间的对应关系如图 3-8 所示。由于每组有 4 行，故称为 4 路组相联映射。Cache 中包含 2 组，主存的第 1（00001）、9（01001）、17（10001）和 25（11001）块被映射到 Cache 第 1 组的任意一行中，主存的第 6（00110）、14（01110）、22（10110）和 30（11110）块被映射到 Cache 第 0 组的任意一行中。

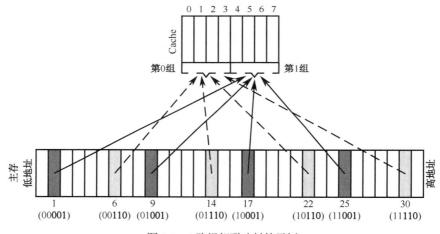

图 3-8　4 路组相联映射的示例

为了便于查找和设计，Cache 中每组的行数一般也取 2 的幂次。假设 Cache 有 2^c 行，2^s 行一组（Cache 被划分为 2^{c-s} 组），主存有 2^m 块（$m \geqslant c$），则组相联映射中的求模运算本质上就是取 m 位主存块号（主存块地址）的低 $c-s$ 位作为对应的 Cache 组号。也就是说，m 位主存块号中低 $c-s$ 位相同（图 3-8 中主存块号加粗的部分）的那些主存块，即"同余"块，都将被映射到同一个 Cache 组中。在主存中，每 2^{c-s} 个主存块都与 2^{c-s} 个 Cache 组——对应。

实际上，我们可以得出一个结论：Cache 的所有映射机制都可以归结为 N 路组相联映射。直接映射和全相联映射只不过是组相联映射的两个特例。其中，直接映射相当于 1 路组相联映射，也就是说每组中只有 1 个 Cache 行。具有 m 个 Cache 行的全相联映射相当于 m 路组相联映射，即整个 Cache 中只有 1 组。对于 N 路组相联映射而言（$N > 1$），其设计复杂度、查找速度和块冲突率介于直接映射和全相联映射之间，结合了两者的优点，是当前最常用的 Cache 映射机制。对三种映射方式进行比较，在 Cache 容量和行大小不变的前提下，可得到如下结论。

（1）相联度越低，块冲突率越高，命中率越低。因此，直接映射命中率最低，全相联映射命中率最高。

（2）相联度越低，查找速度越快，判断是否命中的开销越小，命中时间越短。因此，直接映射的命中时间最短，全相联映射的命中时间最长。

（3）相联度越低，硬件设计的复杂度和开销越少。因此，直接映射的硬件开销最小，全相联映射的硬件开销最大。

2．Cache 的查找方法

如上所述，所有 Cache 都采用了 N 路组相联映射机制。因此，每个 Cache 的结构都可以由一个三元组<Cache 容量，行（块）大小，相联度>决定。图 3-9 给出了 N 路组相联映射 Cache 的结构，每组中包含 N 个 Cache 行，每个 Cache 行由三部分组成，分别是有效位 V、标记 Tag 和数据 Data。其中，有效位 V 用于指明该 Cache 行是否已经与一个主存块建立了映射关系，V＝1 时表示映射关系已建立，否则，表示映射关系没有建立。标记 Tag 用于对有可能映射到该 Cache 行的多个主存块进行区分。Data 则是存放在该 Cache 行中的数据。

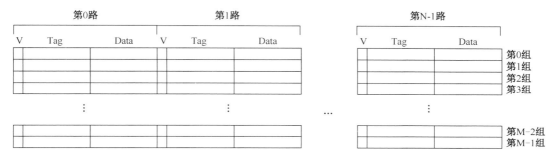

图 3-9　N 路组相联映射 Cache 的结构

根据 Cache 结构，一个由 CPU 发送到 Cache 的 32 位物理地址将被划分 3 个部分，如图 3-10 所示。其中，最低的 b 位为块内地址，取值为 $\log_2$（块大小）；中间 q 位是索引 index，用于确定该主存块被唯一映射到哪一个 Cache 组中，故该 q 位索引就是 Cache 组号，取值为 $\log_2 \dfrac{\text{Cache容量}}{\text{块大小} \times \text{相联度}}$；最高的 t 位为标记 Tag。此外，$t+q$ 位就构成了主存块号。

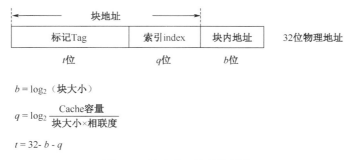

图 3-10　访存物理地址的划分

Cache 查找所完成的工作就是对 CPU 发出的访存物理地址按照如上方式进行划分，然后判断该地址所在的主存块是否已经被调入 Cache。下面通过三个例子来说明三种映射机制下的访存过程。

例 1： 假设 Cache 容量为 1KB，块大小为 16B，采用直接映射。直接映射相当于 1 路组相联映射，故该 Cache 的结构为<1KB, 16B, 1>，根据物理地址划分方法可知，块内偏移地址占 "$b = \log_2 16 = 4$ 位"，索引（index）（Cache 行号）占 "$q = \log_2 \dfrac{1KB}{16B \times 1} = 6$ 位"，标记（Tag）占 22 位。整个访存过程（以读操作为例）如图 3-11 所示。

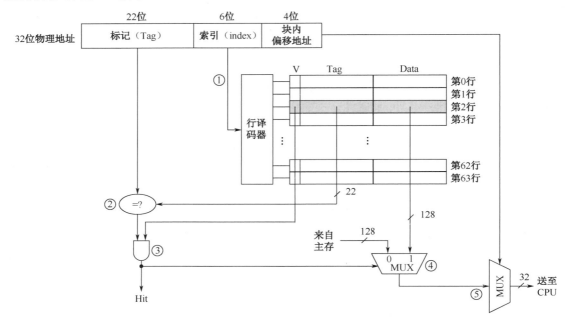

图 3-11　直接映射 Cache 的访存过程

① 利用行译码器对访存物理地址的 6 位索引（index）进行译码，并找到与之对应的 Cache 行；

② 将该 Cache 行中的 Tag 部分与 32 位物理地址中的 22 位 Tag 进行比较；

③ 如果两者相等，并且该 Cache 行中的有效位 V 为 "1"，则 Cache 命中（Hit = 1），否则，Cache 不命中（Hit = 0）；

④ 如果 Hit = 1，则选中该 Cache 行中所存放的 128 位（16B）的数据，否则，从主存中读出相应的块放入该 Cache 行，并将有效位 V 置 1，物理地址的高 22 位存入 Tag 部分；

⑤ 最后根据 4 位块内地址，从 128 位数据块中选择对应的字送入 CPU 中。

例 2： 假设 Cache 容量为 1KB，块大小为 16B，采用全相联映射，其结构为<1KB, 16B, 64>。对于全相联映射，Cache 中只有一组，故物理地址中不存在索引。地址划分如下：块内偏移地址占 "$b = \log_2 16 = 4$ 位"，标记（Tag）占 28 位。整个访存过程（以读操作为例）如图 3-12 所示。

① 将每个 Cache 行中的 Tag 部分一一与 32 位物理地址中的 28 位 Tag 进行比较；

② 如果某个 Cache 行的 Tag 部分与地址中的 Tag 相等，并且该 Cache 行中的有效位 V 为 "1"，则 Cache 命中（Hit = 1），否则，Cache 不命中（Hit = 0）；

③ 如果 Hit = 1，则选中该 Cache 行中所存放的 128 位（16B）数据，否则，将主存中该地址所在的主存块调入 Cache，并将有效位 V 置 1，物理地址的高 28 位存入 Tag 部分；

④ 最后，根据 4 位块内地址，从 128 位数据中选择对应的字送入 CPU 中。

例 3： 假设 Cache 容量为 1KB，块大小为 16B，采用 2 路组相联映射。该 Cache 的结构为<1KB, 16B, 2>，根据物理地址划分方法可知，块内偏移地址占 "$b = \log_2 16 = 4$ 位"，索引（index）（Cache 组号）

占"$q = \log_2 \dfrac{1\text{KB}}{16\text{B} \times 2} = 5$ 位"，标记（Tag）占 23 位。整个访存过程（以读操作为例）如图 3-13 所示。

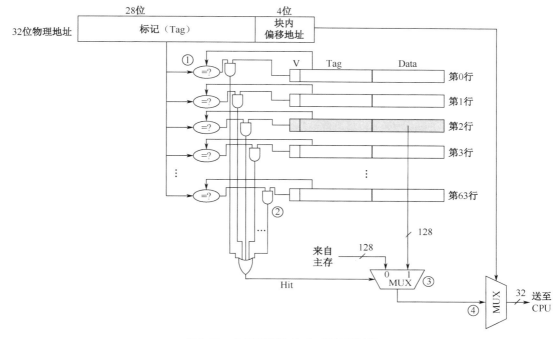

图 3-12　全相联映射 Cache 的访问过程

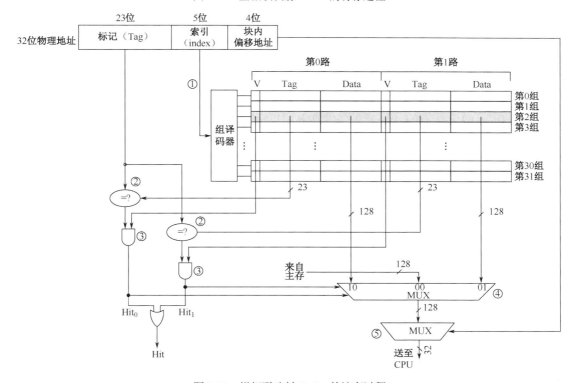

图 3-13　组相联映射 Cache 的访问过程

① 根据访存地址中的 5 位索引（index）找到 Cache 中对应的组；

② 将地址中的 Tag 与对应组中的每个 Cache 行的 Tag 部分进行一一比较；

③ 将比较的结果和有效位 V 相"与"；

④ 只要其中有一路 Tag 比较相等，并且相应的有效位 V 为 1，则选中该路 Cache 行中的 128 位数据，同时输出"Hit"为 1，否则，将主存中该地址所在的主存块调入该 Cache 组，并将相应行的有效位 V 置 1，地址的高 23 位存入 Tag 部分，同时输出"Hit"为 0；

⑤ 最后，根据 4 位块内地址，从 128 位数据块中选择对应的字送入 CPU 中。

3．Cache 的替换策略

由于 Cache 的行数要远远小于主存块数，映射到 Cache 同一组中的主存块将多于该组中的行数。因此，当一个新的主存块被调入 Cache 时，如果对应组中的所有行已经被全部占满（所有行的有效位 V 都为 1），则必须选择淘汰一个 Cache 行中的主存块。到底淘汰哪一块，这是由 Cache 的替换策略决定的。注意，只有全相联映射和组相联映射 Cache 需要替换策略，而直接映射 Cache 不需要替换策略，因为对于直接映射，每个主存块在 Cache 中只有唯一一行与之对应。

根据时间局部性原理，常用的替换策略包括先进先出 FIFO 替换策略、随机替换策略和近期最少使用替换策略。

（1）先进先出 FIFO 替换策略：总是选择最早装入 Cache 的主存块进行替换。该策略的实现比较简单，但不能很好地反映程序访问的时间局部性，因为最先进入 Cache 的主存块也可能是近期经常要用到的，因此，该算法有可能产生较大的缺失率。

（2）随机替换策略：从候选行的主存块中随机选取一个替换，与使用情况无关，整个 Cache 只需要一个随机数产生器即可，故硬件设计的开销很少。

（3）近期最少使用（Least-recently Used，LRU）替换策略：总是选择近期最少使用的主存块进行替换。这种策略是一种基于历史经验进行预测的策略，可以比较正确地反映程序访问的时间局部性，因为当前使用最少的块一般来说也是将来最少被访问的。LRU 策略是当前最常使用的替换策略，但是它的实现比前两种替换策略要复杂。

为了支持 LRU 替换策略，需要对映射 Cache 的结构进行修改，为每个 Cache 行增加一个基于计数器的 LRU 域，使用计数值来记录 Cache 行的使用情况，通过硬件来修改计数值，并根据计数值选择某个 Cache 行进行替换。该计数值越大，说明相应的 Cache 行最近越少使用。LRU 域的位宽与 Cache 组所包含的 Cache 行的数目有关，对于 N 路组相联映射 Cache，LRU 域的位宽为 $\log_2 N$。LRU 替换策略的规则如下：

① 如果 Cache 命中，则将被引用行的 LRU 域的计数值清 0，同时将其他行中 LRU 域计数值小于被引用行原计数值的行的计数值加"1"，其余行的计数值保持不变。

② 如果 Cache 未命中，并且相应的组中还有空闲行（有效位 V 为 0 的行）时，则将新装入的行的 LRU 域计数值设置为 0，其余行的计数值都递增 1。

③ 如果 Cache 未命中，并且相应的组中没有空闲行时，则选择该组中具有最大 LRU 域计数值的行进行替换，并将新装入的行的计数值设置为 0，其余行的计数值都递增 1。

图 3-14 给出了一个采用 LRU 替换策略的 4 路组相联映射的 Cache 示例。假设主存块 A、B、C、D 和 E 都被映射到 Cache 的同一组中，访存地址流为 A, B, C, D, D, D, B, D, E。括号中的数字表示该 Cache 行的 LRU 域计数值。

有时为了简化上述 LRU 域计数的硬件实现，通常采用一种近似的 LRU 计数方式来实现 LRU 替换策略。近似 LRU 计数方法并不是严格按照上述规则进行计数的，而是大致区分哪些是新调入的 Cache 行，哪些是较长时间没有使用的行，最终选择一组中近期最少使用的 Cache 行进行替换。

(0)	(1)	(2)	(3)
(2)	(3)	(0)B	(1)A
(0)D	(1)C	(2)B	(3)A
(0)D	(1)C	(2)B	(3)A
(0)D	(2)C	(1)B	(3)A

(1)	(2)	(3)	(0)A
(3)	(0)C	(1)B	(2)A
(0)D	(1)C	(2)B	(3)A
(1)D	(2)C	(0)B	(3)A
(1)D	(3)C	(2)B	(3)E

图 3-14　LRU 替换策略示例

4. Cache 的写策略

由于 Cache 中存放的内容是主存内容的子集，不同于读操作不会修改 Cache 中的内容，当写操作命中时，将会对 Cache 中的内容进行更新，此时就存在 Cache 和主存如何保持一致的问题。为了在写命中时解决 Cache 一致性问题，对于写操作通常有两种处理方式。

（1）写直通方式（Write Through，WT）

该种方式下，如果写命中，则同时更新 Cache 和主存。由此可见，写直通实际上采用的是对主存块及其对应的 Cache 行进行同步更新的方法，通常也称为通写方式或写透方式。

显然，写直通方式的优点是主存和 Cache 始终保持一致，故在替换时不必将被替换的 Cache 行写回主存，但其缺点是每次写命中都必须写主存，增加了写操作的开销。为了减小这种开销，通常在 Cache 和主存之间增加一个写缓冲（Write Buffer）。在 CPU 写 Cache 的同时，也将信息写入写缓冲，然后由存储控制器负责将缓冲中的内容写入主存。写缓冲是一个 FIFO 队列，一般有 4～8 项，在写操作频率不是很高的情况下，效果较好。但是，如果写操作十分频繁，则会使写缓冲填满而发生阻塞。

（2）写回方式（Write Back，WB）

该种方式下，如果写命中，则信息只被写入 Cache 而不被写入主存。只有当 Cache 行被替换时，才将它写回主存。如果被替换的 Cache 行从来没有被写过，就不必写回主存了。因此，为了能够区分 Cache 行是否被写过，则需要为每个 Cache 行设置一个修改位，也称为"脏位"（Dirty Bit）。当主存块首次被调入 Cache 时，清除修改位，一旦向 Cache 行写数据时，将相应的修改位设置为 1。如果修改位为 1，则说明对应 Cache 行被修改过，替换时需要写回主存；如果修改位为 0，则说明对应 Cache 行未被修改过，替换时无须写回主存。

写回方式在写命中时，仅仅修改 Cache 中的内容，因此缩短了写操作所用的时间，减少了主存的访问量。但缺点是没有同步更新 Cache 和主存内容，主存中可能会存有过时的数据，当其他 CPU（多核）或 DMA 控制器从主存中读数据时，有可能读出的不是最新数据，即出现所谓的 Cache 一致性问题。通常需要其他的同步机制来确保信息一致。

上述两种写策略针对的是写命中的情况，对于写不命中，也有两种处理策略。

（1）写分配方式

写不命中时，先将主存块调入 Cache 中，再将信息写入 Cache 行。这种方式在写不命中时要从主存读入一个块到 Cache 中，可以充分利用空间局部性，但增加了读主存的开销。

（2）写不分配方式

写不命中时，不需要将主存块调入 Cache 中，只需要将信息写入主存即可。这种方式减少了读入主存块的时间，但没有很好地利用空间局部性。

一般而言，写直通和写不分配一起使用，称为 WTNA 策略；写回和写分配一起使用，称为 WBWA 策略。

3.3.2　Cache 的性能评价

通常，Cache 的性能采用平均访问时间（Average Access Time，AAT）进行评价，AAT 指平均每次访存所花费的时间，如式（3-1）所示。其中，total access time 表示总访存时间，number of references 表示总访存次数。

$$AAT = \frac{total\ access\ time}{number\ of\ references} \tag{3-1}$$

以 Cache 和主存构成的一级 Cache 存储系统为例，CPU 发出一次访存请求，需要判断所访问的信息是否在 Cache 中。若 CPU 访存地址所在的块在 Cache 中，即 Cache 命中（Hit），则 CPU 直接从 Cache 中存取信息，所用的访存时间称为 Cache 命中时间（Hit Time）。如果 CPU 访存地址所在的块不在 Cache 中，即 Cache 缺失（Miss），则需要从主存中读取一个主存块送入 Cache，并同时将所需的信息送入 CPU，因此，所用的访存时间将由两部分组成，分别是主存访问时间和 Cache 命中时间，而主存访问时间就是将一个主存块读入 Cache 的时间，也称为缺失损失（Miss Penalty）。这样，AAT 又可进一步表示为式（3-2）。

$$\begin{aligned} AAT &= \frac{number\ of\ reference \times Hit\ Time + number\ of\ misses \times Miss\ Penalty}{number\ of\ references} \\ &= Hit\ Time + \frac{number\ of\ misses}{number\ of\ references} \times Miss\ Penalty \end{aligned} \tag{3-2}$$

其中，number of misses 表示缺失次数，故 $\dfrac{number\ of\ misses}{number\ of\ references}$ 表示缺失率（Miss Rate）。这样，AAT 最终表示为式（3-3），其单位通常为时钟周期数。

$$AAT = Hit\ Time + Miss\ Rate \times Miss\ Penalty \tag{3-3}$$

由于程序访问的局部性特点，Cache 的命中率通常可以达到很高，接近于 1。因此，虽然 Miss Penalty >> Hit Time，但最终的平均访问时间仍可接近 Cache 的命中时间。

假设对于顺序执行的 CPU，在不考虑访存影响的情况下，一个程序的执行时间为

$$Execution\ Time = CPU\ Time = IC \times CPI \times CT$$

其中，IC 表示程序的动态指令数目；CPI 表示平均每条指令的时钟周期数；CT 表示时钟周期。

引入 Cache 后，一个程序的执行时间将表示为

$$Execution\ Time = (CPU\ cycles + Memory\ stall\ cycles) \times CT \tag{3-4}$$

其中，Memory stall cycles 表示由于 Cache 缺失引起的 CPU 停顿的时钟数。

在忽略写回阻塞和写缓冲阻塞的前提下，Memory stall cycles 可表示为

$$\begin{aligned} Memory\ stall\ cylces &= number\ of\ misses \times Miss\ Penalty \\ &= IC \times \frac{number\ of\ misses}{IC} \times Miss\ Penalty \\ &= IC \times \frac{number\ of\ references}{IC} \times Miss\ Rate \times Miss\ Penalty \end{aligned} \tag{3-5}$$

其中，$\dfrac{number\ of\ references}{IC}$ 就是平均每条指令的访存次数，其值大于 1，因为每条指令都需要进行取指，故至少访存一次。

将式（3-5）代入式（3-4），得到如式（3-6）所示的执行时间计算公式

$$Execution\ Time = IC \times \left(CPI + \frac{number\ of\ references}{IC} \times Miss\ Rate \times Miss\ Penalty \right) \times CT \tag{3-6}$$

通过上面的执行时间公式，可以得出如下结论：

（1）CPI 越小，Cache 缺失对执行时间的影响越大，对计算机系统的整体性能影响也就越大。

（2）一般 Cache 缺失的代价是按 CPU 的时钟周期数统计的，所以主频高的 CPU 发生 Cache 缺失时占用更多的时钟周期数。

因此，可以看出，Cache 是处理器的重要组成部分，大大提升了访存性能，在一定程度上弥补了 CPU 和主存之间的速度鸿沟，其设计的优劣对于计算机整体性能的影响至关重要。

3.3.3　Cache 的设计与实现

由图 3-2 可知，增强型 MiniMIPS32 处理器中包含两个 Cache，即指令 Cache 和数据 Cache。两者的容量均为 4KB，4 路组相联映射，每个 Cache Line 的容量为 64B，共计 16 组。两个 Cache 均使用 LRU 替换策略，对于写操作，数据 Cache 采用写回写不分配策略。

1．指令 Cache

指令 Cache 的 Verilog 代码 inst_cache.v 如图 3-15 所示，输入/输出端口如表 3-4 所示。

```
01    `include "defines.v"
02
03    /*
04    Cache size : 4KB
05    Block size : 64B
06    Associate : 4
07    Line number : 64
08    */
09    `define DATA_ADDR_BUS 31:0
10    `define DATA_BUS        31:0
11
12    module inst_cache #(parameter
13        TAG_WIDTH        =        22,
14        INDEX_WIDTH      =        4,
15        OFFSET_WIDTH     =        6,
16        NUM_ASSOC        =        4
17        `define NUM_ICACHE_LINES (2 ** (INDEX_WIDTH + 2))
18        `define NUM_REG_PER_LINE (2 ** (OFFSET_WIDTH - 2))
19    ) (
20        // clock and reset
21        input wire                          cache_rst,
22        input wire                          cache_clk,
23
24        //与MiniMIPS32处理器核互连的信号
25        input wire                          cpu_req,
26        input wire [`DATA_ADDR_BUS   ]      cpu_addr,
27
28        output wire                         operation_ok,
29        output wire [`DATA_BUS       ]      cpu_rdata,
30
31        //类sram接口
32        output wire [3  :  0         ]      ram_req,
33        output wire                         uncached,
34        output wire [`DATA_ADDR_BUS  ]      ram_addr,
35
36        input wire                          ram_addr_ok,
37        input wire                          ram_beat_ok,
38        input wire                          ram_data_ok,
39        input wire [`DATA_BUS        ]      ram_rdata
40    );
41
42        //从访存地址中获取tag、index、offset三个部分
43        wire [TAG_WIDTH-1    :0 ] addr_tag    = cpu_addr[31 : (INDEX_WIDTH + OFFSET_WIDTH)];
44        wire [INDEX_WIDTH-1  :0 ] addr_index  = cpu_addr[(INDEX_WIDTH + OFFSET_WIDTH) - 1 : OFFSET_WIDTH];
45        wire [OFFSET_WIDTH-3 :0 ] addr_offset = cpu_addr[OFFSET_WIDTH - 1 : 2];
46
47        // 定义指令Cache的数据部分
48        reg [`REG_BUS] data[0:`NUM_ICACHE_LINES * `NUM_REG_PER_LINE - 1];
49
50        // 定义指令Cache的tag部分、valid部分和LRU部分
51        reg                  valid[0 : `NUM_ICACHE_LINES - 1];
52        reg [1 : 0         ] lru  [0 : `NUM_ICACHE_LINES - 1];
53        reg [TAG_WIDTH-1 : 0] tags[0 : `NUM_ICACHE_LINES - 1];
```

图 3-15　inst_cache.v 代码

```
54
55
56      // CPU送来的请求信号延迟一个周期作为Cache的驱动信号
57      reg req;
58      always @(posedge cache_clk) begin
59          req <= (cache_rst == `RST_ENABLE) ? `FALSE_V :
60                         (cpu_req && !req) ? `TRUE_V :
61                         operation_ok ? `FALSE_V : req;
62      end
63
64      // 判断是否读命中及组内命中的行数
65      wire hit = (cache_rst == `RST_ENABLE) ? `FALSE_V :
66                     (uncached == `TRUE_V) ? `FALSE_V :
67                         (addr_tag == tags[addr_index * NUM_ASSOC    ]
68                             && valid[addr_index * NUM_ASSOC    ]) ? `TRUE_V :
69                         (addr_tag == tags[addr_index * NUM_ASSOC + 1]
70                             && valid[addr_index * NUM_ASSOC + 1]) ? `TRUE_V :
71                         (addr_tag == tags[addr_index * NUM_ASSOC + 2]
72                             && valid[addr_index * NUM_ASSOC + 2]) ? `TRUE_V :
73                         (addr_tag == tags[addr_index * NUM_ASSOC + 3]
74                             && valid[addr_index * NUM_ASSOC + 3]) ? `TRUE_V :
75                     `FALSE_V;
76
77      wire [1:0] hit_blk = (cache_rst == `RST_ENABLE) ? `FALSE_V :
78                     (hit == `FALSE_V) ? `FALSE_V :
79                         (addr_tag == tags[addr_index * NUM_ASSOC    ]
80                             && valid[addr_index * NUM_ASSOC    ]) ? 2'd0 :
81                         (addr_tag == tags[addr_index * NUM_ASSOC + 1]
82                             && valid[addr_index * NUM_ASSOC + 1]) ? 2'd1 :
83                         (addr_tag == tags[addr_index * NUM_ASSOC + 2]
84                             && valid[addr_index * NUM_ASSOC + 2]) ? 2'd2 :
85                         (addr_tag == tags[addr_index * NUM_ASSOC + 3]
86                             && valid[addr_index * NUM_ASSOC + 3]) ? 2'd3 :
87                     `FALSE_V;
88
89      // 根据命中情况和行号读出命中的指令送至CPU
90      assign cpu_rdata = (cache_rst == `RST_ENABLE) ? `ZERO_WORD :
91                     (hit & ~uncached) ? data[(addr_index * NUM_ASSOC + hit_blk) * `NUM_REG_PER_LINE + addr_offset] :
92                         (uncached & ram_data_ok) ? ram_rdata : `ZERO_WORD;
93
94      // 送给类SRAM-AXI转换模块接口的信号
95      // 当读miss时发出对cache一行的读请求
96      assign ram_req = (cache_rst == `RST_ENABLE) ? 4'b0 : (cpu_addr[31:20] == 12'h1fc) ? 4'b0 :
97                         (req & ~hit & ~uncached || uncached) ? {4{~ram_data_ok}} : 4'b0;
98
99      // 如果是读kseg1的数据
100     // 由于kseg1为Uncached属性,故不能从Cache中读出,需直接访问ram
101     // 本书只使用kseg1中0xB000_0000~0xBFFF_FFF地址范围,转换为物理地址0x1000_0000~0x1FFF_FFF
102     assign uncached = (cache_rst == `RST_ENABLE) ? `FALSE_V :
103                         (cpu_addr[31:28] == 4'b0001) ? `TRUE_V : `FALSE_V;
104
105     // 产生送至RAM的块地址
106     assign ram_addr = (cache_rst == `RST_ENABLE) ? `ZERO_WORD :
107                         (req & ~hit & ~uncached) ?
108                             {cpu_addr[31:OFFSET_WIDTH],{OFFSET_WIDTH{1'b0}}} :
109                             (uncached) ? cpu_addr[31:0] :
110                             `ZERO_WORD;
111
112
113     // 产生读操作完成信号
114     assign operation_ok = (cache_rst == `RST_ENABLE) ? `FALSE_V :
115                         (hit) ? `TRUE_V : // 读命中, 操作完成
116                         (uncached & ram_data_ok) ? `TRUE_V : // 读uncached区域时待ram返回ok, 操作完成
117                         `FALSE_V;
118
119     // 定位需要替换的Cache Line
120     integer         i;
121     reg         [OFFSET_WIDTH-3:0]         cnt;
122     wire [1 : 0] lru_temp = lru[addr_index * NUM_ASSOC + hit_blk];
123
124     wire [1 : 0] max_lru1 = (cache_rst == `RST_ENABLE) ? 2'd0 :
125                         (lru[addr_index * NUM_ASSOC] > lru[addr_index * NUM_ASSOC + 1]) ?
126                             lru[addr_index * NUM_ASSOC] : lru[addr_index * NUM_ASSOC + 1];
127     wire [1 : 0] max_lru_blk1 = (cache_rst == `RST_ENABLE) ? 2'd0 :
128                         (lru[addr_index * NUM_ASSOC] > lru[addr_index * NUM_ASSOC + 1]) ? 2'd0 : 2'd1;
129
130     wire [1 : 0] max_lru2 = (cache_rst == `RST_ENABLE) ? 2'd0 :
131                         (lru[addr_index * NUM_ASSOC + 2] > lru[addr_index * NUM_ASSOC + 3]) ?
132                             lru[addr_index * NUM_ASSOC + 2] : lru[addr_index * NUM_ASSOC + 3];
133     wire [1 : 0] max_lru_blk2 = (cache_rst == `RST_ENABLE) ? 2'd0 :
134                         (lru[addr_index * NUM_ASSOC + 2] > lru[addr_index * NUM_ASSOC + 3]) ? 2'd2 : 2'd3;
135
136     wire [1 : 0] victim = (cache_rst == `RST_ENABLE) ? 2'd0 :
137                         (max_lru1 > max_lru2) ? max_lru_blk1 : max_lru_blk2;
138
```

图 3-15　inst_cache.v 代码（续）

```
139    // 指令Cache的更新
140    always @(posedge cache_clk) begin
141        if(cache_rst == `RST_ENABLE) begin
142            for(i = 0;i <= `NUM_ICACHE_LINES-1;i=i+1) begin
143                valid[i]      <= `FALSE_V;
144                lru[i]        <= 2'd0;
145                tags[i]       <= {TAG_WIDTH{1'b0}};
146            end
157            cnt <= {(OFFSET_WIDTH-2){1'b0}};
148        end
149
150        // 读hit时更新命中组内所有行的LRU位
151        else if(req & ~uncached & hit) begin
152            for (i = 0; i < NUM_ASSOC;i = i + 1) begin
153                if ( lru[addr_index * NUM_ASSOC + i] < lru_temp )
154                    lru[addr_index * NUM_ASSOC + i] <= lru[addr_index * NUM_ASSOC + i] + 1;
155            end
156            lru[addr_index * NUM_ASSOC + hit_blk] <= 2'd0;
157        end
158        // 读miss时根据LRU策略替换Cache一行
159        else if(req & ~uncached & ~hit & ram_beat_ok) begin
160            if(cnt == {(OFFSET_WIDTH-2){1'b1}}) begin
161                valid[addr_index * NUM_ASSOC + victim] <= `TRUE_V;
162                tags[addr_index * NUM_ASSOC + victim] <= addr_tag;
163                data[(addr_index * NUM_ASSOC + victim) * `NUM_REG_PER_LINE + cnt] <= ram_rdata;
164                cnt <= {(OFFSET_WIDTH-2){1'b0}};
165                for (i = 0; i < NUM_ASSOC;i = i + 1) begin
166                    if ( i != victim )
167                        lru[addr_index * NUM_ASSOC + i] <= lru[addr_index * NUM_ASSOC + i] + 1;
168                end
169                lru[addr_index * NUM_ASSOC + victim] <= 2'd0;
170            end
171
172            else begin
173                data[(addr_index * NUM_ASSOC + victim) * `NUM_REG_PER_LINE + cnt] <= ram_rdata;
174                cnt <= cnt + 1;
175            end
176        end
177
178        else ;
179    end
180 endmodule
```

图 3-15   inst_cache.v 代码（续）

表 3-4   指令 Cache 的输入/输出端口

端口名称	端口方向	端口宽度/位	端口描述
cache_rst	输入	1	系统复位，低电平有效
cache_clk	输入	1	系统时钟（50MHz）
与 MiniMIPS32 处理器核互联的信号			
cpu_req	输入	1	处理器指令访问请求信号
cpu_addr	输入	32	处理器发出指令访存地址
operation_ok	输出	1	指令 Cache 访问操作完成标志
cpu_rdata	输出	32	返回至处理器的指令字
类 SRAM 接口信号（送至类 SRAM 转 AXI 模块）			
ram_addr_ok	输入	1	指令访存地址有效信号
ram_beat_ok	输入	1	Burst 机制中的单次访问完成信号
ram_data_ok	输入	1	Burst 机制中的所有访问完成信号
ram_rdata	输入	32	从主存返回的指令字
ram_req$	输出	4	发送到主存的指令访问请求信号
uncached	输出	1	指令地址是否位于不可缓存区域的标志
ram_addr	输出	32	送至主存的指令地址

$：由于指令宽度为定长 32 位，所以 ram_req 信号仅需要 1 位即可，但为了和后续 data_cache 保持一致，故也将 ram_req 设置为 4 位，全 1 表示向主存发送请求。

第 13～18 行代码根据指令 Cache 的基本结构（容量 64KB，4 路组相联映射，Cache Line 大小为 64B）给出一系列设计参数，如地址中 Tag、index 和 offset 三部分的宽度、相联度及 Cache 中的行数和每行中的字数。

第 43～45 行代码根据所定义的 Cache 参数将指令地址（cpu_addr）划分为 Tag、index 和 offset 三个部分。

第 48～53 行代码根据 Cache 参数定义了指令 Cache 的数据存储器，以及保存 valid 字段、LRU 字段和 Tag 字段的存储器。

第 65～75 行代码根据访存地址判断指令 Cache 是否命中，如果命中，hit 信号被置 1；否则，hit 信号为 0。判断是否命中的条件是首先 uncached 信号不能为 1（访存地址要位于可缓存区域 kseg0），然后使用 index 字段找到对应的 Cache 组，并将 Tag 字段与组内所有 Cache 行的 Tag 字段进行比对，如果找到相等的行，同时相应的 valid 字段为 1，则命中。

第 77～87 行代码用于确定如果指令 Cache 命中，则所命中的行在组内的行数，结果保存在变量 hit_blk 中。

第 90～92 行代码获取返回给处理器核的指令（cpu_rdata）。如果命中且访存地址位于可缓存区域（hit &&～uncached），则从 Cache 的命中行内取出指令；如果位于不可缓存区域（uncached 信号为 1）且访问数据已经返回（ram_data_ok 信号为 1），则将从主存中读出的指令 ram_rdata 返回给处理器。

第 96～97 行代码用于在指令 Cache 读不命中时，向主存发出访问请求。如果指令地址高 3 字节不是 0x1FC（指令不位于 Bootloader ROM 内），并且访问不命中（～hit），同时访存地址位于可缓存区域（～uncached），则表示读不命中，需要向主存请求调入相应的 Cache 块。

第 102～103 行代码用于生成不可缓存信号 uncached，当指令地址位于 0xB000_0000 以上地址空间时（kseg1 区域），则不可缓存。

第 106～110 行代码产生送至主存的块地址。

第 114～117 行代码产生读操作完成标志信号（operation_ok）。读操作完成有两种情况：第一种是读指令 Cache 命中；第二种是访问不可缓存区域，并且指令已从主存返回（ram_data_ok 信号被置 1）。

第 119～137 行代码根据图 3-15 描述的 LRU 替换算法找到 Cache 组内需要被替换的 Cache 行，对应的组内行号被存放在信号 victim 中。

第 140～179 行代码根据指令 Cache 的访问情况更新 Cache 内容。其中，第 150～157 行代码实现了读命中时对 LRU 字段的更新；第 159～178 行代码实现了读不命中时根据替换策略对指令 Cache 的数据字段、LRU 字段、valid 字段和 Tag 字段的更新。

2. 数据 Cache

数据 Cache 的 Verilog 代码 data_cache.v 如图 3-16 所示，输入/输出端口如表 3-5 所示。

```
01    `include "defines.v"
02
03    /*
04    Cache size : 4KB
05    Block size : 64B
06    Associate : 4
07    Line number : 64
08    */
09    `define DATA_ADDR_BUS        31 : 0
10    `define DATA_BUS             31 : 0
11    `define MEM_READ             1'b0
12    `define MEM_WRITE            1'b1
13
```

图 3-16　data_cache.v 代码

```
14  module data_cache #(parameter
15      TAG_WIDTH          =           22,
16      INDEX_WIDTH        =           4,
17      OFFSET_WIDTH       =           6,
18      NUM_ASSOC          =           4
19      `define NUM_DCACHE_LINES (2 ** (INDEX_WIDTH + 2))
20      `define NUM_REG_PER_LINE (2 ** (OFFSET_WIDTH - 2))
21  ) (
22      // clock and reset
23      input wire                                      cache_rst,
24      input wire                                      cache_clk,
25
26      // 与MiniMIPS32处理器核互连的信号
27      input wire [3 : 0]              cpu_req,
28      input wire                      cpu_wr,
29      input wire [`DATA_ADDR_BUS]     cpu_addr,
30      input wire [`DATA_BUS]          cpu_wdata,
31
32      output wire                     operation_ok,
33      output wire [`DATA_BUS]         cpu_rdata,
34
35      // 类sram接口
36      output wire [3 : 0]             ram_req,
37      output wire                     ram_wr,
38      output wire                     uncached,
39      output wire [`DATA_ADDR_BUS]    ram_addr,
40      output wire [`DATA_BUS]         ram_wdata,
41
42      input wire                      ram_addr_ok,
43      input wire                      ram_beat_ok,
44      input wire                      ram_data_ok,
45      input wire [`DATA_BUS]          ram_rdata
46  );
47
48      //从访存地址中获取Tag、index、offset三个部分
49      wire [TAG_WIDTH-1   : 0] addr_tag        = cpu_addr[31:(INDEX_WIDTH + OFFSET_WIDTH)];
50      wire [INDEX_WIDTH-1 : 0] addr_index      = cpu_addr[(INDEX_WIDTH + OFFSET_WIDTH)-1:OFFSET_WIDTH];
51      wire [OFFSET_WIDTH-3 : 0] addr_offset    = cpu_addr[OFFSET_WIDTH-1 : 2];
52
53      // 定义数据Cache的数据部分
54      reg [`REG_BUS]      data[0:`NUM_DCACHE_LINES * `NUM_REG_PER_LINE -1];
55
56      // 定义数据Cache的Tag部分、valid部分和LRU部分
57      reg [TAG_WIDTH - 1 : 0] tags     [0 : `NUM_DCACHE_LINES - 1];
58      reg[                1 : 0] lru     [0 : `NUM_DCACHE_LINES - 1];
59      reg                    valid     [0 : `NUM_DCACHE_LINES - 1];
60
61      // CPU送来的请求信号延迟一个周期作为Cache的驱动信号
62      reg req;
63      always @(posedge cache_clk) begin
64          req <= (cache_rst == `RST_ENABLE) ? `FALSE_V :
65                      (|cpu_req && !req) ? `TRUE_V :
66                          operation_ok ? `FALSE_V : req;
67      end
68
69      // 判断是否读或写命中及组内命中的行数
70      wire hit = (cache_rst == `RST_ENABLE) ? `FALSE_V :
71                  (uncached == `TRUE_V) ? `FALSE_V :
72                  (addr_tag == tags[addr_index * NUM_ASSOC    ]
73                          && valid[addr_index * NUM_ASSOC    ]) ? `TRUE_V :
74                  (addr_tag == tags[addr_index * NUM_ASSOC + 1]
75                          && valid[addr_index * NUM_ASSOC + 1]) ? `TRUE_V :
76                  (addr_tag == tags[addr_index * NUM_ASSOC + 2]
77                          && valid[addr_index * NUM_ASSOC + 2]) ? `TRUE_V :
78                  (addr_tag == tags[addr_index * NUM_ASSOC + 3]
79                          && valid[addr_index * NUM_ASSOC + 3]) ? `TRUE_V :
80                  `FALSE_V;
81      wire [1:0] hit_blk = (cache_rst == `RST_ENABLE) ? `FALSE_V :
82                          (hit == `FALSE_V) ? `FALSE_V :
83                          (addr_tag == tags[addr_index * NUM_ASSOC    ]
84                                  && valid[addr_index * NUM_ASSOC    ]) ? 2'd0 :
85                          (addr_tag == tags[addr_index * NUM_ASSOC + 1]
86                                  && valid[addr_index * NUM_ASSOC + 1]) ? 2'd1 :
87                          (addr_tag == tags[addr_index * NUM_ASSOC + 2]
88                                  && valid[addr_index * NUM_ASSOC + 2]) ? 2'd2 :
89                          (addr_tag == tags[addr_index * NUM_ASSOC + 3]
90                                  && valid[addr_index * NUM_ASSOC + 3]) ? 2'd3 :
91                          `FALSE_V;
92
```

图 3-16   data_cache.v 代码（续）

```
93     // 根据命中情况和行号读出命中的数据送至CPU
94     assign cpu_rdata = (cache_rst == `RST_ENABLE) ? `ZERO_WORD :
95                                   (~cpu_wr & hit & ~uncached) ?
96                                   data[(addr_index * `NUM_ASSOC + hit_blk) * `NUM_REG_PER_LINE + addr_offset] :
97                                   (uncached & ram_data_ok) ? ram_rdata : `ZERO_WORD;
98
99     // 送给类SRAM-AXI转换模块接口的信号（相当于送至ram）
100    // 当读miss时发出对cache一行的读请求，当写时发出对由CPU指定的地址的写请求
101    assign ram_req = (cache_rst == `RST_ENABLE) ? 4'b0 :
102                                   (req & ~cpu_wr & ~hit & ~uncached
103                                   || uncached || req & cpu_wr) ? ((~ram_data_ok) ? cpu_req : 4'b0) : 4'b0;
104
105    // 如果是访问kseg1的数据
106    // 由于kseg1为Uncached属性，故不能从Cache中访问，需直接访问RAM
107    // 本书只使用kseg1中0xB000_0000~0xBFFF_FFFF地址范围，转换为物理地址0x1000_0000~0x1FFF_FFF
108    assign uncached = (cache_rst == `RST_ENABLE) ? `FALSE_V :
109                                   (req && ~cpu_wr && (cpu_addr[31:28] == 4'b0001)) ? `TRUE_V : `FALSE_V;
110
111    assign ram_wr = (cache_rst == `RST_ENABLE) ? `FALSE_V :
112                                   (req & ~cpu_wr & ~hit & ~uncached || uncached) ? `MEM_READ :
113                                   (req &  cpu_wr) ? `MEM_WRITE : `FALSE_V;
114
115    assign ram_addr = (cache_rst == `RST_ENABLE) ? `ZERO_WORD :
116                                   (req & ~cpu_wr & ~hit & ~uncached) ?
117                                   {cpu_addr[31:OFFSET_WIDTH],{OFFSET_WIDTH{1'b0}}} :
118                                   (uncached) ? cpu_addr[31:0] :
119                                   (req &  cpu_wr) ? cpu_addr[31:0] : `ZERO_WORD;
120
121    assign ram_wdata = (cache_rst == `RST_ENABLE) ? `ZERO_WORD :
122                                   (req & ~cpu_wr & ~hit) ? `ZERO_WORD :
123                                   (req &  cpu_wr) ? cpu_wdata : `ZERO_WORD;
124
125    // 送给CPU的读/写操作完成信号
126    assign operation_ok = (cache_rst == `RST_ENABLE) ? `FALSE_V :
127                                   (~cpu_wr & hit) ? `TRUE_V : // 读直接hit或者读miss导致更新一行之后hit，操作完成
128                                   (uncached & ram_data_ok) ? `TRUE_V : // 读uncached区域时待ram返回ok，操作完成
129                                   (req &  cpu_wr &  hit & ram_data_ok) ? `TRUE_V : // 写hit等待ram返回ok，操作完成
130                                   (req &  cpu_wr & ~hit & ram_data_ok) ? `TRUE_V : // 写miss时等待ram返回ok，操作完成
131                                   `FALSE_V;
132
133    // 更新LRU位，找出需要替换的CacheLine
134    integer i;
135    reg [OFFSET_WIDTH-3 : 0] cnt; // 记录写cache时的字数
135    wire [1 : 0] lru_temp = lru[addr_index * NUM_ASSOC + hit_blk];
137    wire [`DATA_BUS ] word_temp = data[(addr_index * NUM_ASSOC + hit_blk) * `NUM_REG_PER_LINE + addr_offset];
138
139    wire [1 : 0] max_lru1 = (cache_rst == `RST_ENABLE) ? 2'd0 :
140                                   (lru[addr_index * NUM_ASSOC] > lru[addr_index * NUM_ASSOC + 1]) ?
141                                   lru[addr_index * NUM_ASSOC] : lru[addr_index * NUM_ASSOC + 1];
142    wire [1 : 0] max_lru_blk1 = (cache_rst == `RST_ENABLE) ? 2'd0 :
143                                   (lru[addr_index * NUM_ASSOC] > lru[addr_index * NUM_ASSOC + 1]) ? 2'd0 : 2'd1;
144
145    wire [1 : 0] max_lru2 = (cache_rst == `RST_ENABLE) ? 2'd0 :
146                                   (lru[addr_index * NUM_ASSOC + 2] > lru[addr_index * NUM_ASSOC + 3]) ?
147                                   lru[addr_index * NUM_ASSOC + 2] : lru[addr_index * NUM_ASSOC + 3];
148    wire [1 : 0] max_lru_blk2 = (cache_rst == `RST_ENABLE) ? 2'd0 :
149                                   (lru[addr_index * NUM_ASSOC + 2] > lru[addr_index * NUM_ASSOC + 3]) ? 2'd2 : 2'd3;
150
151    wire [1 : 0] victim = (cache_rst == `RST_ENABLE) ? 2'd0 :
152                                   (max_lru1 > max_lru2) ? max_lru_blk1 : max_lru_blk2;
153
154    // 数据Cache的更新
155    always @(posedge cache_clk) begin
156
157        if(cache_rst == `RST_ENABLE) begin
158            for(i = 0; i <= `NUM_DCACHE_LINES-1; i=i+1) begin
159                valid[i]      <= `FALSE_V;
160                lru[i]        <= 2'd0;
161                tags[i]       <= {TAG_WIDTH{1'b0}};
162            end
163            cnt <= {(OFFSET_WIDTH-2){1'b0}};
164        end
165        // 读hit时更新命中组的所有行的LRU位
166        else if(req & ~cpu_wr & ~uncached & hit) begin
167            for(i = 0; i < NUM_ASSOC;i = i + 1) begin
168                if ( lru[addr_index * NUM_ASSOC + i] < lru_temp )
169                    lru[addr_index * NUM_ASSOC + i] <= lru[addr_index * NUM_ASSOC + i] + 1;
170            end
171            lru[addr_index * NUM_ASSOC + hit_blk] <= 2'd0;
172        end
173        // 读miss时根据LRU策略替换Cache的victim行
174        else if (req & ~cpu_wr & ~hit & ~uncached & ram_beat_ok) begin
```

图 3-16　data_cache.v 代码（续）

```
175          if(cnt == {(OFFSET_WIDTH-2){1'b1}}) begin
176              data[(addr_index * NUM_ASSOC + victim) * `NUM_REG_PER_LINE + cnt] <= ram_rdata;
177
178              valid[addr_index * NUM_ASSOC + victim] <= `TRUE_V;
179              tags[addr_index * NUM_ASSOC + victim] <= addr_tag;
180              cnt <= {(OFFSET_WIDTH-2){1'b0}};
181              for (i = 0; i < NUM_ASSOC;i = i + 1) begin
182                  if (i != victim)
183                      lru[addr_index * NUM_ASSOC + i] <= lru[addr_index * NUM_ASSOC + i] + 1;
184              end
185              lru[addr_index * NUM_ASSOC + victim] <= 2'd0;
186          end
187          else begin
188              data[(addr_index * NUM_ASSOC + victim) * `NUM_REG_PER_LINE + cnt] <= ram_rdata;
189              cnt <= cnt + 1;
190          end
191      end
192      // 写hit时按照addr和size更新相应的内容，并同时更新组内所有行的LRU
193      else if (req & cpu_wr & hit) begin
194          // 写hit时更新该组所有行的LRU
195          for (i = 0; i < NUM_ASSOC;i = i + 1) begin
196              if ( lru[addr_index * NUM_ASSOC + i] < lru_temp )
197                  lru[addr_index * NUM_ASSOC + i] <= lru[addr_index * NUM_ASSOC + i] + 1;
198          end
199          lru[addr_index * NUM_ASSOC + hit_blk] <= 2'd0;
200          // 更新一个字节
201          if (cpu_req == 4'd1 || cpu_req == 4'd2 || cpu_req == 4'd4 || cpu_req == 4'd8) begin
202              if (cpu_req == 4'd1)
203                  data[(addr_index * NUM_ASSOC + hit_blk) * `NUM_REG_PER_LINE + addr_offset]
204                                           <= {word_temp[31:8],cpu_wdata[7:0]};
205              else if (cpu_req == 4'd2)
206                  data[(addr_index * NUM_ASSOC + hit_blk) * `NUM_REG_PER_LINE + addr_offset]
207                                           <= {word_temp[31:16],cpu_wdata[15:8],word_temp[7:0]};
208              else if (cpu_req == 4'd4)
209                  data[(addr_index * NUM_ASSOC + hit_blk) * `NUM_REG_PER_LINE + addr_offset]
210                                           <= {word_temp[31:24],cpu_wdata[23:16],word_temp[15:0]};
211              else if (cpu_req == 4'd8)
212                  data[(addr_index * NUM_ASSOC + hit_blk) * `NUM_REG_PER_LINE + addr_offset]
213                                           <= {cpu_wdata[31:24],word_temp[23:0]};
214              else;
215
216          end
217          // 更新半字
218          else if (cpu_req == 4'd3 || cpu_req == 4'd12) begin
219              if (cpu_req == 4'd3)
220                  data[(addr_index * NUM_ASSOC + hit_blk) * `NUM_REG_PER_LINE + addr_offset]
221                                           <= {word_temp[31:16],cpu_wdata[15: 0]};
222              else if (cpu_req == 4'd12)
223                  data[(addr_index * NUM_ASSOC + hit_blk) * `NUM_REG_PER_LINE + addr_offset]
224                                           <= {cpu_wdata[31:16],word_temp[15:0]};
225              else ;
226
227          end
228          // 更新整字
229          else if (cpu_req == 4'd15) begin
230              data[(addr_index * NUM_ASSOC + hit_blk) * `NUM_REG_PER_LINE + addr_offset] <= cpu_wdata;
231          end
232          else ;
233
234      end
235
236      else ;
237  end
238
239  endmodule
```

图 3-16　data_cache.v 代码（续）

表 3-5　数据 Cache 的输入/输出端口

端 口 名 称	端 口 方 向	端口宽度/位	端 口 描 述
cache_rst	输入	1	系统复位，低电平有效
cache_clk	输入	1	系统时钟（50MHz）
与 MiniMIPS32 处理器核互联的信号			
cpu_req	输入	1	处理器数据访问请求信号
cpu_wr	输入	1	数据读/写标志
cpu_addr	输入	32	处理器发出的数据访存地址

续表

端口名称	端口方向	端口宽度/位	端口描述
cpu_wdata	输出	32	处理器向存储器写入的数据
operation_ok	输出	1	数据 Cache 访问操作完成标志
cpu_rdata	输出	32	返回至处理器的数据
类 SRAM 接口信号（送至类 SRAM 转 AXI 模块）			
ram_addr_ok	输入	1	数据访存地址有效信号
ram_beat_ok	输入	1	Burst 机制中的单次访存完成信号
ram_data_ok	输入	1	Burst 机制中的所有访存完成信号
ram_rdata	输入	32	从主存或外设返回的数据
ram_req	输出	4	发送到主存或外设的数据访问请求信号
ram_wr	输出	1	数据读/写标志
uncached	输出	1	数据地址是否位于不可缓存区域的标志
ram_addr	输出	32	送至主存或外设的数据地址
ram_wdata	输出	32	送至主存或外设的写入数据

第 15～20 行代码根据数据 Cache 的基本结构（容量 64KB，4 路组相联映射，Cache Line 的大小为 64B）给出一系列设计参数，与前面指令 Cache 的设计相同，请参考指令 Cache 的说明。

第 49～59 行代码根据所定义的 Cache 参数将数据地址（cpu_addr）划分为 Tag、index 和 offset 三个部分，并定义了数据 Cache 的数据存储器，以及保存 valid 字段、LRU 字段和 Tag 字段的存储器。

第 70～91 行代码根据访存地址判断数据 Cache 是否命中，以及所命中的行位于组内的行数。判断方法与指令 Cache 一致，请参考指令 Cache 的说明。

第 94～97 行代码获取返回给处理器核的数据（cpu_rdata）。如果读命中且访存地址位于可缓存区域（~cpu_wr && hit && ~uncached），则从 Cache 的命中行内读出数据；如果位于不可缓存区域（uncached 信号为 1）且访问数据已经返回（ram_data_ok 信号为 1），则将从主存或外设中读出的数据（ram_rdata）返回给处理器。

第 101～103 行代码用于在数据 Cache 读不命中或处理器进行写操作时（由于数据 Cache 采用写直通策略，所以无论是否写命中都将触发访问外部存储器的请求），向主存或外设发出访问请求。

第 108～109 行代码用于生成不可缓存信号 uncached，当数据地址位于 0xB000_0000 以上空间时（kseg1 区域），则不可缓存。

第 111～113 行代码产生对主存或外设的读/写标志信号 ram_wr。

第 115～119 行代码产生送至主存或外设的地址。如果数据 Cache 读不命中（req && ~cpu_wr && ~hit && ~uncached），则送至主存的是块地址；如果访问不可缓存区域（uncached 置 1）或当前是写操作（cpu_wr 被置 1），则送至主存或外设的是处理器核给出的访存地址 cpu_addr。

第 121～123 行代码生成需要写入主存或外设的数据（ram_wdata），仅对写操作有效。

第 126～131 行代码产生访问操作完成标志信号（operation_ok）。访问操作完成有 4 种情况：第一种是读数据 Cache 命中；第二种是访问不可缓存区域，并且数据已返回（ram_data_ok 信号被置 1）；第三种是写命中，并且数据也写入主存（ram_data_ok 信号被置 1）；第四种是写不命中，数据已写入主存或外设（ram_data_ok 信号被置 1）。

第 135～152 行代码根据图 3-16 描述的 LRU 替换算法找到 Cache 组内需要被替换的 Cache 行，对应的组内行号被存放在变量 victim 中。

　　第 155～237 行代码根据数据 Cache 的访问情况更新 Cache 内容。其中，第 166～172 行代码实现了读命中时对 LRU 字段的更新；第 174～191 行代码实现了读不命中时根据替换策略对数据 Cache 的数据字段、LRU 字段、valid 字段和 tag 字段的更新；第 193～234 行代码实现了写命中时对 LRU 字段和数据字段的更新，对数据字段更新又分为字节、半字和全字三种情况。

第 4 章 AXI4 总线接口及协议

SoC 中的各个组成部分并不能孤立存在，必须通过某种机制建立各个组件之间进行信息交互的桥梁，这就是总线或互连网络的作用。

本章首先对 MiniMIPS32_FullSyS SoC 系统中所使用的总线标准 AXI4 进行介绍，它是 ARM 公司 AMBA 中的一个高性能总线协议，也是 Xilinx FPGA 所采用的主要总线协议。接着介绍 AXI4 总线协议，包括总线结构、信号及读写操作的时序，并详细讲解如何对增强型 MiniMIPS32 处理器核进行设计以支持 AXI4 总线接口，包括接口信号的转换和封装。最后介绍 Vivado 提供的 AXI Interconnect IP 核及与增强型 MiniMIPS32 处理器核的集成方法。

4.1 AXI4 总线接口概述

高级可拓展接口（Advanced eXtensible Interface, AXI）是 2003 年由 ARM 公司在 AMBA 3.0 协议中首次公布的一种面向高性能、高带宽、低延迟的片内总线协议。在 2010 年的 AMBA 4.0 中将其升级为第二个版本，即 AXI4。目前，AXI 的最新版本是在 2017 年发布的 AXI5。AXI 是 AMBA 中一个新的高性能协议。AXI 总线的出现，丰富了现有的 AMBA 标准内容，可满足超高性能和复杂的片上系统设计需求。AXI 总线协议的特点主要表现在如下几个方面：

- 独立的地址、控制和数据周期。
- 采用字节选通，支持不对齐的数据传输。
- 基于突发传输（burst）机制，最大突发长度可达 256 个数据，每次传输只需给出首地址即可。
- 独立的读写数据通道，可支持低功耗的 DMA 传输。
- 支持乱序传输。
- 易于通过添加流水段以满足时序收敛的要求。

在 AMBA4.0 中包含四种 AXI 总线协议，分别是 AXI4、AXI4-lite、AXI4-stream 和 ACE4。AXI4-lite 是一个轻量级的简化版 AXI4，适用于小吞吐量的存储器地址映射总线，相比于 AXI4，不支持突发传输机制（相当于突发长度为 1）。AXI4-stream 是 ARM 公司和 Xilinx 公司一起提出的、面向高速流数据传输的总线协议，相比于 AXI4，去除了地址传输，允许无限制的数据突发传输，大幅度提升了传输效率。ACE4 是一种 AXI 缓存一致性扩展接口。

目前，很多第三方 IP 和 EDA 厂商都已采用 AXI4 总线标准，特别是 Xilinx 公司，从 ISE12.3 开始，在 Virtex6 和 Spartan6 系列芯片中对 AXI4 总线提供支持。当前，在 Vivado 集成开发环境中提供了大量基于 AXI4 总线接口的 IP 核，提升了基于 Xilinx FPGA 的 SoC 设计效率，降低了设计复杂度，这也是本书基于 AXI4 总线进行 MiniMIPS32_FullSyS 设计与实现的原因。

4.2　AXI4 总线协议

4.2.1　AXI4 总线结构

AXI4 是基于突发传输机制，并采用单向传输通道的总线体系结构，每个通道的信息流只以单方向传输。这种总线结构简化了时钟域间的桥接，对于复杂的片上系统可以减小延时。

图 4-1 和 4-2 给出了 AXI4 支持的 5 个独立传输通道：读地址通道、读数据通道、写地址通道、写数据通道和写响应通道。其中，地址通道携带地址和控制消息，用于描述被传输的数据属性。读操作利用读数据通道来实现数据从"从设备"到"主设备"的传输；写操作使用写数据通道来实现"主设备"到"从设备"的传输，然后，"从设备"使用写响应通道来完成一次写操作。

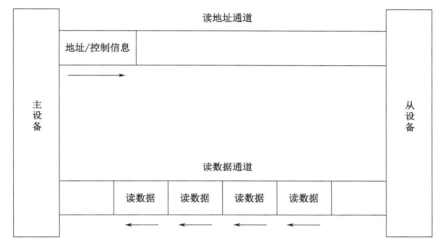

图 4-1　AXI4 读操作的各个通道

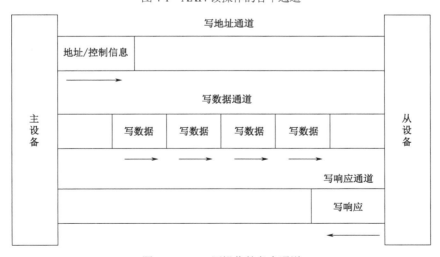

图 4-2　AXI4 写操作的各个通道

（1）读/写地址通道

读/写传输都有自己的地址通道，相应的地址通道上传输所需的地址/控制信息。AXI4 地址通道支持如下机制：

- ✓ 支持可变的突发长度，每次突发最多可传输 256 个数据。
- ✓ 突发传输中每次传输数据的宽度为 1～128 字节。
- ✓ 支持回环、增量和固定三种突发类型。
- ✓ 通过互斥或锁机制支持原子操作。
- ✓ 具有系统级缓存和缓冲控制。
- ✓ 支持安全和特权访问。

（2）读数据通道

该通道用于传输从"从设备"发送给"主设备"的读数据（数据总线宽度为 1～128 字节）和用于标识读操作完成的读响应信号。

（3）写数据通道

该通道用于传输从"主设备"发送给"从设备"的写数据（数据总线宽度为 1～128 字节）。在写数据过程中，通过字节选择信号确定数据总线上哪个待写入的字节有效。此外，写数据通道上信息被认为是缓冲（buffered）了的，也就是说，"主设备"无须等待"从设备"对上次写传输的确认即可发起一次新的写传输。

（4）写响应通道

"从设备"使用写响应通道对写传输进行响应。一次突发只会出现一次写响应，而不会对突发中的每个数据传输都进行响应。

一个典型的基于 AXI4 协议的片上系统如图 4-3 所示，若干具有 AXI4 接口的主设备和从设备通过一种互连结构实现信息的交互。AXI4 协议提供了统一的接口定义，即主设备和互连结构之间的接口、从设备和互连结构之间的接口、主设备和从设备之间的接口都是一致的。

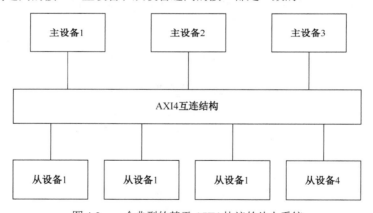

图 4-3　一个典型的基于 AXI4 协议的片上系统

对于互连结构，AXI4 支持多种具体的实现方式，包括点对点、共享地址/数据总线、共享地址/多数据总线、多地址/数据总线。点对点方式（也称为直通模式）只用于连接一个主设备和一个从设备，此时，AXI4 互连结构就是主从设备之间的直接线连接，这种方式没有传输延迟，且不消耗逻辑资源。但是对于一个片上系统而言，一般存在多个主设备和从设备，因此后三种互连结构更加常见。由于在大多数系统中，地址通道对传输带宽的需求往往小于数据通道对传输带宽的需求。因此，综合考虑系统性能、互连结构复杂度、数据并行传输等多种因素，共享地址/多数据总线的互连结构是一种较好的选择。图 4-4 给出了基于共享地址/多数据总线的 N-M AXI4 互连结构。其中，图 4-4（a）表示共享地址总线通过仲裁逻辑实现，图 4-4（b）表示多数据总线通过交叉开关实现。

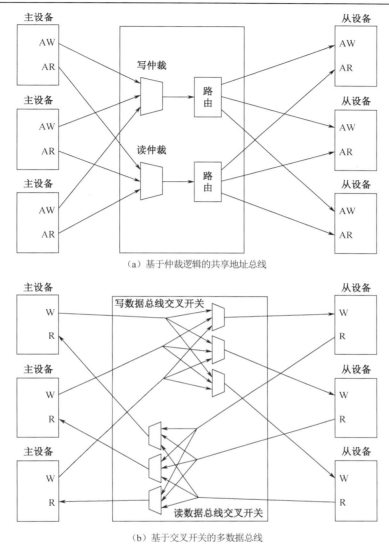

（a）基于仲裁逻辑的共享地址总线

（b）基于交叉开关的多数据总线

图 4-4　基于共享地址/多数据总线的 N-M AXI4 互连结构

4.2.2　AXI4 总线信号

AXI4 定义的 5 个独立通道中，每个独立通道包含一组信号，如后续表格所示，其中灰色的表格项表示该信号是 AXI4 在 AXI3 基础上新添加的信号。表 4-1 给出了 AXI4 读地址通道的信号及含义。

表 4-1　AXI4 读地址通道的信号及含义

序　号	信 号 名 称	源	功 能 描 述
1	ARID	主设备	读地址 ID，主要用于支持乱序传输
2	ARADDR	主设备	读地址。每次读突发中只需要通过该信号给出起始地址，剩余传输的地址则根据读地址通道中的相关控制信号自动计算
3	ARLEN	主设备	读突发长度。该信号确定了读突发中数据传输次数，最大为 256 次
4	ARSIZE	主设备	读突发大小。该信号给出了读突发中每次传输数据的大小

序　号	信号名称	源	功　能　描　述
5	ARBURST	主设备	读突发类型。该信号与 ARSIZE 信号共同确定读突发中每次传输数据的地址是如何计算的
6	ARLOCK	主设备	锁类型。该信号提供了有关传输的原子特性信息
7	ARCACHE	主设备	缓存类型。该信号提供了有关传输的缓存信息
8	ARPROT	主设备	保护类型。该信号提供了用于传输的保护单元信息
9	ARVALID	主设备	读地址有效。当该信号有效时（高电平），表示读地址和控制信息都是有效的，并且该信号一直维持有效状态，直到响应信号 ARREADY 为高电平。 1 = 地址和控制信息有效　　　0 = 地址和控制信息无效
10	ARREADY	从设备	读地址就绪。当该信号有效时（高电平），表示从设备已经做好接收读地址和控制信息的准备。 1 = 从设备就绪　　　　　　0 = 从设备未就绪
11	ARQOS	主设备	每次读操作的质量服务（QoS）标识符
12	ARREGION	主设备	区域标志，能实现单一物理接口对应的多个逻辑接口
13	ARUSER	主设备	读地址通道中用户可选的自定义信号

表 4-2 给出了 AXI4 读数据通道的信号及含义。

表 4-2　AXI4 读数据通道的信号及含义

序　号	信号名称	源	功　能　描　述
1	RID	从设备	读数据 ID，由从设备产生，主要用于支持乱序传输，必须与读地址通道中的 ARID 值匹配
2	RDATA	从设备	读数据。从从设备读出的数据，其宽度可为 8～1024 位
3	RRESP	从设备	读响应。该信号表示读操作的状态，取值可为 OKAY（正常访问成功）、EXOKAY（独占访问成功）、SLVERR（从设备错误）和 DECERR（译码错误，一般由互连结构给出，表明没有对应的从设备地址）
4	RLAST	从设备	表示读突发的最后一次传输
5	RVALID	从设备	读数据有效。该信号表示所需的读数据已经可用，可完成读传输。 1 = 读数据有效　　　　0 = 读数据无效
6	RREADY	主设备	读数据就绪。该信号表明主设备可以接收读数据，并做出响应。 1 = 主设备就绪　　　　0 = 主设备未就绪
7	RUSER	从设备	读数据通道中用户可选的自定义信号

表 4-3 给出了 AXI4 写地址通道的信号及含义。

表 4-3　AXI4 写地址通道的信号及含义

序　号	信号名称	源	功　能　描　述
1	AWID	主设备	写地址 ID，主要用于支持乱序传输
2	AWADDR	主设备	写地址。每次写突发中只需要通过该信号给出起始地址，而剩余传输的地址则根据写地址通道中的相关控制信号自动计算
3	AWLEN	主设备	写突发长度。该信号确定了写突发中数据传输的次数，最大为 256 次
4	AWSIZE	主设备	写突发大小。该信号给出了写突发中每次传输数据的大小，以字节为单位，通过写字节选择信号确定哪个字节是有效的

续表

序　号	信号名称	源	功能描述
5	AWBURST	主设备	写突发类型。该信号与 AWSIZE 信号共同确定写突发中每次传输数据的地址是如何计算的
6	AWLOCK	主设备	锁类型。该信号提供了有关传输的原子特性信息
7	AWCACHE	主设备	缓存类型。该信号提供了有关传输的缓存信息，包括可缓冲、可缓存、写直通、写回
8	AWPROT	主设备	保护类型。该信号表明了传输的普通、特权或安全保护级别
9	AWVALID	主设备	写地址有效。当该信号有效时（高电平），表示写地址和控制信息都是有效的，并且该信号一直维持有效状态，直到响应信号 AWREADY 为高电平 1 = 地址和控制信息有效　　0 = 地址和控制信息无效
10	AWREADY	从设备	写地址就绪。当该信号有效时（高电平），表示从设备已经做好接收写地址和控制信息的准备。 1 = 从设备就绪　　　　　0 = 从设备未就绪
11	AWQOS	主设备	每次写操作的质量服务（QoS）标识符
12	AWREGION	主设备	区域标志，能实现单一物理接口对应的多个逻辑接口
13	AWUSER	主设备	写地址通道中用户可选的自定义信号

表 4-4 给出了 AXI4 写数据通道的信号及含义。

表 4-4　AXI4 写数据通道的信号及含义

序　号	信号名称	源	功能描述
1	WID	主设备	写数据 ID。由主设备产生，主要用于支持乱序传输，必须与写地址通道中的 AWID 值匹配
2	WDATA	主设备	写数据。向从设备写入的数据，其宽度可为 8～1024 位
3	WSTRB	主设备	写字节选择信号。用于确定写数据 WDATA 中哪个字节是有效的（写入从设备）。每位对应 WDATA 中的一个字节，如 WSTRB[n]对应 WDATA$[(8 \times n) + 7 : (8 \times n)]$
4	WLAST	主设备	表示写突发的最后一次传输
5	WVALID	主设备	写数据有效。表示写数据和写字节选择信号有效，可进行写传输。 1 = 写数据和写字节选择信号有效 0 = 写数据和写字节选择信号无效
6	WREADY	从设备	写数据就绪。表明从设备可以接收写数据。 1 = 从设备就绪　　　　　0 = 从设备未就绪
7	RUSER	主设备	写数据通道中用户可选的自定义信号

表 4-5 给出了 AXI4 写响应通道的信号及含义。

表 4-5　AXI4 写响应通道的信号及含义

序　号	信号名称	源	功能描述
1	BID	从设备	写响应 ID，由从设备产生，主要用于支持乱序传输，必须与写地址通道中的 AWID 值匹配
2	BRESP	从设备	写响应。该信号表示写操作的状态，取值为 OKAY（正常访问成功）、EXOKAY（独占访问成功）、SLVERR（从设备错误）和 DECERR（译码错误，一般由互连结构给出，表明没有对应的从设备地址）

续表

序　号	信号名称	源	功　能　描　述
3	BVALID	从设备	写响应有效。 1 = 写响应有效　　　　0 = 写响应无效
4	BREADY	主设备	接收写响应就绪。该信号表明主设备可以接收写响应信号。 1 = 主设备就绪　　　　0 = 主设备未就绪
5	BUSER	从设备	写响应通道中用户可选的自定义信号

除上述 5 个通道的信号之外，AXI4 还有两个全局信号，如表 4-6 所示。每个 AXI4 接口都会使用时钟信号 ACLK，所有输入信号都在 ACLK 上升沿采样，而所有输出信号都必须在 ACLK 上升沿后发生改变。全局复位信号 ARESTn 低电平有效，复位可以是异步的，但复位的撤销必须与时钟上升沿同步。在复位期间，AXI4 中的各个信号必须满足如下要求：

- 主设备接口必须驱动 ARVALID、AWVALID、WVALID 信号为低电平；
- 从设备接口必须驱动 RVALID、BVALID 信号为低电平；
- 剩下其他信号可以驱动为任何值。

主设备最早可在复位结束后的下一个 ACLK 时钟上升沿将 ARVALID、AWVALID、WVALID 驱动为高电平。

表 4-6　AXI4 的全局信号及含义

序　号	信　号　名	源	功　能　描　述
1	ACLK	时钟源	全局时钟信号
2	ARESTn	复位源	全局复位信号

4.2.3　AXI4 总线协议的握手机制

AXI4 中的 5 个通道都使用 VALID/READY 双向握手机制传输数据及控制信息（注意：VALID/READY 是对 ARVALID/ARREADY、RVALID/RREADY、AWVALID/AWREADY、WVALID/WREADY、BVALID/BREADY 这 5 个通道握手信号的总称）。传输的源端使用 VALID 信号表明数据或控制信息是有效的，目的端产生 READY 信号指明其能够接收数据或控制信息。传输则发生在 VALID 和 READY 信号同时有效（同时为高电平）的时候。

根据 VALID 和 READY 两个信号出现时间的不同，图 4-5 至 4-7 给出了 3 种不同的握手情况，它们在 AXI4 协议中都是合法的。对于图 4-5，传输的源端首先发出数据或控制信息，并将 VALID 信号置为高电平。然后，数据或控制信息一直保持不变，直至传输的目的端将 READY 信号也置为高电平。此时，表示目的端已就绪，可以接收源端发送来的数据或控制信息。图 4-5 中箭头的位置表示传输开始。这种情况称为"VALID 信号有效早于 READY 信号有效的握手"。

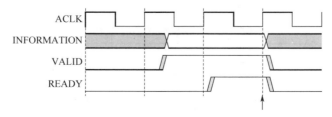

图 4-5　VALID 信号有效早于 READY 信号有效的握手

对于图 4-6，目的端早于数据或控制信息有效前，先将 READY 信号置为高电平。这表示只要 VALID 信号变为有效，目的端就可以接收数据或控制信息。图 4-6 中箭头的位置表示传输开始。这种情况称为 "READY 信号有效早于 VALID 信号有效的握手"。

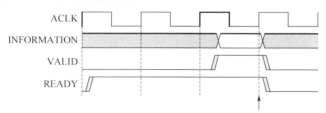

图 4-6　READY 信号有效早于 VALID 信号有效的握手

图 4-7 中 VALID 信号和 READY 信号同时有效，此时，数据或控制信息的传输会立即进行，箭头的位置表示传输开始。这种情况称为 "VALID 信号和 READY 信号同时有效的握手"。

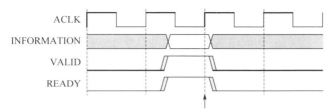

图 4-7　VALID 信号和 READY 信号同时有效的握手

对于读地址通道而言，当主设备发出有效的地址和控制信号时，可同时将 ARVALID 信号置为高电平，然后保持 ARVALID 信号不变，直到时钟上升沿采样到从设备发出的高电平 ARREADY 信号。ARREADY 默认值可高可低，推荐为高。当 ARREADY 为高时，从设备必须能够接收提供给它的有效地址。

对于读数据通道而言，当从设备发出读数据时才将 RVALID 置为有效（高电平），然后保持 RVALID 信号不变，直到时钟上升沿采样到主设备发出的高电平 RREADY 信号。RREADY 信号的默认值为高。当进行读突发的最后一次传输时，从设备需要将 RLAST 信号置为有效。

对于写地址通道而言，当主设备发出有效的地址和控制信号时，可同时将 AWVALID 信号置为高电平，然后保持 AWVALID 信号不变，直到时钟上升沿采样到从设备发出的高电平 AWREADY 信号。AWREADY 默认值可高可低，推荐为高。当 AWREADY 为高时，从设备必须能够接收提供给它的有效地址。

对于写数据通道而言，当主设备发出写数据时才将 WVALID 置为有效（高电平），然后保持 WVALID 信号不变，直到时钟上升沿采样到从设备发出的高电平 WREADY 信号。WREADY 默认值为高。当进行写突发的最后一次传输时，主设备需要将 WLAST 信号置为有效。

对于写响应通道而言，从设备在可以进行响应时，将 BVALID 置为有效（高电平），然后保持 BVALID 信号不变，直到时钟上升沿采样到主设备发出的高电平 BREADY 信号。BREADY 信号的默认值为高。

为了避免出现死锁，各通道的握手信号之间必须满足一定的依赖关系，如图 4-8 和图 4-9 所示。其中，单箭头指向的信号能在箭头起点信号变为有效之前或之后置为有效，而双箭头指向的信号必须在箭头起点信号变为有效之后才能置为有效。

图 4-8 给出了读操作中各握手信号的依赖关系。① 从设备可以在 ARVALID 信号变为有效之前，先将 ARREADY 信号置为有效；② 从设备只有在 ARVALID 和 ARREADY 信号都置为有效后，才能将

RVALID 信号置为有效，并发送读数据。

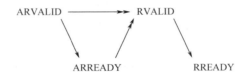

图 4-8　读操作中各握手信号的依赖关系

图 4-9 给出了写操作中各握手信号的依赖关系。① 从设备可以在 AWVALID 或 WVALID 信号变为有效之前，先将 AWREADY 或 WREADY 信号置为有效；② 从设备只有在 WVALID 和 WREADY 信号都置为有效后，才能将 BVALID 信号置为有效。

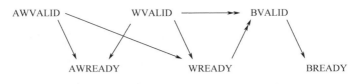

图 4-9　写操作中各握手信号的依赖关系

4.2.4　AXI4 总线协议的读操作时序

AXI4 总线是基于突发机制的，即只需给出首地址，即可连续传输多个数据，传输的数据个数由突发长度确定（注意，若只需要传输一个数据，则相当于突发长度为 1）。图 4-10 给出了一个 AXI4 总线的突发读操作时序，突发长度为 4。在 T1 时刻，主设备通过读地址通道中的信号 ARADDR 发送读地址，然后在 T2 时刻，主设备采样到信号 ARVALID 和信号 ARREADY 都为高电平，表明从设备已经接收到通过 ARADDR 发送来的读地址。从设备保持读数据通道中的 RVALID 信号为低电平，直至从设备准备好读数据，此时（包括 T6、T9、T10 和 T13 时刻）主设备在时钟上升沿采样到信号 RVALID 和信号 RREADY 都为高电平，表示其可以从读数据通道中的 RDATA 信号接收到读数据。为了标识读突发操作结束，从设备将读数据通道中的 RLAST 信号置为高电平（T13 时刻），表示正在传输的是读突发中的最后一个数据。

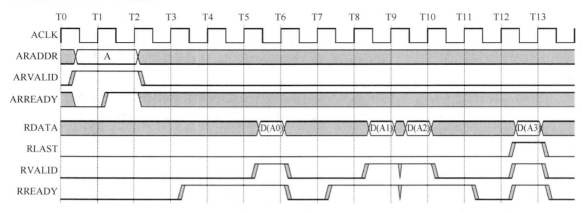

图 4-10　AXI4 总线的突发读操作时序

图 4-11 给出了另外一种突发读操作的实例，称为重叠式突发读操作。主设备会通过读地址通道中的 ARADDR 信号连续发出两个读地址 A（突发长度为 3）和 B（突发长度为 2），这两个地址会分别在

T2 和 T4 时刻被从设备接收。主设备在完全接收 A 地址的数据之后（T9 时刻），才开始接收 B 地址的数据（T10 时刻）。

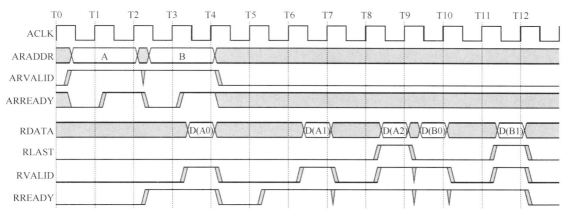

图 4-11　AXI4 总线的重叠式突发读操作时序

4.2.5　AXI4 总线协议的写操作时序

图 4-12 给出了 AXI4 总线的突发写操作时序，突发长度为 4。主设备先通过写地址通道中的 AWADDR 信号发送写地址，该写地址在 T2 时刻（信号 AWVALID 和信号 AWREADY 同时为高电平）会被从设备接收。然后，主设备再通过 WDATA 信号逐个发送写数据到写数据通道中，这些数据分别在 T4、T6、T8 和 T9 时刻写入从设备。当主设备发送最后一个写数据时，写数据通道中的 WLAST 信号也被置为高电平。当从设备接收完所有写数据后，将写响应通道中的写响应有效信号 BVALID 置为高电平（T10 时刻），然后通过写响应信号 BRESP 返回 OKAY 给主设备，表明突发写操作完成。

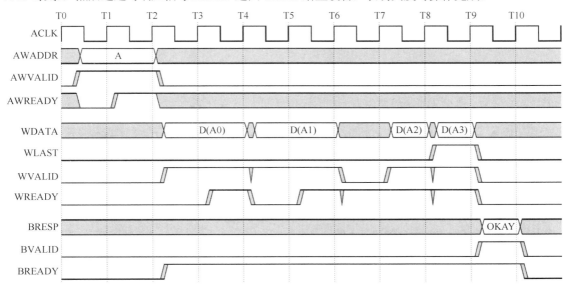

图 4-12　AXI4 总线的突发写操作时序

此外，AXI4 总线协议支持乱序传输。它给每个读/写操作分配一个 ID 标号，要求具有相同 ID 的读/写操作必须有序完成，而不同 ID 的读/写操作可以乱序完成。

4.2.6 突发传输机制

1. 突发类型

在 AXI4 突发传输中，主设备只需要给出控制信息和传输的首地址（必须 4KB 对齐），然后由从设备完成后续地址的计算。AXI4 总线共支持 3 种突发类型，由读地址通道中的 ARBURST 信号或写地址通道中的 AWBURST 信号来确定。这 3 种突发类型分别是固定式突发传输、增量式突发传输和回环式突发传输。

（1）固定式突发传输：ARBURST 和 AWBURST 编码为 2'b00。其表示突发中每次传输的地址都是固定不变的。这种方式是重复地对一个相同的地址进行存取，如 FIFO 存储器。

（2）增量式突发传输：ARBURST 和 AWBURST 编码为 2'b01。其指突发中每次传输的地址都比上一次传输的地址增加一个固定值。这个增量值取决于每次传输数据的大小，即突发大小。例如，如果突发大小为 4 字节，则这个增量值为 4。

（3）回环式突发传输：ARBURST 和 AWBURST 编码为 2'b10。其与增量式突发传输相似，每次传输地址都增加一个固定值。不同点在于，当传递完最后一个数据后，返回起始地址。

2. 突发长度

在 AXI4 总线协议中，突发长度指一次突发中需要传输的数据数目，由读地址通道中的 ARLEN 信号或写地址通道中的 AWLEN 信号进行确定（突发长度 = ARLEN（或 AWLEN） + 1）。对于增量式突发传输，突发长度可设置为 1～256；对于固定式突发传输，突发长度可设置为 1～16；对于回环式突发传输，突发长度必须设置为 2、4、8、16。

所有的设备都不能提前终止一次突发传输。然而，对于写突发，主设备可以通过写字节使能信号 WSTRB 来减少写入的数据数目；对于读突发，主设备也可以忽略读出的数据，但不管怎样，都必须完成所有的突发传输。

3. 突发大小

在 AXI4 总线协议中，突发大小是指在突发中每次传输的数据大小（单位为字节），由读地址通道中的 ARSIZE 信号或写地址通道中的 AWSIZE 信号进行确定（突发大小 = $2^{ARSIZE\,(\text{或}\,AWSIZE)}$）。无论是读突发还是写突发，突发大小的取值均为 1～128 字节。此外，突发大小不能超过数据总线的宽度。

4.3 基于 AXI4 的 MiniMIPS32 处理器设计与实现

4.3.1 类 SRAM 接口到 AXI4 接口的转换

如图 3-2 所示，增强型 MiniMIPS32 处理器内部采用的是哈佛结构，即独立的指令 Cache 和数据 Cache，从而消除了由于复用存储器带来的结构冲突。这样，从两个 Cache 发送到外部的访问信号也仍然是独立的，即独立的指令请求信号和数据请求信号。这些信号本质上由地址信号线、数据信号线和控制信号线组成，与传统的 SRAM 存储器接口信号一致，故称为类 SRAM 接口信号。然后，这些信号送到处理器外部后需要连接到 AXI4 总线接口模块，因此需要设计一个模块将上述信号转换为 AXI4 总线接口信号，称之为类 SRAM 接口转 AXI4 接口模块（sram2axi.v），其源代码和输入/输出端口信号如图 4-13 和表 4-7 所示。

```
01   `include "defines.v"
02
03   module sram2axi(
04       input wire          clk,
05       input wire          resetn,
06
07       // 指令类SRAM接口
08       input wire [`BSEL_BUS]        inst_ben          ,      // 指令通道使能信号
09       input wire [`INST_BUS]        inst_wdata        ,      // 指令通道写数据
10       input wire                    inst_wr           ,      // 指令通道写使能信号
11       input wire                    inst_uncached     ,      // 指令通道是否经过cache的标志信号
12       input wire [`INST_ADDR_BUS]   inst_addr         ,      // 指令通道访存地址
13       output wire                   inst_addr_valid   ,      // 地址有效信号，为1时可以通过总线进行访存操作
14       output wire                   inst_beat_valid   ,
15       output wire                   inst_burst_valid  ,      // beat和data对应于burst机制中的单次访存完成信号和完成burst的完成信号
16       output wire [`INST_BUS]       inst_rdata        ,      // 指令通道读数据
17
18       // 数据类SRAM接口
19       input wire [`BSEL_BUS]        data_ben          ,      // 数据通道使能信号
20       input wire [`INST_BUS]        data_wdata        ,      // 数据通道写数据
21       input wire                    data_wr           ,      // 数据通道写使能信号
22       input wire                    data_uncached     ,      // 数据通道是否经过cache的标志信号
23       input wire [`INST_ADDR_BUS]   data_addr         ,      // 数据通道访存地址
24       output wire                   data_addr_valid   ,      // 数据有效信号，为1时可以通过总线进行访存操作
25       output wire                   data_beat_valid   ,
26       output wire                   data_burst_valid  ,      // beat和data对应于burst机制中的单次访存完成信号和完成burst的完成信号
27       output wire [`INST_BUS]       data_rdata        ,      // 数据通道读数据
28
29       // AXI4接口信号
30       // 读地址通道
31       output [3 :0]       arid       ,
32       output [31:0]       araddr     ,
33       output [7 :0]       arlen      ,
34       output [2 :0]       arsize     ,
35       output [1 :0]       arburst    ,
36       output [1 :0]       arlock     ,
37       output [3 :0]       arcache    ,
38       output [2 :0]       arprot     ,
39       output              arvalid    ,
40       input               arready    ,
41       // 读数据通道
42       input [3 :0]        rid        ,
43       input [31:0]        rdata      ,
44       input [1 :0]        rresp      ,
45       input               rlast      ,
46       input               rvalid     ,
47       output              rready     ,
48       // 写地址通道
49       output [3 :0]       awid       ,
50       output [31:0]       awaddr     ,
51       output [7 :0]       awlen      ,
52       output [2 :0]       awsize     ,
53       output [1 :0]       awburst    ,
54       output [1 :0]       awlock     ,
55       output [3 :0]       awcache    ,
56       output [2 :0]       awprot     ,
57       output              awvalid    ,
58       input               awready    ,
59       // 写数据通道
60       output [3 :0]       wid        ,
61       output [31:0]       wdata      ,
62       output [3 :0]       wstrb      ,
63       output              wlast      ,
64       output              wvalid     ,
65       input               wready     ,
66       // 写响应通道
67       input [3 :0]        bid        ,
68       input [1 :0]        bresp      ,
69       input               bvalid     ,
70       output              bready
71
72   );
73
74       // 设置取指和取数据通道的相关信号
75       wire     inst_valid;
76       wire     data_valid;
77       assign inst_valid   =              |inst_ben;
78       assign data_valid   =              |data_ben;
79       // 类SRAM接口与AXI接口转化的中间信号
80       reg      do_req;
81       reg      do_req_or;
82       reg      do_wr_r;
83       reg [1 :0] do_size_r;
84       reg [31:0] do_addr_r;
85       reg [31:0] do_wdata_r;
86       reg [3 :0] do_strb_r;
87       reg [7 :0] do_arlen_r;
88       reg [1 :0] do_arburst_r;
89       wire     data_back;
90       wire     inst_req;
91       wire     data_req;
92
93       // 将类SRAM接口转化为AXI接口
94       assign inst_req   =              inst_valid;
95       assign data_req   =              data_valid;
96       assign inst_addr_valid =         !do_req&&!data_req; // 当数据通道正在访问时，指令通道不可访存
```

图 4-13　sram2axi.v 源代码（类 SRAM 接口转 AXI4 接口模块）

```verilog
97   assign data_addr_valid =                        !do_req;
98   // AXI总线中的size信号用于确定一次AXI4总线传输所传输的字节数，2'b00表示单字节，2'b01表示双字节，2'b10表示4字节
99   wire [1:0]  inst_size;
100  wire [1:0]  data_size;
101  wire [3:0]  size;
102  assign inst_size     =          2'b10;   // 指令通道只访问4字节32位数据
103  assign size          =          (data_ben&1'b1) + ((data_ben>>1)&1'b1) + ((data_ben>>2)&1'b1) + ((data_ben>>3)&1'b1);
104  assign data_size     =          (size == 4'd1) ? 2'b00 : (size == 4'd2) ? 2'b01 : (size == 4'd4) ? 2'b10 : 2'b00;   // 确定数据通道的总线size信号
105
106  always @(posedge clk) begin
107      do_req           <=         !resetn? 1'b0 :
108                                  ((inst_req||data_req)&&!do_req)? 1'b1 :
109                                  data_back? 1'b0 : do_req;                           // 为1时表明正在访存，为0时表示空闲状态
110
111      do_req_or        <=         !resetn? 1'b0 :
112                                  !do_req ? data_req : do_req_or;                     // 保存数据通道访存状态，便于先处理数据访存
113
114      do_wr_r          <=         (data_req && data_addr_valid)? data_wr :
115                                  (inst_req && inst_addr_valid)? inst_wr : do_wr_r;   // 设置访存通道写使能信号
116
117      do_size_r        <=         (data_req && data_addr_valid)? data_size :
118                                  (inst_req&&inst_addr_valid)? inst_size : do_size_r; // 设置访存通道一次数据传输量
119
120      do_addr_r        <=         (data_req && data_addr_valid)? data_addr :
121                                  (inst_req && inst_addr_valid)? inst_addr : do_addr_r; // 设置访存通道地址信号
122
123      do_strb_r        <=         (data_req && data_addr_valid)? data_ben :
124                                  (inst_req && inst_addr_valid)? inst_ben : do_strb_r;  // 设置访存通道字节选择信号
125
126      do_wdata_r       <=         (data_req && data_addr_valid)? data_wdata :
127                                  (inst_req && inst_addr_valid)? inst_wdata : do_wdata_r; // 设置访存通道写数据信号
128
129      do_arlen_r       <=         (data_req && data_addr_valid && ~data_uncached)? 8'd15 :  // 当前数据通道正在访问可缓存部位数据，设置burst长度为16
130                                  (data_req && data_addr_valid && data_uncached)? 8'd0 :     // 当前数据通道正在访问不可缓存部位数据，设置burst长度为0
131                                  (inst_req && inst_addr_valid && ~inst_uncached)? 8'd15 :   // 当前指令通道正在访问可缓存部位数据，设置burst长度为16
132                                  (inst_req && inst_addr_valid && inst_uncached)? 8'd0 : do_arlen_r; // 当前指令通道正在访问不可缓存部位数据，设置burst长度为0
133
134      do_arburst_r     <=         (data_req && data_addr_valid && ~data_uncached)? 2'b01 :   // 当前数据通道正在访问可缓存部位数据，开启burst机制
135                                  (data_req && data_addr_valid && data_uncached)? 2'b00 :     // 当前数据通道正在访问不可缓存部位数据，关闭burst机制
136                                  (inst_req && inst_addr_valid && ~inst_uncached)? 2'b01 :    // 当前指令通道正在访问可缓存部位数据，开启burst机制
137                                  (inst_req && inst_addr_valid && inst_uncached)? 2'b00 : do_arburst_r; // 当前指令通道正在访问不可缓存部位数据，关闭burst机制
138
139  end
140
141  reg addr_rcv;
142  reg wdata_rcv;
143
144  always @(posedge clk) begin
145      addr_rcv         <=         !resetn          ?          1'b0 :
146                                  (arvalid && arready) ?       1'b1 :
147                                  (awvalid && awready)?        1'b1 :
148                                  data_back            ?       1'b0 : addr_rcv;
149
150      wdata_rcv        <=         !resetn          ?          1'b0 :
151                                  (wvalid && wready) ?         1'b1 :
152                                  data_back          ?         1'b0 : wdata_rcv;
153  end
154
155  wire beat_back;
156  // 当地址有效，并且读数据valid和读数据ready信号有效或写响应valid和写响应ready有效时，单次数据访问完成
157  assign beat_back =              addr_rcv && (rvalid && rready || bvalid && bready);
158  // 当地址有效，并且读数据valid、ready信号以及last信号同时有效或写响应valid和写响应ready有效时，burst数据访问完成
159  assign data_back =              addr_rcv && (rvalid && rready && rlast || bvalid && bready);
160
161  assign inst_beat_valid  =       do_req && !do_req_or && beat_back;
162  assign inst_burst_valid =       do_req && !do_req_or && data_back;
163
164  assign data_beat_valid  =       do_req && do_req_or && beat_back;
165  assign data_burst_valid =       do_req && do_req_or && data_back;
166
167  assign inst_rdata       =       rdata;
168  assign data_rdata       =       rdata;
169
170  // 设置AXI相关信号
171  // 读地址通道信号
172  assign arid             =       4'd0;
173  assign araddr           =       do_addr_r;
174  assign arlen            =       do_arlen_r;
175  assign arsize           =       do_size_r;
176  assign arburst          =       do_arburst_r;
177  assign arlock           =       2'd0;
178  assign arcache          =       4'd0;
179  assign arprot           =       3'd0;
180  assign arvalid          =       do_req&&!do_wr_r&&!addr_rcv;
181
182  // 读数据通道信号
183  assign rready           =       1'b1;
184
185  // 写地址通道信号
186  assign awid             =       4'd0;
187  assign awaddr           =       do_addr_r;
188  assign awlen            =       8'd0;
189  assign awsize           =       {1'b0,do_size_r};
190  assign awburst          =       2'd0;
191  assign awlock           =       2'd0;
192  assign awcache          =       4'd0;
193  assign awprot           =       3'd0;
```

图 4-13 　sram2axi.v 源代码（类 SRAM 接口转 AXI4 接口模块）（续）

```
194    assign awvalid         =        do_req && (do_wr_r && laddr_rcv);
195
196    //写数据通道信号
197    assign wid             =        4'd0;
198    assign wdata           =        do_wdata_r;
199    assign wstrb           =        do_strb_r;
200    assign wlast           =        1'd1;
201    assign wvalid          =        do_req&&do_wr_r&&!wdata_rcv;
202
203    //写响应通道信号
204    assign bready          =        1'b1;
205
206    endmodule
```

图 4-13　sram2axi.v 源代码（类 SRAM 接口转 AXI4 接口模块）（续）

表 4-7　类 SRAM 接口转 AXI4 接口模块的输入/输出端口

端 口 名 称	端 口 方 向	端口宽度/位	端 口 描 述
公共信号			
clk	输入	1	系统时钟（50MHz）
resetn	输入	1	系统复位，低电平有效
类 SRAM 接口信号（指令）			
inst_ben	输入	4	指令通道使能信号（指令一次读取 4 字节，只有最低位会被设置，但为了和数据通道一致，故也定义为 4 位）
inst_wdata	输入	32	指令通道写数据（始终无效）
inst_wr	输入	1	指令通道写使能信号（始终无效）
inst_uncached	输入	1	指令通道是否经过 cache 的标志信号
inst_addr	输入	32	指令通道访存地址
inst_addr_ok	输出	1	地址有效信号，其值为 1 表示可通过总线进行访存操作
inst_beat_ok	输出	1	burst 机制中的单次访存完成信号
inst_burst_ok	输出	1	burst 机制中的所有访存完成信号
inst_rdata	输出	32	指令通道读数据（指令）
类 SRAM 接口信号（数据）			
data_ben	输入	4	数据通道使能信号
data_wdata	输入	32	数据通道写数据
data_wr	输入	1	数据通道写使能信号
data_uncached	输入	1	数据通道是否经过 cache 的标志信号
data_addr	输入	32	数据通道访存地址
data_addr_ok	输出	1	地址有效信号，其值为 1 表示可通过总线进行访存操作
data_beat_ok	输出	1	burst 机制中的单次访存完成信号
data_burst_ok	输出	1	burst 机制中的所有访存完成信号
data_rdata	输出	32	数据通道读数据（访存数据）
AXI4 接口信号（读地址通道）			
arid	4	输出	读地址 ID
araddr	32	输出	读地址
arlen	8	输出	读突发长度
arsize	3	输出	读突发大小
arburst	2	输出	读突发类型
arlock	2	输出	锁类型
arcache	4	输出	缓存类型

端 口 名 称	端 口 方 向	端口宽度/位	端 口 描 述
arprot	3	输出	保护类型
arvalid	1	输出	读地址有效
arready	1	输入	读地址就绪
AXI4 接口信号（读数据通道）			
rid	4	输入	读数据 ID
rdata	32	输入	读数据
rresp	2	输入	读响应
rlast	1	输入	读突发的最后一次传输的标志信号
rvalid	1	输入	读数据有效
rready	1	输出	读数据就绪
AXI4 接口信号（写地址通道）			
awid	4	输出	写地址 ID
awaddr	32	输出	写地址
awlen	8	输出	写突发长度
awsize	3	输出	写突发大小
awburst	2	输出	写突发类型
awlock	2	输出	锁类型
awcache	4	输出	缓存类型
awprot	3	输出	保护类型
awvalid	1	输出	写地址有效
awready	1	输入	写地址就绪
AXI4 接口信号（写数据通道）			
wid	4	输出	写数据 ID
wdata	32	输出	写数据
wstrb	4	输出	写字节使能
wlast	1	输出	写突发的最后一次传输的标志信号
wvalid	1	输出	写数据有效
wready	1	输入	写数据就绪
AXI4 接口信号（写响应通道）			
bid	4	输入	写响应 ID
bresp	2	输入	写响应
bvalid	1	输入	写响应有效
bready	1	输出	写响应就绪

　　第 4～70 行代码定义了类 SRAM 接口转 AXI4 接口模块的输入/输出端口信号。其中，第 8～16 行代码定义了传输指令的类 SRAM 接口；第 19～27 行代码定义了传输数据的类 SRAM 接口；第 31～70 行代码定义了 AXI4 接口中 5 个通道的信号。

　　第 75～78 行代码定义 inst_valid 和 data_valid 两个中间信号，用于表示指令或数据是否有效。当 inst_ben 信号有效时，inst_valid 被置 1；当 data_ben 中任何一位有效时，data_valid 被置 1（若为写操作，data_ben 就是字节使能信号；若为读操作，data_ben 会被设置为全 1）。

第 80～91 行代码定义了一系列接口信号转换所需的中间信号。

第 94～97 行代码首先生成了指令（inst_req）和数据（data_req）请求有效信号。然后，生成了指令地址有效信号（inst_addr_ok）和数据地址有效信号（data_addr_ok）。由于 AXI4 总线接口是指令和数据共用的，势必产生访问冲突，本书规定如果产生访问冲突，则数据访问优先。因此，inst_addr_ok 有效的条件是当前访存通道空闲（do_req 信号为 0）且没有数据访存请求（data_req 信号也为 0）；而 data_addr_ok 有效的条件是只要当前访存通道空闲（do_req 信号为 0）即可。

第 99～104 行代码定义了一次 AXI4 总线传输所需的字节数。其中，2'b00 表示单字节，2'b01 表示双字节，2'b10 表示四字节。由于指令长度固定 32 位，因此 inst_size 被设置为 2'b10。对于访存数据而言，根据数据使能信号 data_ben 中"1"的个数，确定 data_size 的取值。

第 106～139 行代码给出接口信号转换过程中部分中间信号的生成逻辑。其中，do_req 和 do_req_or 信号用于保存当前访存通道是否空闲，以及保存数据通道的访存状态。data_back 信号用于表示本次数据访问是否已经全部完成。do_wr_r 信号用于表示访存通道的写使能。do_size_r 信号用于设置访存通道一次数据传输的字节数。do_addr_r 信号用于表示访存通道中传输的访存地址。do_strb_r 信号用于设置访存通道的字节选择信号。do_wdata_r 信号用于表示访存通道中待输出的数据。do_arlen_r 用于设置读突发传输过程中突发传输的长度。do_arburst_r 用于设置读突发类型。当通过数据通道或指令通道访问可缓存区域时（data_uncached 或 inst_uncached 为 0），do_arlen_r 和 do_arburst_r 分别被设置为 8'd15 和 2'01，表示突发长度为 16，突发类型为增量式；当访问不可缓存区域时（data_uncached 或 inst_uncached 为 1），do_arlen_r 和 do_arburst_r 分别被设置为 8'd0 和 2'00，表示突发长度为 1，突发类型为固定式。

第 141～153 行代码定义了两个中间信号 addr_rcv 和 wdata_rcv，前者用于表示读地址或写地址是否有效，后者用于表示写数据是否有效。对于 addr_rcv 而言，如果读地址有效信号和读地址就绪信号同时有效或写地址有效信号和写地址就绪信号同时有效，则被设置为 1；如果数据访问全部完成标志信号 data_back 有效，则被清 0。对于 wdata_rcv 而言，如果写数据有效信号和写数据就绪信号同时有效，则被设置为 1；如果数据访问全部完成标志信号 data_back 有效，则被清 0。

第 155～159 行代码表示单次数据传输和整个突发数据传输是否完毕。当地址有效，并且读数据有效信号（rvalid）和读数据就绪信号（rready）同时为 1 或写响应有效信号（bvalid）和写响应就绪信号同时为 1 时，表示单次数据传输完成。当地址有效，并且 rvalid、rready 及 rlast 信号同时有效或 bvalid 和 bready 同时有效时，整个突发数据传输完毕。

第 161～165 行代码分别给出了指令和数据单次访问完成及突发传输完成信号。

第 167～168 行代码用于获取从 AXI4 总线接口读到的指令或数据。

第 172～204 行代码用于设置转换得到的 AXI4 总线接口信号。

4.3.2　MiniMIPS32 处理器的封装

本书的后续设计将利用原理图方式在 Vivado 集成开发环境中搭建基于增强型 MiniMIPS32 处理器的 SoC。因此，首先需要按如下步骤将增强型 MiniMIPS32 处理器封装成带有 AXI4 接口形式的 IP 核以便调用。

步骤一．创建工程

（1）双击桌面 Vivado 快捷方式图标，启动 Vivado 2017.3，进入开始界面，如图 4-14 所示。单击 Create Project 按钮，或在菜单栏中选择 File→New Project。

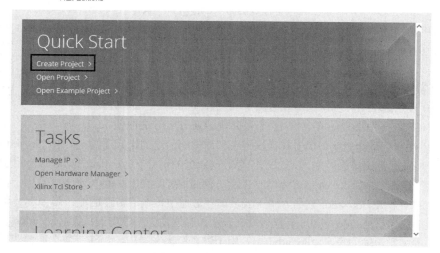

图 4-14　Vivado 开始界面

（2）进入 New Project（新建工程）向导，如图 4-15 所示，再单击"Next"按钮。

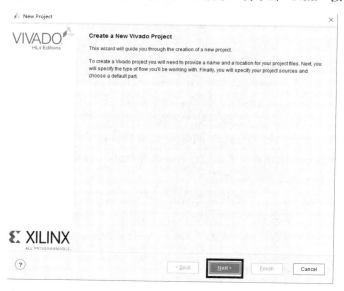

图 4-15　New Project 界面

（3）在 Project name 文本框中输入"MiniMIPS32"作为工程名；在 Project location 文本框中选择工程路径；勾选 Create project subdirectory，在工程路径下生成一个名为"MiniMIPS32"的文件夹，保存该工程所有文件，如图 4-16 所示。单击"Next"按钮进入 Project Type 界面。

（4）在 Project Type 界面中选中 RTL Project 单选按钮。然后，勾选 Do not specify sources at this time 复选框（将跳过添加源文件的步骤，源文件在后面的设计过程中再添加），如图 4-17 所示，单击"Next"按钮进入 Default Part 界面。

图 4-16　Project Name 界面

图 4-17　Project Type 界面

（5）在 Default Part 界面中选择目标芯片型号或硬件平台，如图 4-18 所示。根据 Nexys4 DDR 开发平台上 FPGA 的型号，在 Family 下拉列表中选择 Artix-7 选项，在 Package 下拉列表中选择 csg324 选项。然后，在 Part 列表中选择 xc7a100tcsg324-1，单击"Next"按钮进入 New Project Summary 界面。

（6）在 New Project Summary 界面中查看工程创建内容是否正确，如图 4-19 所示。若无须修改，则单击"Finish"按钮，工程创建完成，进入 Vivado 主界面。

步骤二．添加设计文件

（1）在工程管理区的 Sources 窗口的空白处右击，再在弹出的快捷菜单中选择 Add Sources 命令，如图 4-20 所示。

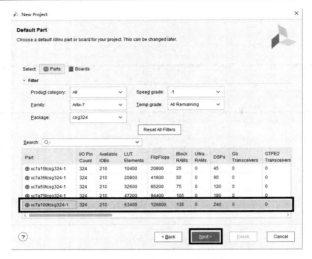

图 4-18　选择目标芯片型号

图 4-19　New Project Summary 界面

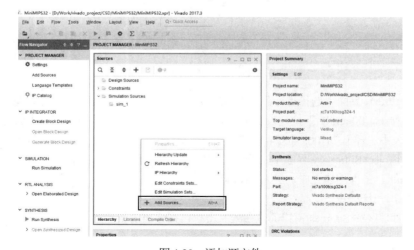

图 4-20　添加源文件

（2）在打开的 Add Sources 界面中选中 Add or create design sources 单选按钮，如图 4-21 所示。再单击"Next"按钮，进入 Add or Create Design Sources 界面。

图 4-21　Add Sources 界面

（3）在 Add or Create Design Sources 界面中单击"Add Directories"按钮，打开 Add Source Directories 界面，该界面通过选择路径方式一次性添加所有源文件，如图 4-22（a）所示。选择 MiniMIPS32 源代码所在路径（MiniMIPS32 处理器源代码位于"随书资源\CPUCORE"路径下），单击"Select"按钮，完成所有源文件的添加，最后单击"Finish"按钮退出。在 Sources 窗口内可看到所添加的所有源代码文件，如图 4-22（b）所示。

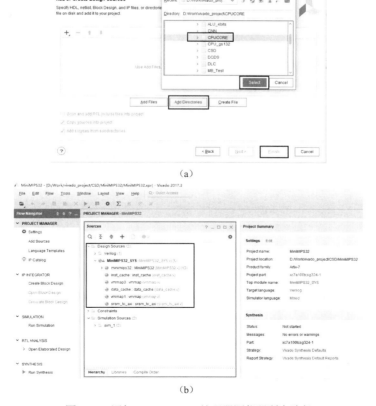

（a）

（b）

图 4-22　添加 MiniMIPS32 处理器源代码所在路径

步骤三．创建并封装 IP 核

（1）在菜单栏单击 Tools → Create and Package New IP…，如图 4-23 所示，开始创建并封装 IP 核。

图 4-23　创建并封装 IP 核

（2）弹出 Create and Package New IP（创建并封装 IP 核）向导界面，如图 4-24 所示，直接单击"Next"按钮。

图 4-24　创建并封装 IP 核向导界面

（3）由于 MiniMIPS32 处理器在系统中将作为主设备而非外设从设备使用，故在 Packaging Options（封装选项）中选择第一项，即封装当前工程（使用当前工程创建 IP 核），再单击"Next"按钮，如图 4-25 所示。

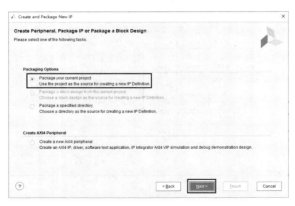

图 4-25　Packaging Options

（4）在 IP location 文本框中输入将 MiniMIPS32 处理器打包成 IP 核后所存放的路径；在 Packaging IP in the project 中选择第一个选项，即 Include.xci files，该文件是一个 xml 格式的文件，它能够搜集 IP 所有的配置信息，再单击 "Next" 按钮，如图 4-26 所示，进入 New IP Creation 界面。

图 4-26　Package Your Current Project 界面

（5）New IP Creation 界面提示创建 IP 核时收集了哪些信息，如图 4-27 所示，单击 "Finish" 按钮对所创建的 MiniMIPS32 处理器 IP 核进行后续编辑。

图 4-27　New IP Creation 界面

步骤四. 编辑 IP 核

（1）一个用于对所创建的 IP 核进行设置和编辑的新 Vivado 工程被打开，如图 4-28 所示。设计者根据具体需求，按 Packaging Steps 所提示的步骤对 IP 核进一步编辑。可编辑的选项包括 Identification（基本信息）、Compatibility（兼容性）、File Groups（所包含文件）、Ports and Interfaces（端口和接口信息）、Addressing and Memory（地址分配信息）等。MiniMIPS32 处理器 IP 核的打包仅需要关注 "Identification" 和 "Ports and Interfaces" 两个选项。

① 单击 Identification 选项，编辑 IP 核的基本信息，如 Vendor（IP 核的供应商）、Name（IP 核的名称）、Version（IP 核的版本号）、Display name（调用 IP 核时所显示的名称）、Description（IP 核的功能简介）等，设计者可根据需求进行相应的编辑，如图 4-29 所示。

图 4-28　IP 核编辑界面

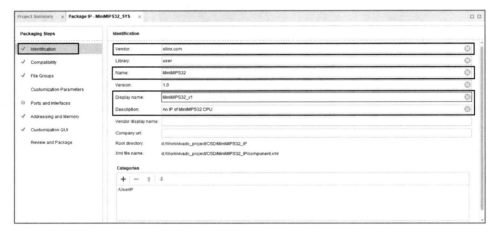

图 4-29　Identification 选项

② 单击 Ports and Interfaces 选项，如图 4-30 所示。在端口 m0 处单击右键，在所弹出的菜单中选择 Edit Interface...。

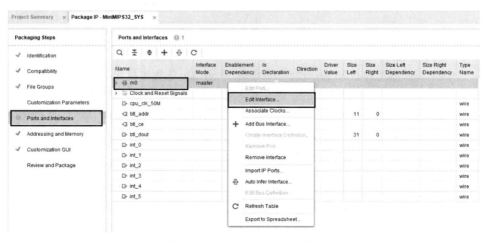

图 4-30　Ports and Interfaces 选项

（2）弹出 Edit Interface 界面，如图 4-31（a）所示。增强型 MiniMIPS32 处理器中以"m0"开头的端口均是对应 AXI4 接口协议的端口，从该界面的 General 选项卡可以看出 Mode 为 master，即主设备接口，与设计相符。此外，为了更加清晰，在 Name 文本框中输入"AXI4_M0"。接着，单击 Port Mapping 选项卡，如图 4-31（b）所示，可以看出系统根据端口名称自动完成了 MiniMIPS32 处理器中 AXI4 接口的映射工作，设计者需对映射关系进行检查。若发现错误，设计者需要首先从 Mapped Ports Summary 中删除错误映射，然后在 Interface's Logical Ports 和 IP's Physical Ports 中选择正确的端口，单击"Map Ports"按钮进行手工映射。最后，单击 Parameters 选项，如图 4-31（c）所示。单击"+"，添加两个接口参数 FREQ_HZ 和 ID_WIDTH。其中，FREQ_HZ 的取值为 50_000_000，即 50MHz，与所设计 SoC 的工作频率一致。ID_WIDTH 的取值为 0。若缺少这两个参数，后续编译将报错。单击"OK"按钮完成接口编辑工作。

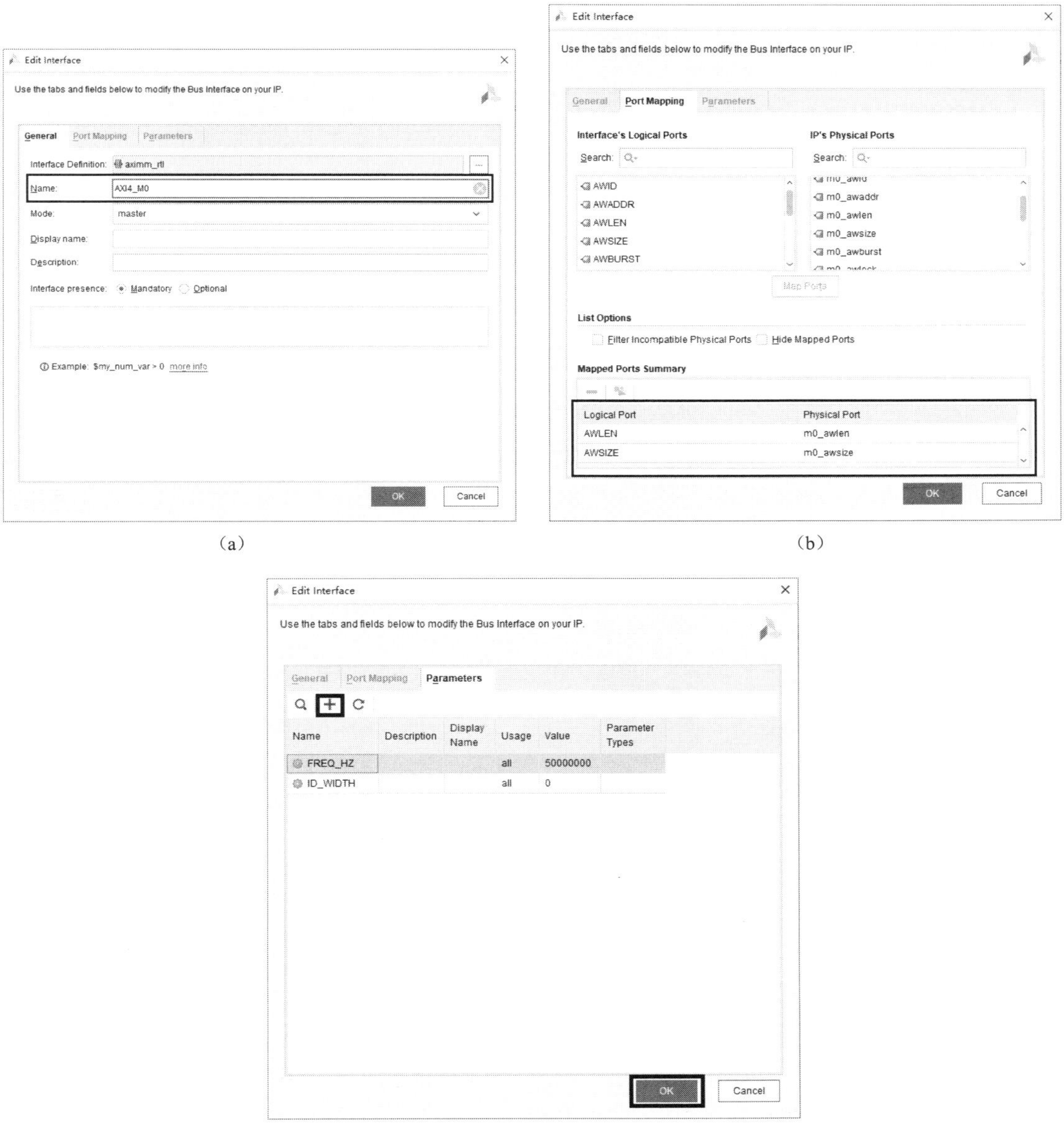

（a）　　　　　　　　　　　　　　　　　　（b）

（c）

图 4-31　Edit Interface 界面

（3）单击 Review and Package 选项，再单击 "Package IP" 按钮完成 IP 核的最终封装和打包，在弹出的窗口中单击 "Yes" 按钮，关闭所创建的临时工程，如图 4-32 所示。

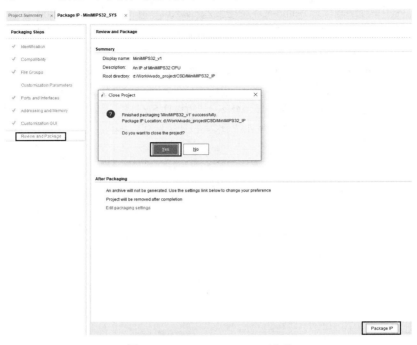

图 4-32　Review and Package 选项

（4）在指定路径下可以找到所创建的 IP 核文件，即 MiniMIPS32_IP，其结构如图 4-33 所示。后续设计只需将该 IP 导入 Vivado 的 IP 库中，即可通过原理图的方式调用。具体导入和使用方式请参照后续内容。

图 4-33　MiniMIPS32_IP 文件结构

4.4　AXI Interconnect 简介

4.4.1　AXI Interconnect 的结构

AXI Interconnect 是一个用来连接多个采用内存地址映射的 AXI 主设备和 AXI 从设备的交叉互连网络，相当于总线。它可以支持多种 AXI 协议，包括 AXI3、AXI4 及 AXI4-Lite。对于 AXI3 和 AXI4 协议而言，AXI Interconnect 可支持的数据宽度为 32、64、128、256、512 或 1024 位；对于

AXI4-Lite 而言，AXI Interconnect 只支持 32 位和 64 位两种数据宽度。AXI Interconnect 的架构如图 4-34 所示。

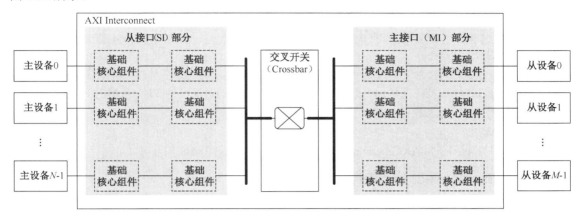

图 4-34　AXI Interconnect 的架构

AXI Interconnect 通过配置最多可以支持 16 个从接口（SI）和 16 个主接口（MI）。其中，每个从接口可以连接一个 AXI 主设备，用于接收主设备发出的读/写请求，而每个主接口可以连接一个从设备，用于向从设备发送各类读/写事务。在 AXI Interconnect IP 核的中间具有一个交叉开关（Crossbar），其负责在从接口部分和主接口部分之间进行各类信息（包括数据、地址、控制信号等）的路由传递。从接口或主接口与交叉开关相连的任意路径上都有一系列可选的 AXI 基础核心组件，用于执行各类转换和缓冲功能。这些基础核心组件包括以下 7 种。

（1）AXI 交叉开关

每个 AXI Interconnect 内部至少包含一个 AXI 交叉开关，主要负责连接 AXI 主设备和 AXI 从设备。AXI 交叉开关支持开关模式（Crossbar Mode）和共享访问模式（Shared Access）两种体系结构，其中，前者面向性能优化，后者面向面积优化。此外，在开关模式下，AXI 交叉开关允许多个待处理的读/写事务存在，通过一个 32 位宽的 ID 信号，可支持写响应重排序、读数据重排序及读数据交叉访问等乱序访问特性。当存在多个主设备时，AXI 交叉开关支持固定优先级和轮询两种仲裁方法。

（2）AXI 数据宽度转换器

该转换器用于连接具有不同数据宽度的 AXI 主设备和 AXI 从设备。AXI Interconnect IP 核的从接口和主接口可支持多种数据宽度，如 32 位、64 位、128 位、256 位、512 位或 1024 位。如果是宽传输（upsizing），即发送数据的接口宽度小于接收数据的接口宽度，则多个数据在发送端需要被打包（合并）。如果是窄传输（downing），即发送数据的接口宽度大于接收数据的接口宽度，则数据在发送端被分割为多个突发传输事务。为了满足上述这些不同接口宽度之间数据传输的要求，在 AXI Interconnect IP 核内部需要配置 AXI 数据宽度转换器。

（3）AXI 时钟转换器

该转换器用于完成对处于不同时钟域下的 AXI 主设备或 AXI 从设备进行连接。

（4）AXI 协议转换器

该转换器用于对采用不同 AXI 接口协议（如 AXI3、AXI4 或 AXI4-Lite）的主设备和从设备进行连接。对于 AXI3、AXI4 到 AXI4-Lite 的转换，AXI 协议转换器主要完成两个工作：第一，从接口存储接收到的 AWID 值和 ARID 值，然后在响应传输中，将它们恢复为 BID 值和 RID 值；第二，将突发传输事务转化为一系列 AXI4-Lite 的单传输事务。对于 AXI4 协议转 AXI3 协议，AXI 协议转换器将 AXI4 主设备发出的突发长度大于 16 的突发传输事务分割成若干突发长度不大于 16 的突发传输事务。

（5）AXI 寄存器片

AXI 寄存器片通过一组流水线寄存器连接 AXI 主设备和 AXI 从设备，从而达到缩短关键路径的目的。每级寄存器的延迟为 1 个时钟周期。

（6）AXI 数据 FIFO

AXI 数据 FIFO 通过一组 FIFO 缓冲器连接 AXI 主设备和 AXI 从设备，从而实现数据缓冲和提高吞吐率。AXI 数据 FIFO 可支持两种体系结构，分别是基于 LUT 的、深度为 32 个数据的 FIFO 和基于块存储器的、深度为 512 个数据的 FIFO。

（7）AXI MMU

AXI MMU 主要用于为 AXI Interconnect IP 提供地址区域译码和重映射服务。

4.4.2　AXI Interconnect 的互连结构

AXI Interconnect IP 核支持多种互连结构，包括多对一互连结构（N-to-1 Interconnect）、一对多互连结构（1-to-N Interconnect）和多对多互连结构（N-to-M Interconnect）。其中，多对多互连结构又可细分为交叉开关模式和共享访问模式。此外，AXI Interconnect 还支持点对点的互连结构，也称为直通模式，只用于连接一个主设备和一个从设备，这种方式没有传输延迟，且不消耗逻辑资源。但对于一个 SoC 而言，一般存在多个主设备和从设备，因此前三种互连结构更常见。

（1）多对一互连结构

当多个主设备以仲裁的方式访问一个唯一的从设备时（如多个处理器访问一个主存控制器），AXI Interconnect 将被配置为多对一互连结构，如图 4-35 所示。

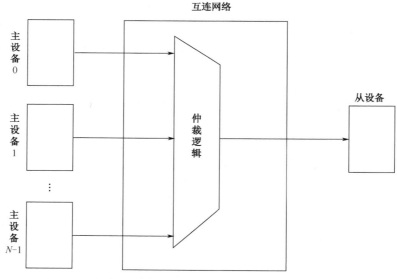

图 4-35　多对一互连结构

（2）一对多互连结构

当一个唯一主设备需要访问多个从设备时，AXI Interconnect 将被配置为一对多互连结构，如图 4-36 所示。此时，不再需要仲裁机制。本册书中 MiniMIPS32_FullSyS SoC 采用的就是一对多互连结构。

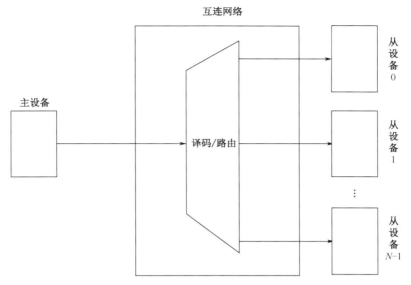

图 4-36　一对多互连结构

（3）多对多互连结构（交叉开关模式）

当多个主设备访问多个从设备时，AXI Interconnect 将被配置为多对多互连结构。对于基于交叉开关模式的多对多互连结构而言，由于地址通道对传输带宽的需求明显小于数据通道对传输带宽的需求，所以综合考虑系统性能、互连结构复杂度、数据并行传输等多种因素，共享地址多数据（Shared-Address Multiple-Data，SAMD）的拓扑结构是一种较好的选择。图 4-37 给出了基于交叉开关模式的多对多互连结构。其中，图 4-37（a）表示共享读/写地址结构，通过仲裁逻辑实现；图 4-37（b）表示读/写数据通路，通过交叉开关实现。

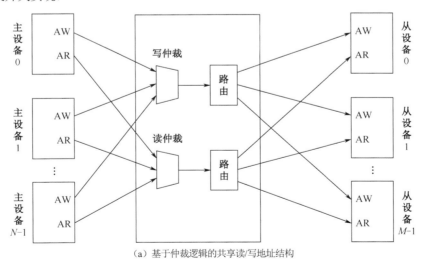

（a）基于仲裁逻辑的共享读/写地址结构

图 4-37　基于交叉开关模式的多对多互连结构

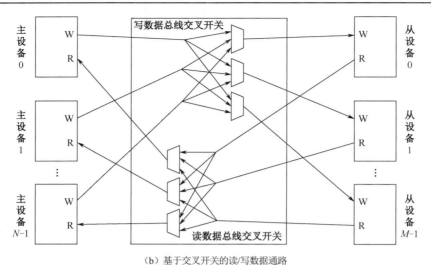

（b）基于交叉开关的读/写数据通路

图 4-37　基于交叉开关模式的多对多互连结构（续）

（4）多对多互连结构（共享访问模式）

对基于共享访问模式的多对多互连结构而言，AXI Interconnect IP 核每次只能处理一个读/写事务，即单发射，如图 4-38 所示。对于每个主设备而言，读请求的优先级总是高于写请求。每次读/写传输完成后，仲裁逻辑器再挑选下一个传输请求，因此，基于共享访问模式的多对多互连结构消耗的逻辑资源也更少。一般而言，在使用 AXI4-Lite 协议时，通常采用共享访问模式。

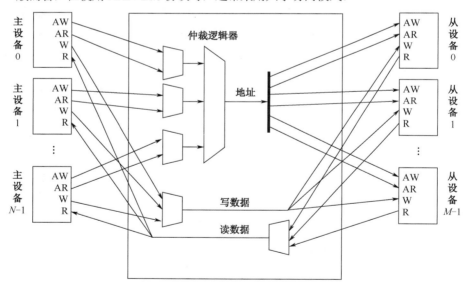

图 4-38　基于共享访问模式的多对多互连结构

4.4.3　AXI Interconnect 的 I/O 接口信号

AXI Interconnect 的 I/O 接口信号如表 4-8～表 4-10 所示。其中，表 4-8 为从接口 I/O 信号，表 4-9 为主接口 I/O 信号，表 4-10 为全局接口 I/O 信号。信号名一列中的 "nn" 表示接口序列号，满足 $0 \leqslant nn \leqslant N-1$。其中，$N$ 表示 AXI Interconnect 所支持的从接口（连接主设备）或主接口（连接从设备）的最大数目。

表 4-8　AXI Interconnect 的从接口 I/O 信号

信　号　名	方　　向	默　认　值	宽度/位	功　能　描　述
Snn_ACLK	输入	REQ[①]	1	从接口时钟信号
Snn_ARESETN	输入	REQ	1	从接口复位信号（低电平有效）
Snn_AXI_AWID	输入	AXI3, AXI4: 0 AXI4-Lite: d/c[②]	[1～32]	写地址 ID
Snn_AXI_AWADDR	输入	REQ	[12～64]	写地址
Snn_AXI_AWLEN	输入	AXI3, AXI4: 0 AXI4-Lite: d/c	AXI4: 8 AXI3: 4	写地址通道中突发传输长度（0～255）
Snn_AXI_AWSIZE	输入	AXI3, AXI4: REQ AXI4-Lite: d/c	3	写地址通道中突发传输大小的编码（0～7）
Snn_AXI_AWBURST	输入	AXI3, AXI4: REQ AXI4-Lite: d/c	2	写地址通道中突发传输类型的编码（0～2）
Snn_AXI_AWLOCK	输入	AXI3, AXI4: 0 AXI4-Lite: d/c	AXI4: 1 AXI3: 2	写地址通道中原子访问的锁类型（0, 1）
Snn_AXI_AWCACHE	输入	AXI3, AXI4: 0 AXI4-Lite: d/c	4	写地址通道中缓存类型
Snn_AXI_AWPROT	输入	3'b000	3	写地址通道中保护类型
Snn_AXI_AWQOS	输入	AXI4: 0 AXI4-Lite: d/c	4	写地址通道中质量服务标识符
Snn_AXI_AWUSER	输入	AXI3, AXI4: 0 AXI4-Lite: d/c	[1～1024]	写地址通道中用户自定义信号
Snn_AXI_AWVALID	输入	REQ	1	写地址有效信号
Snn_AXI_AWREADY	输出	/	1	写地址就绪信号
Snn_AXI_WID	输入	AXI3: 0 AXI4, AXI4-Lite: d/c	[1～32]	写数据 ID
Snn_AXI_WDATA	输入	REQ	[32, 64, 128, 256, 512, 1024]	写数据
Snn_AXI_WSTRB	输入	全 "1"	[32, 64, 128, 256, 512, 1024] / 8	写数据通道中字节选择信号
Snn_AXI_WLAST	输入	AXI3, AXI4: 0 AXI4-Lite: d/c	1	标识写数据通道中最后一次突发传输
Snn_AXI_WUSER	输入	AXI3, AXI4: 0 AXI4-Lite: d/c	[1～1024]	写地址通道中用户自定义信号
Snn_AXI_WVALID	输入	REQ	1	写数据有效
Snn_AXI_WREADY	输出	/	1	写数据就绪
Snn_AXI_BID	输出	/	[1～32]	写响应 ID
Snn_AXI_BRESP	输出	/	2	写响应通道中用户自定义信号
Snn_AXI_BUSER	输出	/	[1～1024]	写响应通道
Snn_AXI_BVALID	输出	/	1	写响应有效
Snn_AXI_BREADY	输入	REQ	1	写响应就绪

续表

信 号 名	方　向	默 认 值	宽度/位	功 能 描 述
Snn_AXI_ARID	输入	AXI3, AXI4: 0 AXI4-Lite: d/c	[1～32]	读地址 ID
Snn_AXI_ARADDR	输入	REQ	[12～64]	读地址
Snn_AXI_ARLEN	输入	AXI3, AXI4: 0 AXI4-Lite: d/c	AXI4: 8 AXI3: 4	读地址通道中突发传输长度（0～255）
Snn_AXI_ARSIZE	输入	AXI3, AXI4: REQ AXI4-Lite: d/c	3	读地址通道中突发传输大小的编码（0～7）
Snn_AXI_ARBURST	输入	AXI3, AXI4: REQ AXI4-Lite: d/c	2	读地址通道中突发传输类型的编码（0～2）
Snn_AXI_ARLOCK	输入	AXI3, AXI4: 0 AXI4-Lite: d/c	AXI4: 1 AXI3: 2	读地址通道中原子访问的锁类型（0,1）
Snn_AXI_ARCACHE	输入	AXI3, AXI4: 0 AXI4-Lite: d/c	4	读地址通道中缓存类型
Snn_AXI_ARPROT	输入	3'b000	3	读地址通道中保护类型
Snn_AXI_ARQOS	输入	AXI4: 0 AXI4-Lite: d/c	4	读地址通道中质量服务标识符
Snn_AXI_ARUSER	输入	AXI3, AXI4: 0 AXI4-Lite: d/c	[1～1024]	读地址通道中用户自定义信号
Snn_AXI_ARVALID	输入	REQ	1	读地址有效信号
Snn_AXI_ARREADY	输出	/	1	读地址就绪信号
Snn_AXI_RID	输出	/	[1～32]	读数据 ID
Snn_AXI_RDATA	输出	/	[32, 64, 128, 256, 512, 1024]	读数据
Snn_AXI_RRESP	输出	/	2	读数据响应信号
Snn_AXI_RLAST	输出	/	1	标识读数据通道中最后一次突发传输
Snn_AXI_RUSER	输出	/	[1～1024]	读数据通道中用户自定义信号
Snn_AXI_RVALID	输出	/	1	读数据有效
Snn_AXI_RREADY	输入	REQ	1	读数据就绪

注：表示是否需要输入信号（REQ）。

表 4-9　AXI Interconnect 的主接口 I/O 信号

信 号 名	方　向	默 认 值	宽度/位	功 能 描 述
Mmm_ACLK	输入	REQ	1	主接口时钟信号
Mmm_ARESETN	输入	—	1	主接口复位信号（低电平有效）
Mmm_AXI_AWID	输出	—	[1～32]	写地址 ID
Mmm_AXI_AWADDR	输出	—	[12～64]	写地址
Mmm_AXI_AWLEN	输出	—	AXI4: 8 AXI3: 4	写地址通道中突发传输长度（0～255）
Mmm_AXI_AWSIZE	输出	—	3	写地址通道中突发传输大小的编码（0～7）
Mmm_AXI_AWBURST	输出	—	2	写地址通道中突发传输类型的编码（0～2）

续表

信 号 名	方　向	默 认 值	宽度/位	功 能 描 述
Mmm_AXI_AWLOCK	输出	—	AXI4: 1 AXI3: 2	写地址通道中原子访问的锁类型（0, 1）
Mmm_AXI_AWCACHE	输出	—	4	写地址通道中缓存类型
Mmm_AXI_AWPROT	输出	—	3	写地址通道中保护类型
Mmm_AXI_AWREGION	输出	—	4	写地址通道中地址区域索引
Mmm_AXI_AWQOS	输出	—	4	写地址通道中质量服务标识符
Mmm_AXI_AWUSER	输出	—	[1～1024]	写地址通道中用户自定义信号
Mmm_AXI_AWVALID	输出	—	1	写地址有效信号
Mmm_AXI_AWREADY	输入	REQ	1	写地址就绪信号
Mmm_AXI_WID	输出	—	[1～32]	写数据 ID
Mmm_AXI_WDATA	输出	—	[32, 64, 128, 256, 512, 1024]	写数据
Mmm_AXI_WSTRB	输出	—	[32, 64, 128, 256, 512, 1024] / 8	写数据通道中字节选择信号
Mmm_AXI_WLAST	输出	—	1	标识写数据通道中最后一次突发传输
Mmm_AXI_WUSER	输出	—	[1～1024]	写地址通道中用户自定义信号
Mmm_AXI_WVALID	输出	—	1	写数据有效
Mmm_AXI_WREADY	输入	REQ	1	写数据就绪
Mmm_AXI_BID	输入	AXI3, AXI4: REQ AXI4-Lite: d/c	[1～32]	写响应 ID
Mmm_AXI_BRESP	输入	2'b00	2	写响应通道中用户自定义信号
Mmm_AXI_BUSER	输入	AXI3, AXI4: 0 AXI4-Lite: d/c	[1～1024]	写响应通道
Mmm_AXI_BVALID	输入	REQ	1	写响应有效
Mmm_AXI_BREADY	输出	—	1	写响应就绪
Mmm_AXI_ARID	输出	—	[1～32]	读地址 ID
Mmm_AXI_ARADDR	输出	—	[12～64]	读地址
Mmm_AXI_ARLEN	输出	—	AXI4: 8 AXI3: 4	读地址通道中突发传输长度（0～255）
Mmm_AXI_ARSIZE	输出	—	3	读地址通道中突发传输大小的编码（0～7）
Mmm_AXI_ARBURST	输出	—	2	读地址通道中突发传输类型的编码（0～2）
Mmm_AXI_ARLOCK	输出	—	AXI4: 1 AXI3: 2	读地址通道中原子访问的锁类型（0, 1）
Mmm_AXI_ARCACHE	输出	—	4	读地址通道中缓存类型
Mmm_AXI_ARPROT	输出	—	3	读地址通道中保护类型
Mmm_AXI_ARREGION	输出	—	4	读地址通道中地址区域索引
Mmm_AXI_ARQOS	输出	—	4	读地址通道中质量服务标识符
Mmm_AXI_ARUSER	输出	—	[1～1024]	读地址通道中用户自定义信号
Mmm_AXI_ARVALID	输出	—	1	读地址有效信号

信 号 名	方　向	默 认 值	宽度/位	功 能 描 述
Mmm_AXI_ARREADY	输入	REQ	1	读地址就绪信号
Mmm_AXI_RID	输入	AXI3, AXI4: REQ AXI4-Lite: d/c	[1~32]	读数据 ID
Mmm_AXI_RDATA	输入	REQ	[32, 64, 128, 256, 512, 1024]	读数据
Mmm_AXI_RRESP	输入	2'b00	2	读数据响应信号
Mmm_AXI_RLAST	输入	AXI3, AXI4: REQ AXI4-Lite: d/c	1	标识读数据通道中最后一次突发传输
Mmm_AXI_RUSER	输入	AXI3, AXI4: 0 AXI4-Lite: d/c	[1~1024]	读数据通道中用户自定义信号
Mmm_AXI_RVALID	输入	REQ	1	读数据有效
Mmm_AXI_RREADY	输出	—	1	读数据就绪

表 4-10　AXI Interconnect IP 核的全局接口 I/O 信号

信 号 名	方　向	默 认 值	宽度/位	功 能 描 述
ACLK	输入	REQ	1	全局时钟信号
ARESETN	输入	REQ	1	全局复位信号（低电平有效）

4.5　基于 AXI Interconnect 的 SoC 设计与实现
——增强型 MiniMIPS32 处理器的集成

本书后续章节将围绕 AXI Interconnect，基于 IP 复用的 SoC 设计方法，在 Vivado 集成开发环境中通过原理图的方式（Block Design）设计并实现目标 SoC——MiniMIPS32_FullSyS。本章将首先完成增强型 MiniMIPS32 处理器的集成工作。

步骤一. 加载板卡描述文件

采用 Vivado 进行设计时需要指定目标 FPGA 芯片的型号，以便在后续设计中可以有针对性地进行引脚约束，完成引脚分配工作。为了简化设计流程，很多开发板厂商提供了板卡描述文件（board files），该文件通常包括板卡接口信息、预设配置及将这些接口的引脚连接到物理 FPGA 引脚所需的各种约束，从而使设计者可以更加便捷地使用与配置开发板。

（1）本书所使用的 FPGA 板卡是 Digilent 公司提供的 Nexys4 DDR，故板卡描述文件也由 Digilent 公司提供。打开 Digilent 的 Github 仓库，如图 4-39 所示。单击 vivado-boards 选项，进入 Digilent 板卡描述文件下载界面。

（2）在下载界面单击 Code → Download ZIP，下载板卡描述文件压缩包 vivado-boards-master.zip，如图 4-40 所示。该压缩包中 new 文件夹提供的板卡文件支持 Vivado2015.x 及以上版本，old 文件夹支持 Vivado 2014.4 及以下版本。

（3）解压缩文件 vivado-boards-master.zip，在 vivado-boards-master/new/board_files 文件夹中可以看到 Digilent 公司所提供的所有板卡的描述文件，如图 4-41 所示。将 nexys4_ddr 文件夹复制至 Vivado 安装

路径下的 Vivado\2017.3\data\boards\board_files 文件夹中，从而完成板卡描述文件的加载。

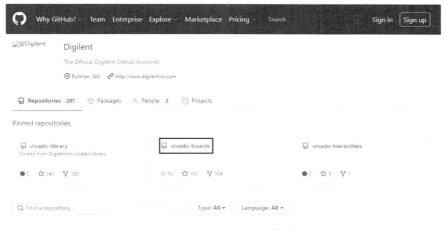

图 4-39　Digilent Github 仓库

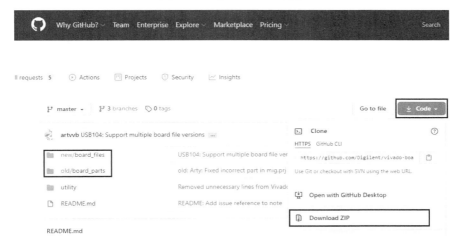

图 4-40　Digilent 板卡描述文件下载界面

arty	2018/7/23 21:00	文件夹
arty-a7-35	2018/7/23 21:00	文件夹
arty-a7-100	2018/7/23 21:00	文件夹
arty-s7-25	2018/7/23 21:00	文件夹
arty-s7-50	2018/7/23 21:00	文件夹
arty-z7-10	2018/7/23 21:00	文件夹
arty-z7-20	2018/7/23 21:00	文件夹
basys3	2018/7/23 21:00	文件夹
cmod_a7-15t	2018/7/23 21:00	文件夹
cmod_a7-35t	2018/7/23 21:00	文件夹
cmod-s7-25	2018/7/23 21:00	文件夹
cora-z7-07s	2018/7/23 21:00	文件夹
cora-z7-10	2018/7/23 21:00	文件夹
genesys2	2018/7/23 21:00	文件夹
nexys_video	2018/7/23 21:00	文件夹
nexys4	2018/7/23 21:00	文件夹
nexys4_ddr	2018/7/23 21:00	文件夹
sword	2018/7/23 21:00	文件夹

图 4-41　Digilent 板卡描述文件包

步骤二. 创建工程

（1）双击桌面 Vivado 快捷方式图标，启动 Vivado 2017.3，进入开始界面，如图 4-42 所示。单击 Create New Project 按钮，或在菜单栏中选择 File→New Project，即可新建工程。

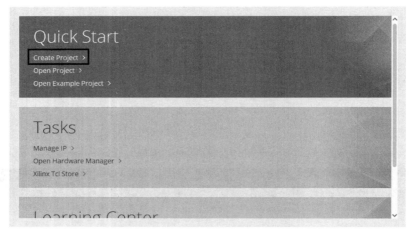

图 4-42　Vivado 开始界面

（2）打开 New Project（新建工程）向导，如图 4-43 所示，直接单击"Next"按钮。

图 4-43　新建工程向导

（3）在 Project name 文本框中输入"MiniMIPS32_FullSyS"作为工程名；在 Project location 文本框中选择工程路径；勾选 Create project subdirectory，在工程路径下生成一个名为"MiniMIPS32_FullSyS"的文件夹，保存该工程的所有文件，如图 4-44 所示，单击"Next"按钮进入 Project Type 界面。

（4）在 Project Type 界面选中 RTL Project 单选按钮。然后，勾选 Do not specify sources at this time（将跳过添加源文件的步骤，源文件在后面设计过程中再添加），如图 4-45 所示，单击"Next"按钮进入 Default

Part 界面。

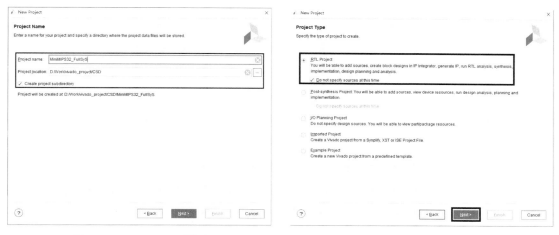

图 4-44　Project Name 界面　　　　　　　　图 4-45　Project Type 界面

（5）在 Default Part 界面中选择 Boards 选项，如图 4-46 所示。此时，Vivado 列出了其所支持的所有板卡，如果上一步骤中将 nexys4_ddr 文件夹复制到正确位置，则 Nexys4 DDR 板卡出现在列表中。选择 Nexys4 DDR 板卡，再单击 "Next" 按钮。

图 4-46　选择目标板卡

（6）在 New Project Summary 界面中查看工程创建内容是否正确，如图 4-47 所示。若无须修改，则单击 "Finish" 按钮，工程创建完成，进入 Vivado 主界面。

步骤三．导入增强型 MiniMIPS32 处理器 IP 核

（1）在 Vivado 主界面的任务导航栏中选择 PROJECT MANAGER 中的 IP Catalog，启动 Vivado 的 IP 库，如图 4-48 所示。

图 4-47　New Project Summary 界面

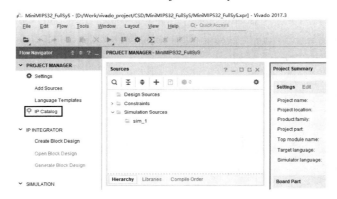

图 4-48　启动 IP Catalog

（2）在 IP Cataglog 界面的空白处单击右键，在弹出的菜单中选择 Add Repository，添加用户自定义 IP 核，如图 4-49（a）所示。在弹出的界面中，选择增强型 MiniMIPS32 处理器所在的路径，再单击"Select"按钮，如图 4-49（b）所示。

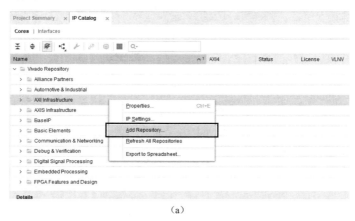

（a）

图 4-49　向 Vivado IP 库添加自定义 IP

（b）

图 4-49　向 Vivado IP 库添加自定义 IP（续）

（3）若添加成功，则可在弹出的窗口中看到 MiniMIPS32 处理器 IP 核，如图 4-50 所示，单击"OK"按钮完成添加。

图 4-50　MiniMIPS32 处理器 IP 核添加成功

（4）此时，IP Catalog 中新添加了一个选项 User Repository，将其展开后可看到所添加的增强型 MiniMIPS32 处理器 IP 核，如图 4-51 所示。

图 4-51　添加了 MiniMIPS32 处理器后的 IP Catalog

步骤四. 添加增强型 MiniMIPS32 处理器 IP 核

Vivado 集成开发环境提供了一种基于 IP 核的图形化 SoC 设计方法——Block Design，简称 BD。基于该方法，设计者可以采用类似原理图的设计方式，通过手工或自动拖拽、连线、配置、封装完成 SoC 的设计。在这个过程中，设计者可以调用 Vivado 提供的各种类型的内置 IP 核，也可将自己的设计封装成 IP 核（如增强型 MiniMIPS32 处理器的封装）再进行调用。简言之，BD 方法使设计者可以像搭积木一样快速而便捷地搭建各类 SoC。

（1）在 Vivado 主界面的任务导航栏中选择 IP INTEGRATOR 下的 Create Block Design，创建一个 BD，如图 4-52 所示。

（2）在弹出的窗口中指定 BD 的设计名称，如图 4-53 所示。单击"OK"按钮，完成 BD 的创建。

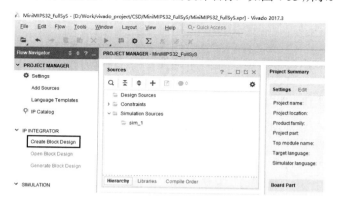

图 4-52　创建 Block Design

图 4-53　输入 BD 的名称

（3）在 Diagram 主界面中采用原理图方式，通过手工添加 IP、拖拽和连线完成 SoC 的设计与实现，如图 4-54 所示。

图 4-54　Diagram 主界面

（4）单击"+"添加 IP 核，在弹出窗口的 Search 文本框中输入 MiniMIPS32 即可搜索到处理器 IP 核，如图 4-55（a）所示。然后，双击搜索出的结果 MiniMIPS32_v1，完成增强型 MiniMIPS32 处理器 IP 核的添加，如图 4-55（b）所示。

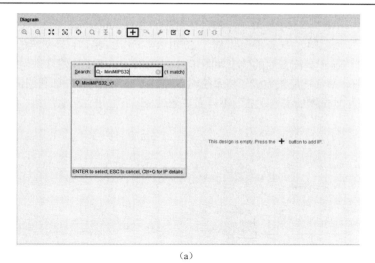

（a）

（b）

图 4-55　添加增强型 MiniMIPS32 处理器 IP 核

　　步骤五. 添加时钟管理单元

　　（1）单击"+"添加 IP 核，在弹出窗口的 Search 文本框中输入 Clocking Wizard，添加一个时钟管理单元，如图 4-56 所示。所添加的时钟管理单元用于将 Nexsys4 DDR 板卡上晶振所提供的 100MHz 的时钟分频为 50MHz 的时钟，提供给增强型 MiniMIPS32 处理器及 SoC 使用。双击所添加的时钟管理单元，打开配置界面。

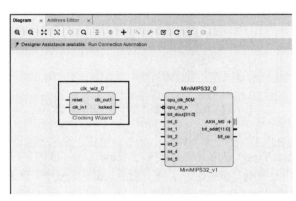

图 4-56　添加时钟管理单元

（2）在 Board 选项中，对于 CLK_IN1 接口，在对应的 Board Interface（板卡接口）下拉菜单中选择系统时钟"sys_clock"，如图 4-57（a）所示。对于 EXT_RESET_IN 接口，在对应的 Board Interface 下拉菜单中选择系统复位"reset"，配置后的效果如图 4-57（b）所示。由于在建立工程的时候直接选择了目标板卡 Nexsys4 DDR，故上述配置完成了将系统输入时钟 CLK_IN1 和外部复位信号 EXT_RESET_IN 与板卡上的晶振时钟与复位键的绑定，从而不再需要通过.xdc 文件进行引脚约束，体现了板卡描述文件简化设计流程的作用。

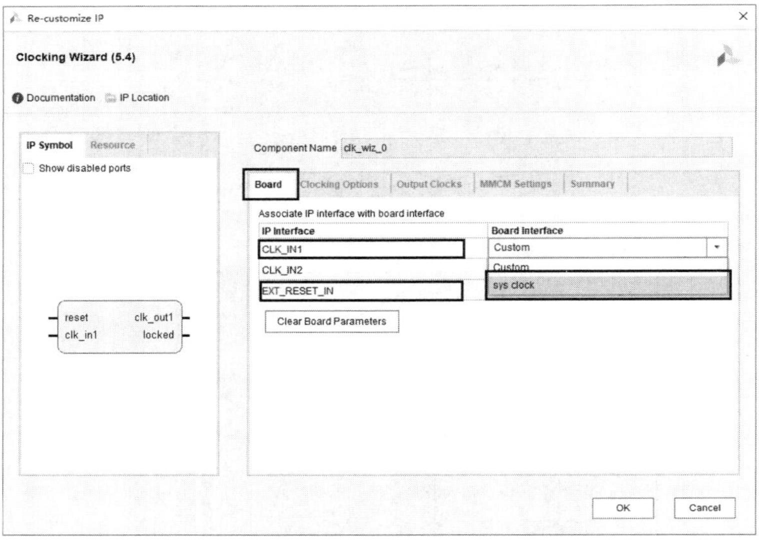

（a）

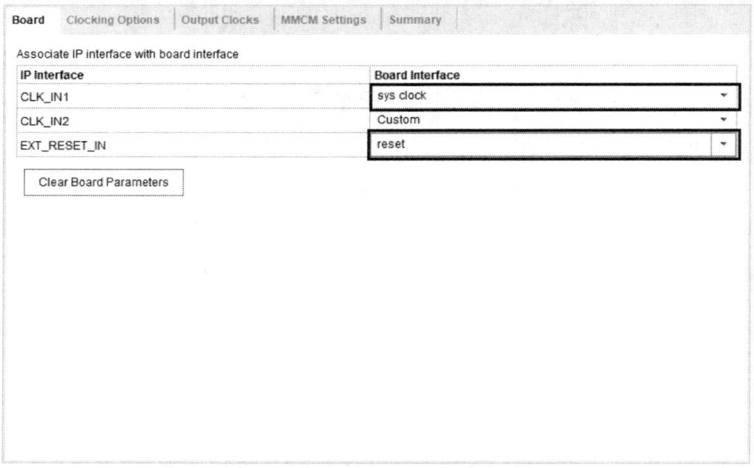

（b）

图 4-57　配置时钟管理单元——Board 选项

（3）在 Output Clocks 选项中完成对输出时钟的设置。将输出时钟 clk_out1 的频率修改为 50MHz，如图 4-58（a）所示；将 Reset Type（复位类型）选择为 Active Low（低电平有效），如图 4-58（b）所示，从左侧的原理图也可以看出复位端口位置出现了一个圆圈，表示低电平。该选项下其他参数保持默认即可。单击"OK"按钮，完成对时钟管理单元的配置。

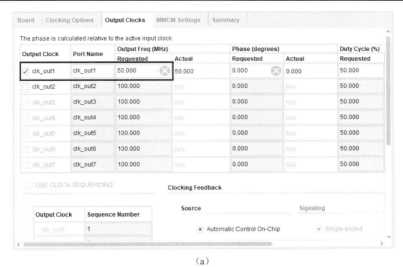

图 4-58　配置时钟管理单元——Output Clocks 选项

步骤六．添加 Bootloader 只读存储器

MiniMIPS32_FullSyS 目标系统中添加了一个基于 Block RAM（BRAM）的只读存储器，用于存放系统上电/复位后的初始化代码 Bootloader，完成系统的一系列初始化工作，包括初始化外围设备、将存储在外部存储器（Flash）中的应用程序或操作系统搬入主存等。该只读存储器采用与 MiniMIP32 处理器直连的方式，并不通过 AXI4 接口进行通信。添加步骤如下。

（1）单击“+”添加 IP 核，在弹出窗口的 Search 文本框中输入 Block RAM，通过 Block Memory Generator 工具生成一个 BRAM（块存储器），如图 4-59 所示。双击该模块，打开配置界面。

（2）在配置界面的 Basic 选项中，从 Mode 下拉菜单中选择 Stand Alone，再从 Memory Type 下拉菜单中选择 Single Port ROM，将 BRAM 模块设置为具有单端口的只读存储器，如图 4-60 所示。

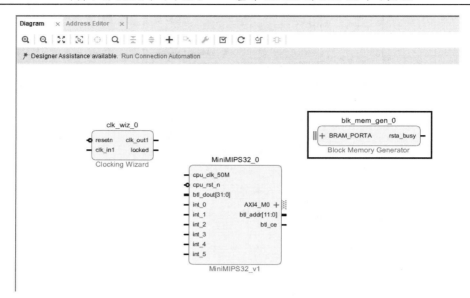

图 4-59　添加 BRAM 模块

图 4-60　配置 BRAM——Basic 选项

（3）在配置界面的 Port A Options 选项中，如图 4-61 所示，根据 MiniMIPS32 处理器连接 Bootloader ROM 的数据接口 btl_dout 和地址接口 btl_addr 的信号宽度，将 Port A Width 设置为 32 位，Port A Depth 设置为 4096，即数据位宽 32 位，地址 12 位。此外，取消勾选 Primitive Output Register 复选框，保证时钟沿到来时可以从存储器中读出所需要的数据，否则数据读出将被额外延迟 1 拍。其他选项保持默认即可，单击 "OK" 按钮完成配置。

步骤七．添加 AXI Interconnect IP 核

（1）单击 "+" 添加 IP 核，在弹出窗口的 Search 文本框中输入 AXI Interconnect，双击搜索到的 AXI Interconnect 完成添加，如图 4-62 所示。双击该模块，打开配置界面。

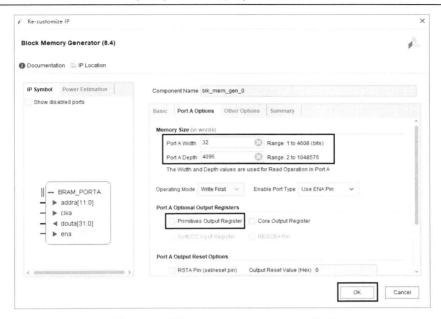

图 4-61　配置 BRAM——Port A Options 选项

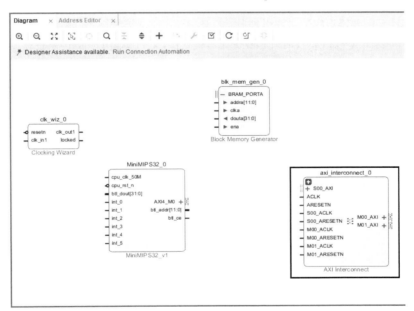

图 4-62　添加 AXI Interconnect IP 核

（2）在配置界面的 Top Level Settings 选项中，Number of Slave Interfaces 为从接口数目，必须与主设备数目保持一致，Number of Master Interfaces 为主接口数目，必须与从设备数目保持一致。由于 MiniMIPS32_FullSyS 只支持 1 个主设备（增强型 MiniMIPS32 处理器），因此设置 Number of Slave Interfaces 为"1"。Number of Master Interfaces 先采用默认值"2"，随着从设备的增加再调整取值。最终配置如图 4-63 所示。其他选项保持默认即可，单击"OK"按钮完成配置。

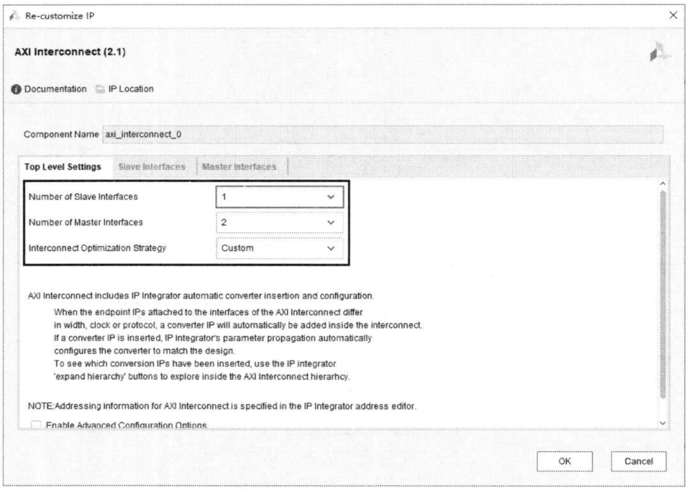

图 4-63　配置 AXI Interconnect IP 核

步骤八. IP 核连接

通过 Vivado 的 Block Design 进行设计时，可以很方便地以手工和自动相结合的方式完成 IP 核之间的连接。采用手工方式时，将光标移至 IP 核的某个端口或引脚上，光标就会变为"铅笔"图案，拖动左键，将光标移动至需要连接的端口或引脚上，松开后即可完成连线操作。采用自动方式时，主要是完成基于 AXI4 总线接口的连接，以及时钟和复位信号的连接，通过单击 Diagram 界面上的 Run Connection Automation 完成。

（1）采用手工方式，将时钟管理单元、Bootloader 只读存储器、增强型 MiniMIPS32 处理器和 AXI Interconnect 进行连接，如图 4-64 所示。其中，时钟管理单元的 50MHz 时钟输出 clk_out1 作为系统时钟连接到处理器及 Bootloader 存储器模块。MiniMIPS32 处理器的 AXI_M0 是符合 AXI4 协议的主设备接口，故可以与 AXI Interconnect 的从接口 S00_AXI 进行连接。

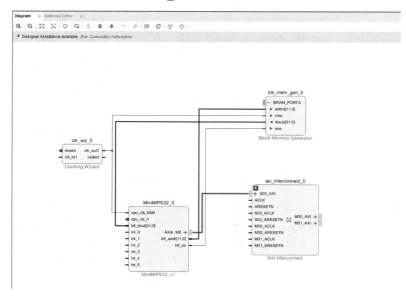

图 4-64　手工连接

（2）单击 Diagram 界面上的 Run Connection Automation，勾选 All Automation 复选框，如图 4-65（a）所示。单击 axi_interconnect_0 中选项，可以看出 AXI Interconnect 的时钟信号被自动连接到系统的 50MHz 时钟，如图 4-65（b）所示；单击 clk_wiz_0 中选项，可以看出系统输入时钟 clk_in1 和复位信号 resetn 被自动连接到 Nexsys4 DDR 板卡的 100MHz 晶振时钟和复位键上，如图 4-65（c）所示。单击 "OK" 按钮完成自动连接。

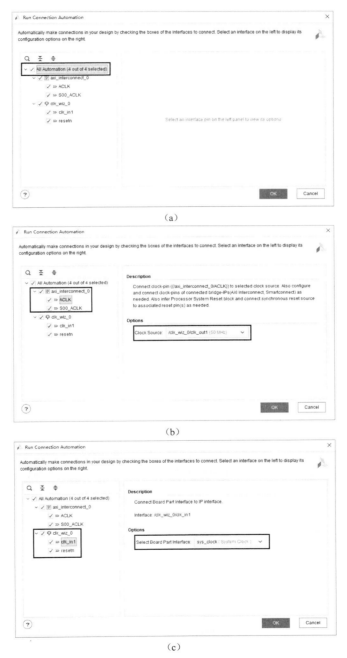

图 4-65　Run Connection Automation（自动连接）

（3）自动连接完成后，观察 MiniMIPS32_FullSyS 原理图可以发现自动生成了两个对外输入端口 reset 和 sys_clock，用于和板卡连接。除自动连线之外，还自动添加了一个 Processor System Reset 模块，主要用于对片外复位信号进行同步，输出两路复位信号，分别是互连网络复位信号 interconnect_aresetn 和外设复位信号 peripheral_aresetn，均为低电平有效。由于增强型 MiniMIPS32 处理器也是低电平复位，因此还需要手工将处理器复位信号 cpu_rst_n 连接到 peripheral_aresetn 上，如图 4-66（a）所示。最后，再次单击 Run Connection Automation，勾选 All Automation 复选框，实现外部复位信号 reset 和 Processor System Reset 模块 ext_reset_in 端口的自动连接，如图 4-66（b）所示。单击"OK"按钮，得到最终的 MiniMIPS32_FullSyS 原理图，如图 4-66（c）所示。

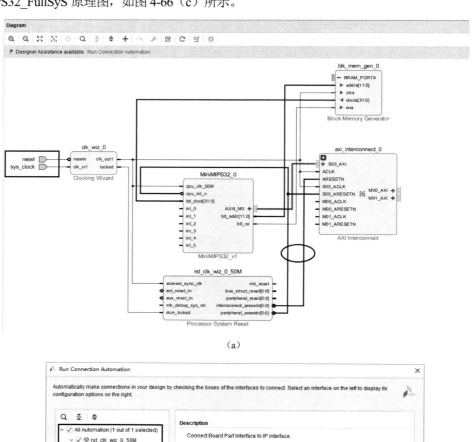

（a）

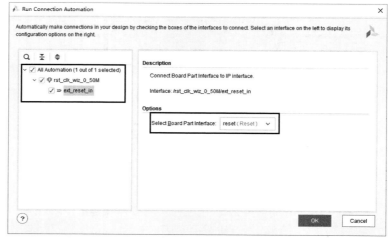

（b）

图 4-66　MiniMIPS32_FullSyS 原理图

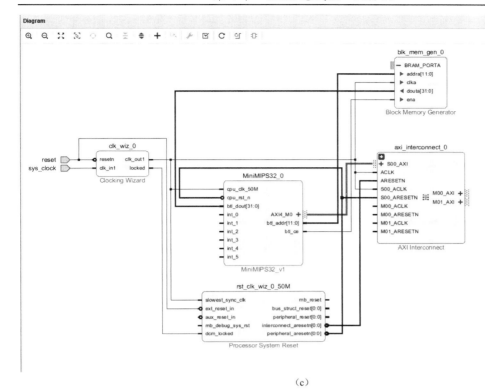

（c）

图 4-66　MiniMIPS32_FullSyS 原理图（续）

第 5 章 存 储 系 统

存储系统在 SoC 中是与处理器同等重要的关键组成部分，主要用于程序和数据的存储。

本章将介绍 MiniMIPS32_FullSyS SoC 中提供的两种存储设备。第一种是 AXI BRAM，其在 MiniMIPS32_FullSyS 中作为主存使用。首先对 Vivado 提供的 AXI BRAM 控制器 IP 核的主要结构进行介绍；然后完成 AXI BRAM 控制器 IP 核及块存储器的集成。第二种是 SPI Flash，其在 MiniMIPS32_FullSyS 中作为外部存储器（硬盘）使用。首先介绍了 Flash 的基本工作原理及 SPI 接口读写时序；然后讲解了 Nexys4 DDR FPGA 开发板上 SPI Flash 的基本结构和操作命令；接着介绍了 Vivado 提供的 Quad SPI 控制器 IP 核的基本架构；最后在 MiniMIPS32_FullSyS SoC 中完成了 Quad SPI 控制器 IP 核和 SPI Flash 的集成。

5.1 AXI BRAM 控制器

5.1.1 AXI BRAM 控制器简介

AXI BRAM 控制器是 Vivado 提供的一种软核。其是一个满足 AXI4 总线接口协议的从设备，用于将 BRAM 与 AXI Interconnect 进行集成，从而实现 1 个或多个主设备通过 AXI 总线对 BRAM 进行访问，如图 5-1 所示，主要特点包括：

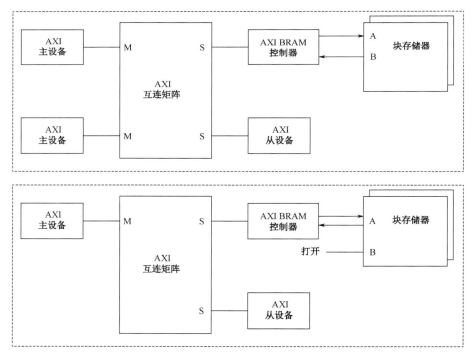

图 5-1　带有 AXI BRAM 控制器的 AXI 系统实例

- 其是一个具有较低访问延迟的、存储器映射的 AXI4 从设备。

- 具有相互独立的读通道和写通道，支持单端口和双端口 FPGA 块存储器。
- 支持 AXI4 和 AXI4-Lite 两种总线接口协议。
- 可配置的块存储器数据宽度为 32 位、64 位、128 位、256 位、512 位和 1024 位，支持的最大存储器容量可达 2MB。
- 对于增量式突发传输，支持的最大突发长度可达 256 次数据传输。对于回环式突发传输，突发长度可设置为 2、4、8 和 16。
- 支持 AXI 总线协议中的窄传输和非对齐突发写事务。
- 在读通道和写通道上分别支持 2 级地址流水线。
- 支持具有纠正码（Error Correcting Code，ECC）的块存储器，其数据宽度为 32 位、64 位和 128 位。可通过 AXI4-Lite 接口寄存器读取 ECC 的状态，也可对其功能进行灵活配置。

图 5-2 给出了采用 AXI4-Lite 总线接口协议的 AXI BRAM 控制器架构，通过参数设置，可选择连接单端口的块存储器或连接双端口的块存储器。图 5-3 给出了采用 AXI4 总线接口协议的 AXI BRAM 控制器架构，通过参数设置，也可选择连接单端口的块存储器或连接双端口的块存储器。

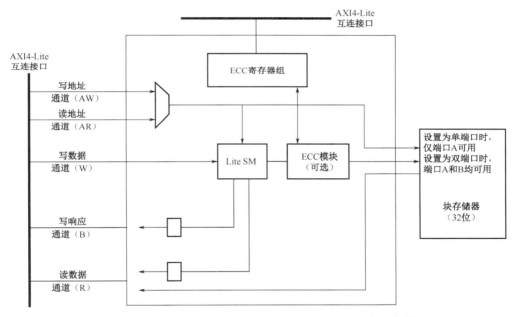

图 5-2　采用 AXI4-Lite 总线接口协议的 AXI BRAM 控制器架构

无论哪种架构，AXI BRAM 控制器与主设备的通信都是通过 AXI4 的五通道总线接口实现的。所有的写操作通过 AXI4 总线的写地址通道进行初始化，指定写事务的类型和相应的地址信息。写数据通道用于传输单次写或突发写过程中待写入块存储器的数据。写响应通道用于对写操作进行握手并做出响应。

对于读操作，当 AXI4 主设备对块存储器发起读请求时，读地址通道用于传输访存地址和相应的控制信息。当块存储器可以处理该次读请求时，AXI BRAM 控制器仍通过读地址通道对其做出响应。从块存储器读出的数据和状态信息，则由 AXI BRAM 控制器通过读数据通道传递给 AXI4 主设备。

设计者通过 Vivado 的 IP 集成器可以在 AXI BRAM 控制器中使能 ECC 功能（将设计参数 C_ECC 设置为 "1"）。ECC 可以检测到块存储器中数据存在的 2 位错误位，并可以更正 1 位。无论哪种架构，都通过 AXI BRAM 控制器提供的 AXI4-Lite 接口访问 ECC 状态信息，并对其进行控制。此外，AXI BRAM 控制器无论连接单端口块存储器还是连接双端口块存储器，也都支持 ECC 功能。但是，ECC 功能仅在块存储器的数据宽度被设置为 32 位、64 位或 128 位时，才会起作用。对于 32 位或 64 位的块存储器，ECC 支持汉明码和 HSIAO 算法；对于 128 位的块存储器，ECC 仅支持 HSIAO 算法。

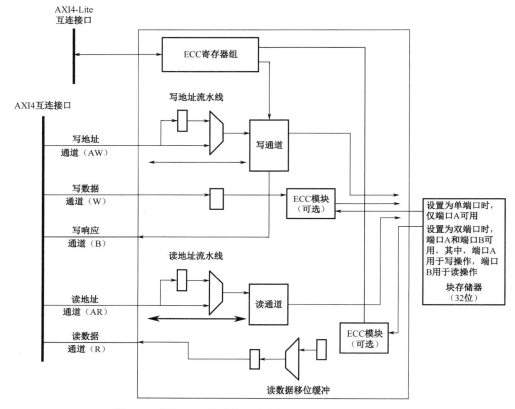

图 5-3　采用 AXI4 总线接口协议的 AXI BRAM 控制器架构

AXI BRAM 控制器与 FPGA 块存储器之间的接口被优化以达到最好的访问性能。当配置为双端口模式时，一个端口（端口 A）用于写操作，另一个端口（端口 B）用于读操作。由此可见，AXI BRAM 控制器的双端口模式相当于简单双端口。当配置为单端口模式时，端口 A 既用来进行读操作，也用来进行写操作。因此，为了减小对资源的使用和对延迟的影响，AXI BRAM 控制器不会对任何读/写之间的冲突进行检测。通过 Vivado 的 IP 集成器例化 AXI BRAM 控制器时，并不包括块存储器，故需要通过块存储器生成工具单独例化块存储器，之后再与控制器连接。

AXI BRAM 控制器的 I/O 接口信号如表 5-1 所示。

表 5-1　AXI BRAM 控制器的 I/O 接口信号

信 号 名	类 型	方 向	初 始 状 态	功 能 描 述
s_axi_aclk	System	输入	—	AXI 系统时钟
s_axi_aresetn	System	输入	—	AXI 系统复位，低电平有效
ecc_interrupt	System	输出	0x0	ECC 检测错误中断信号，当 C_ECC=0 时，该信号无效
ecc_ue	System	输出	0x0	ECC 无法更正错误输出标识，当 C_ECC=0 时，该信号无效
s_axi_*	S_AXI	—	—	AXI4 的所有读、写通道信号
bram_rst_a	BRAM	输出	0x0	端口 A 的复位信号，高电平有效
bram_clk_a	BRAM	输出	0x0	端口 A 的时钟信号，与系统时钟同频率、同相位

续表

信 号 名	类 型	方 向	初始状态	功 能 描 述
bram_en_a	BRAM	输出	0x0	端口 A 的使能信号，高电平有效
bram_we_a [(c_s_axi_data_width/8)-1:0]	BRAM	输出	0x0	端口 A（写端口）的字节写使能信号，高电平有效，其位宽等于块存储器宽度所对应的字节数。如果 ECC 使能，则该信号的位宽会增加
bram_addr_a [(c_bram_data_width/8)-1:0]	BRAM	输出	0x0	端口 A（写端口）的地址总线
bram_wrdata_a [(c_s_axi_data_width/8)-1:0]	BRAM	输出	0x0	端口 A（写端口）的写数据总线，其位宽与该 IP 的 AXI4 接口位宽相同。如果 ECC 使能，则该信号的位宽将会增加
bram_rddata_a [(c_s_axi_data_width/8)-1:0]	BRAM	输入	—	端口 A（读端口）的读数据总线，其位宽与该 IP 的 AXI4 接口位宽相同。如果 ECC 使能，则该信号的位宽会增加
bram_rst_b	BRAM	输出	0x0	端口 B 的复位信号，高电平有效。该信号仅在双端口模式有效
bram_clk_b	BRAM	输出	0x0	端口 B 的时钟信号，与系统时钟同频率、同相位。该信号仅在双端口模式有效
bram_en_b	BRAM	输出	0x0	端口 B 的使能信号，高电平有效。该信号仅在双端口模式有效
bram_we_b [(c_s_axi_data_width/8)-1:0]	BRAM	输出	0x0	端口 B（读端口）的字节写使能信号，高电平有效。因为端口 B 仅作为读端口，故该信号为全 0，并仅在双端口模式有效
bram_addr_b [(c_bram_data_width/8)-1:0]	BRAM	输出	0x0	端口 B（读端口）的地址总线，仅在双端口模式有效
bram_wrdata_b [(c_s_axi_data_width/8)-1:0]	BRAM	输出	0x0	端口 B（读端口）的写数据总线。因为端口 B 仅作为读端口，故该信号为全 0，并仅在双端口模式有效
bram_rddata_b [(c_s_axi_data_width/8)-1:0]	BRAM	输入	—	端口 B（读端口）的读数据总线，其位宽与该 IP 的 AXI4 接口位宽相同。如果 ECC 使能，则该信号的位宽将会增加

　　以资源消耗作为优化目标时，可将 AXI BRAM 控制器配置为 AXI4-Lite 接口。此时，对于单端口模式，同一时刻只允许一个读操作或一个写操作通过读通道或写通道发送给块存储器。当同时出现 ARVALID 和 AWVALID 信号时，AXI BRAM 控制器会为读通道分配更高的优先权。因此，为了确保系统的性能和正确性，对于单端口模式，需要确保 ARVALID 和 AWVALID 不会同时被驱动为有效。基于 AXI4-Lite 接口的 AXI BRAM 控制器的读时序和写时序如图 5-4 所示。

　　为了获得更高的性能和更小的访存延迟，可将 AXI BRAM 控制器配置为 AXI4 总线接口，从而实现每个通道上的一次握手仅需要 1 个时钟周期的延迟。此时，AXI BRAM 控制器在双端口模式时，可同时激活分离的读通道和写通道，实现对读/写操作的同时处理。所有通道的时序关系都满足 AXI4 总线协议，从而避免死锁情况的出现。

　　基于 AXI4 总线接口的 AXI BRAM 控制器支持所有突发模式，只是需要将固定模式突发传输转换为增量模式突发传输，再发送给块存储器。对于每次突发传输，由 AWLEN/ARLEN 信号指定突发长度 N（N 的取值为 1～256 字节），由 AWSIZE/ARSIZE 信号指定突发大小 M（M 的取值为 1～128 字节）。如果将 AWLEN/ARLEN 信号设置为 0，则表示突发长度为 1 的突发传输（单次读/写操作），此时，其接口时序将和基于 AXI4-Lite 接口的 AXI BRAM 控制器的时序相近。此外，对于 AXI BRAM 控制器而言，其突发传输的大小必须等于或小于数据总线宽度。当突发传输的大小小于数据总线宽度时，称为"窄"突发传输。例如，对于 64 位数据总线宽度，一个主设备发起大小为 1 字节的突发传输。AXI BRAM 控制器的每个读通道和写通道都会维护一个地址计数器，并在突发传输开始前进行加载。AXI 总线提供突发传输的首地址，然后由 AXI BRAM 控制器负责根据数据总线的宽度对地址进行递增。AXI 总线协议不允许提前终止任何读/写突发，每个 AXI 主设备必须完成整个突发事务。一个 LAST 信号由主设备发出，通过 AXI4 总线发送给 AXI BRAM 控制器，用于标识一次突发传输事务的结束。

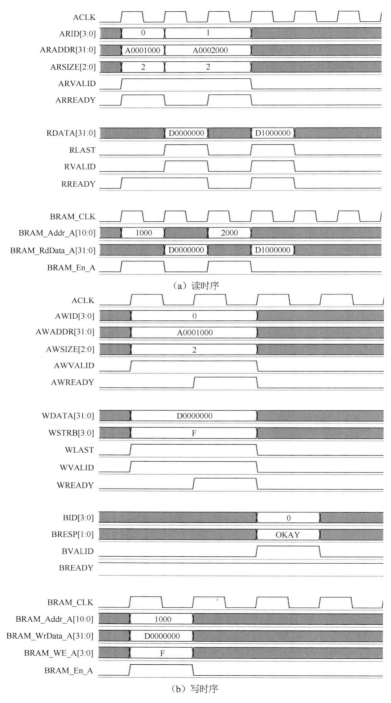

（a）读时序

（b）写时序

图 5-4　基于 AXI4-Lite 接口的 AXI BRAM 控制器的读时序和写时序

　　此外，基于 AXI4 总线接口的 AXI BRAM 控制器还具备 2 级流水线结构，即每个读通道和写通道
可分别接收两个相应的访存事务。这种流水线结构使得多个主设备可以发起并发的读/写事务。但是，
由于 AXI BRAM 控制器不支持乱序，故相应的读/写数据必须是按序组织的。当 AXI BRAM 控制器缓
存多个写地址时，并不要求对应的写数据也被控制器缓存。对于写数据通道，在块存储器准备好接收流
水式写数据之前，不需要将 WREADY 信号置为有效。对于写地址通道，在 AXI BRAM 控制器中的流
水线满流后，需要将 AWREADY 置为无效。此时，AXI BRAM 控制器不再接收任何写地址，直到写事
务流水线中的第一个写操作完成，并开始处理第二个写操作。对于读事务，只要主设备将 RREADY 信
号置为有效，则 AXI BRAM 控制器将向块存储器发送读请求，并通过读数据通道传输数据。

　　图 5-5 给出了基于 AXI4 接口的 AXI BRAM 控制器对 32 位宽的块存储器进行突发读的时序实例。
其中，突发长度为 4（ARLEN=0011b），突发大小为 4 字节（ARSIZE=010b），突发传输在块存储器中的
起始地址为 0x1000h。读地址通道保持 ARREADY 信号为有效状态，直到 AXI BRAM 控制器中的读地
址流水线充满为止。在读数据通道中，AXI BRAM 控制器支持 AXI 主设备在发出 RREADY 信号有效的
同时，对 RVALID 有效信号进行响应。

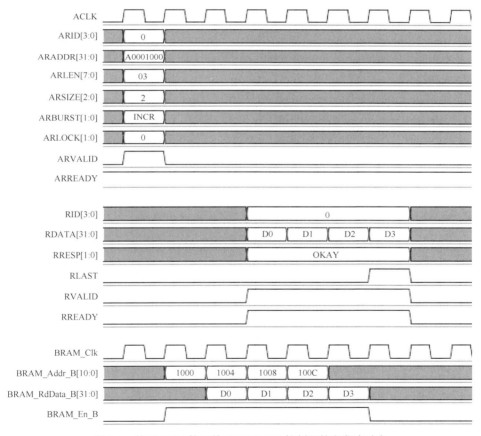

图 5-5　基于 AXI4 接口的 AXI BRAM 控制器的突发读时序

　　图 5-6 给出了基于 AXI4 接口的 AXI BRAM 控制器对 32 位宽的块存储器进行突发写的时序实例。
其中，突发长度为 4（ARLEN=0011b），突发大小为 4 字节（ARSIZE=010b），突发传输在块存储器中的
起始地址为 0x1000h。对于 AXI 写事务，写数据通道中的 WVALID 信号可在写地址通道的 AWREADY
信号有效之前被置为有效。

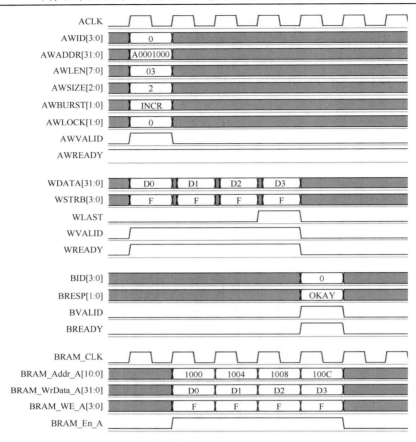

图 5-6　基于 AXI4 接口的 AXI BRAM 控制器的突发写时序

5.1.2　基于 AXI Interconnect 的 SoC 设计与实现——AXI BRAM 控制器的集成

本节将继续采用 Vivado 中 Block Design 方法，在 MiniMIPS32_FullSyS 中添加一个 AXI BRAM 控制器模块，并与 AXI Interconnect 及一块 BRAM 相集成，从而构成系统的主存部分（AXI BRAM 控制器相当于主存控制器，而 BRAM 相当于主存模块），用于存储正在运行的程序和数据，设计步骤如下。

步骤一．添加 AXI BRAM 控制器

（1）启动 Vivado 集成开发环境，打开第 4 章设计的 MiniMIPS32_FullSyS 工程，双击 MiniMIPS32_FullSyS.bd 进入 Block Design 界面。

（2）单击"+"添加 IP 核，在弹出窗口的 Search 文本框中输入 AXI BRAM Controller 即可搜索到 AXI BRAM 控制器 IP 核，如图 5-7（a）所示。双击搜索结果，完成 AXI BRAM Controller 的添加，如图 5-7（b）所示。

（3）双击添加的 AXI BRAM 控制器，打开配置界面。在 AXI Protocol 下拉菜单中选择 AXI4 协议，在 Data Width 下拉菜单中选择 32 位数据宽度。在 BRAM Options 选项中的 Number of BRAM Interfaces 下拉菜单中选择 1，表示该 AXI BRAM 控制器将连接单口 BRAM。其他选项保持默认值，如图 5-8 所示。需要说明的一点是配置界面中的 Memory Depth（存储器深度）为灰色（默认值为 8192），不能配置，该项信息会根据具体的地址空间分配进行自动化配置。最后单击"OK 按钮"完成配置。

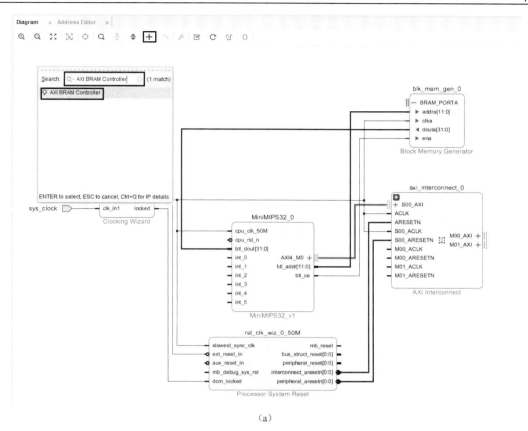

（a）

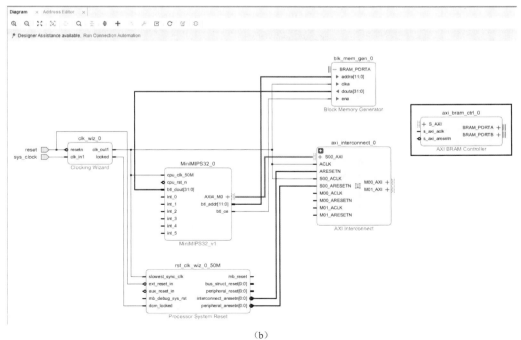

（b）

图 5-7 添加 AXI BRAM 控制器 IP 核

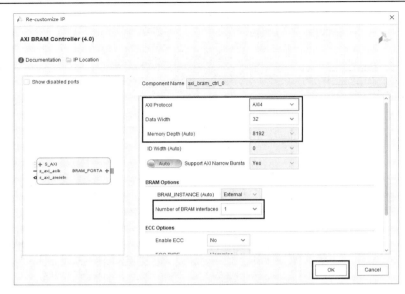

图 5-8　配置 AXI BRAM 控制器 IP 核

步骤二．添加 BRAM

（1）单击 Block Design 界面中的"+"按钮，添加 IP 核。在弹出窗口的 Search 文本框中输入 Block RAM，通过 Block Memory Generator 工具生成一个 BRAM（块存储器），如图 5-9 所示。

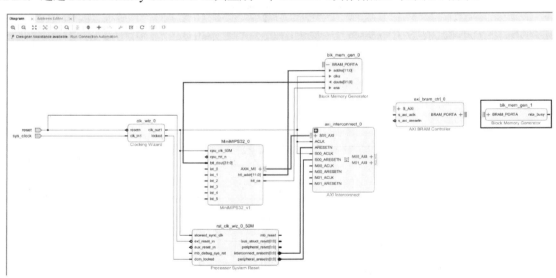

图 5-9　添加 BRAM 模块

（2）双击添加的 BRAM 模块打开配置界面。由于该 BRAM 模块需要连接到 AXI BRAM 控制器之上，所以根据 Xilinx 公司的 pg058 文档的描述，在 Basic 选项中，从 Mode 下拉菜单中选择 BRAM Controller。从 Memory Type 下拉菜单中选择 Single Port RAM，将此 BRAM 模块设置为具有单端口的随机访问存储器（可读可写），如图 5-10（a）所示。

在 Port A Options 选项中可以看出，由于 Mode 为 BRAM Controller，因此读写宽度、深度和其他配置参数均为灰色，无法手工配置，如图 5-10（b）所示。其中，读写宽度为 32 位，不能更改。在其与

AXI BRAM 控制器连接后，根据为其所分配的地址空间自动生成深度信息。从左侧原理图可以看出，被设置为 BRAM Controller 模式后，地址端口和数据端口的宽度均为 32 位，并支持写字节使能。

在 Other Options 选项中，取消勾选 Enable Safety Circuit 复选框，如图 5-10（c）所示。从左侧原理图可以看出端口信号 rsta_busy 被删除，该信号的作用是当其有效时，表示此时 BRAM 模块由于数据冲突而不能被访问。在设计中不需要判断该信号，因此将其去除。单击 OK 按钮，完成 BRAM 模块的配置。

（a）

（b）

图 5-10　配置 BRAM 模块

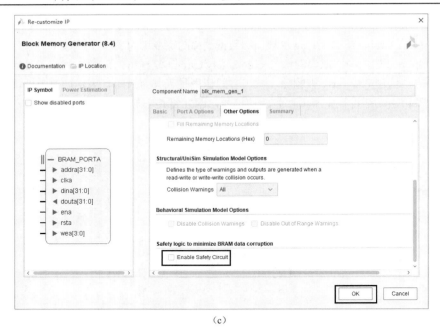

（c）

图 5-10　配置 BRAM 模块（续）

步骤三. IP 核连接

（1）采用手工连接的方式，将 AXI BRAM 控制器的 BRAM_PORTA 端口与 BRAM 模块的 BRAM_PORTA 端口相连接，如图 5-11 所示。

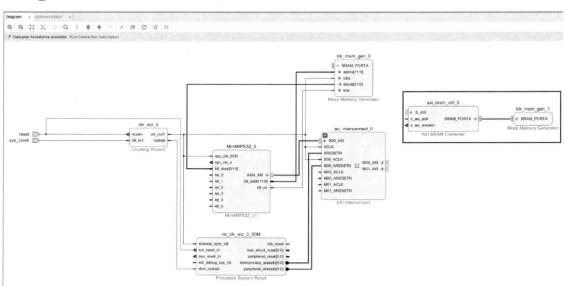

图 5-11　手工连接 AXI BRAM 控制器的端口和 BRAM 模块的端口

（2）单击 Run Connection Automation，勾选 All Automation 复选框，如图 5-12 所示，再单击 "OK" 按钮完成 AXI BRAM 控制器与 AXI Interconnect 的连接，最终的 MiniMIPS32_FullSyS 原理图如图 5-13 所示。从图中可以看出，AXI BRAM 控制器作为从设备被连接到了 AXI Interconnect 的 0 号主接口，即 M00_AXI。

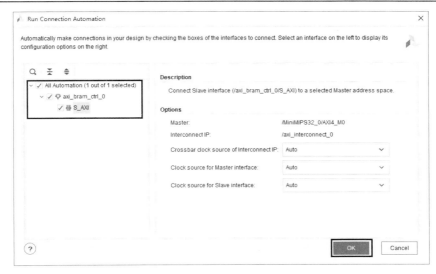

图 5-12　自动连接 AXI BRAM 控制器和 AXI Interconnect

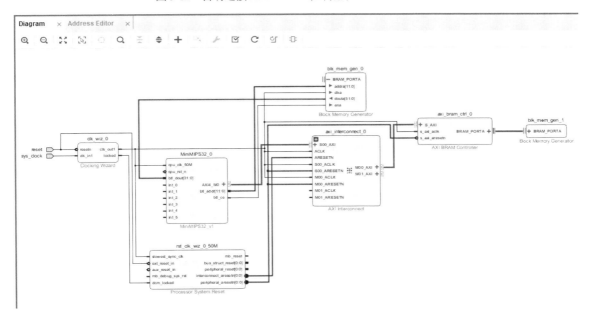

图 5-13　MiniMIPS32_FullSyS 的原理图

步骤四．地址分配

（1）单击 Block Design 界面上的 Address Editor（地址编辑器）选项，依次选择 MiniMIPS32_0→m0，可以看到所添加的 AXI BRAM Controller，如图 5-14 所示。

（2）根据第 3 章表 3-1 为 MiniMIPS32_FullSyS 系统中各个组件分配地址，所添加 AXI BRAM 的地址范围为 0x8000_0000～0x8003_FFFF，容量为 256KB。由于该部分地址空间采用固定地址映射，访存地址在送出 MiniMIPS32 处理器时高 3 位已经被清 0，所以在 Address Editor 中对此段地址应该配置为 0x0000_0000～0x0003_FFFF，如图 5-15 所示。其中，修改 Offset Address（基地址）为 0x0000_0000，从 Range（容量）下拉菜单中选择 256K，地址编辑器可根据容量自动计算出高字节地址为 0x0003_FFFF。

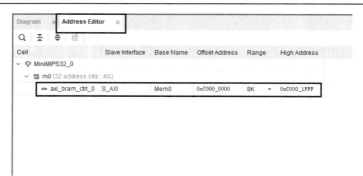

图 5-14　地址编辑器

图 5-15　配置 AXI BRAM 的地址范围

5.2　非易失存储器 Flash

5.2.1　Flash 存储器简介

Flash 存储器也被称为闪存，是一种非易失性存储器，即断电后数据不会丢失。其结合了传统 ROM 和 RAM 的长处，不仅具备电子可擦除可编程（EEPROM）的性能，同时可以快速读取数据。在过去的 20 年间，Flash 存储器逐渐代替 ROM 在嵌入式系统中的地位，用作存储 Bootloader、操作系统、程序代码或直接当硬盘使用（如 U 盘）。相比其他存储介质，如 RAM 或硬盘，Flash 存储器具有如下优点：

（1）与传统机械式硬盘相比，Flash 存储器的读、写延迟较低，可靠性更高，写寿命更长，MTBF（Mean Time Between Failures）比硬盘高一个数量级。因此目前基于 Flash 的固态硬盘（Solid State Disk，SSD）已基本取代传统机械式硬盘。

（2）相比随机存储器 RAM，其功耗和能耗更低，能适应恶劣环境，包括高温、高辐射、剧烈震动等。

Flash 存储器根据其内部架构和实现技术的不同主要分为两类：NOR Flash 和 NAND Flash。两种 Flash 的编程（写操作）原理类似，都是将 1 写为 0，所以在 Flash 编程之前，必须将对应的块擦除，而擦除的过程就是将所有位都写为 1 的过程，块内的所有字节变为 0xFF。简言之，编程是将相应位写 0 的过程，而擦除是将相应位写 1 的过程。两种 Flash 存储器的区别如下：

（1）读操作：NOR Flash 采用内存随机读取技术，各单元之间是并联的，对存储单元进行统一编址，所以可以随机读取任意一个字节。NAND Flash 大多采用连续存储介质，页是读取数据的最小单元。因此，NOR Flash 有更快的读取速度。

（2）写操作和擦除操作：大多数 NOR Flash 不能像 RAM 一样以字节为单位改写数据，只能按页写，而擦除既可整页擦除，也可整块擦除。对于 NAND Flash，块是写数据和擦除数据的最小单元，并且 NAND Flash 的块比 NOR Flash 的块要小。此外，虽然 NOR Flash 和 NAND Flash 在写入前都必须先进行擦除操作，但是前者在擦除前还要先写 0。因此，NAND Flash 有更快的写、擦除速度。

（3）外围接口：NOR Flash 地址线和数据线分开，外围接口类似 SRAM，较容易和其他芯片进行连接，控制也更为便捷。NAND Flash 采用复用的数据线和地址线，必须先通过寄存器串行地进行数据存取，各厂商对信号的定义不同，增加了应用的难度。因此，NOR Flash 支持芯片内执行（XIP，eXecute In Place），即用户程序可以直接在 Flash 内运行，不必再把代码读到系统 RAM 中，而 NAND Flash 通常不支持程序片内执行。

（4）存储容量、耐用性和可靠性：在面积和工艺相同的情况下，NAND Flash 的容量比 NOR Flash 大得多，成本更低。NOR Flash 不适合频繁擦写，其擦写次数约为 10 万次，而 NAND Flash 的擦写次数是 100 万次，因此后者的耐用性（寿命）更高。NAND Flash 通常存在坏块，并且位翻转概率相比 NOR Flash 更高，因此其可靠性较低。

基于上述 NOR Flash 和 NAND Flash 的不同特点，两者的应用场合也不同。NOR Flash 多被用于手机、BIOS 芯片及嵌入式系统中进行代码存储，当然也可用于数据存储。NAND Flash 多被用于数码相机、MP3 播放器、笔记本电脑中进行大容量数据存储。

根据外围接口通信协议的不同，NOR Flash 又可进一步细分为 CPI Flash 和 SPI Flash。虽然两者的存储介质均是 NOR Flash，但前者采用的 CPI（Common Flash Interface，公共闪存接口）是一种并行接口，其读写速度快，容量高，但价格更昂贵。后者使用的 SPI 是一种常见的时钟同步串行通信接口，读写速度相比 CPI 要慢，但是价格便宜，操作简单，被广泛采用。

本书所用开发板 Nexys4 DDR 上集成了 Spansion（飞索公司，已和赛普拉斯（Cypress）公司合并，并被英飞凌公司收购）的一款 SPI Nor Flash（型号：S25FL128S），支持 Quad SPI 接口（4b SPI 传输模式），容量为 128 Mb（16MB），如图 5-16 所示，在 MiniMIPS32_FullSyS 中将作为外部硬盘使用，用于存储用户程序和数据。

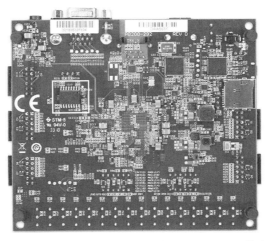

图 5-16　Nexys4 DDR 开发板上的 Quad SPI Flash 芯片

5.2.2　SPI 接口

由于系统中所使用的 Flash 采用 SPI 接口，所以本节将对 SPI 进行简单介绍。SPI（Serial Peripheral

Interface，串行外围设备接口）通信协议是 Motorola 公司提出的一种同步串行接口技术。其是一种高速、全双工、同步通信总线，只需占用 4 根引脚用来控制数据传输，被广泛用于 EEPROM、Flash、RTC（实时时钟）、ADC（模数转换器）、DSP（数字信号处理器）及各类传感器上，是常用的也是较为重要的通信接口及协议。SPI 通信协议的优点是支持全双工通信，通信方式较为简单，且相对数据传输速率较快；缺点是没有指定的流控制，没有应答机制确认数据是否被接收，与另一种常用的 IIC 总线通信协议相比，在数据可靠性上有一定缺陷。

1. SPI 物理接口

SPI 接口采用主从通信模式，根据从设备的个数，SPI 设备的连接方式可采用一主一从和一主多从，如图 5-17 和图 5-18 所示。

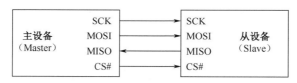

图 5-17　一主一从 SPI 设备连接方式

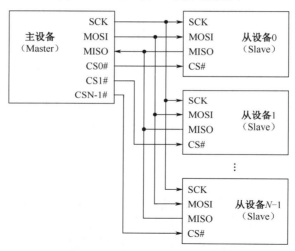

图 5-18　一主多从 SPI 设备连接方式

常见的 SPI 接口为 4 线接口，包含 1 条时钟信号线 SCK、2 条数据线（MOSI 和 MISO）和 1 条片选信号线（CS#）。其主要作用如下：

- SCK（Serial Clock）：时钟信号线，用于同步通信数据。由主设备产生，决定数据传输速率，两个设备之间通信时，传输速率受限于低速设备。
- MOSI（Master Output，Slave Input）：主设备输出/从设备输入引脚，简称 SI 接口。数据传输方向由主设备到从设备。
- MISO（Master Input，Slave Output）：主设备输入/从设备输出引脚，简称 SO 接口。数据传输方向由从设备到主设备。
- CS#（Chip Select）：片选信号线。当有多个 SPI 从设备与 SPI 主设备相连时，设备的其他信号线 SCK、MOSI 及 MISO 同时并联到相同的 SPI 总线上，即共用这 3 条总线；而每个从设备都有独立的一条 CS#信号线，独占主设备的一个引脚，即有多少个从设备，就有多少条片选信号线。因此，在 SPI 协议中没有设备地址，它使用 CS#信号线来寻址，当主设备要选择从设备时，把该从设备的 CS#信号线设置为低电平，该从设备即被选中，接着主设备开始与被选中的从设备进行 SPI 通信。因此 SPI 通信以 CS#置低电平作为开始信号，以 CS#被拉高作为结束信号。

2．SPI 通信协议

（1）CPOL 和 CPHA

SPI 通信协议有四种通信模式，即模式 0、模式 1、模式 2 和模式 3，分别由时钟极性（Clock Polarity，CPOL）和时钟相位（Clock Phase，CPHA）定义，其中 CPOL 规定了空闲状态（CS#为高电平）时 SCK 时钟信号的电平状态，CPHA 规定了数据采样是在 SCK 的奇数边沿还是偶数边沿。SPI 4 种通信模式时序如图 5-19 所示，图（a）表示 CPHA 为 0，图（b）表示 CPHA 为 1。

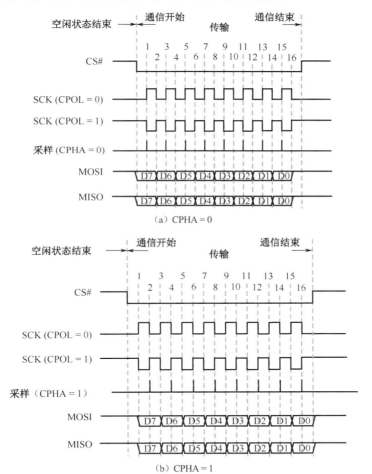

图 5-19　SPI 4 种通信模式时序图

① 模式 0：CPOL＝0，CPHA=0。空闲时 SCK 时钟为低电平；数据采样在 SCK 时钟的奇数边沿，本模式中，奇数边沿为上升沿；数据更新在 SCK 时钟的偶数边沿，本模式中，偶数边沿为下降沿。

② 模式 1：CPOL＝0，CPHA=1。空闲时 SCK 时钟为低电平；数据采样在 SCK 时钟的偶数边沿，本模式中，偶数边沿为下降沿；数据更新在 SCK 时钟的奇数边沿，本模式中，奇数边沿为上升沿。

③ 模式 2：CPOL＝1，CPHA=0。空闲时 SCK 时钟为高电平；数据采样在 SCK 时钟的奇数边沿，本模式中，奇数边沿为下降沿；数据更新在 SCK 时钟的偶数边沿，本模式中，偶数边沿为上升沿。

④ 模式 3：CPOL=1，CPHA=1。空闲时 SCK 时钟为高电平；数据采样在 SCK 时钟的偶数边沿，本模式中，偶数边沿为上升沿；数据更新在 SCK 时钟的奇数边沿，本模式中，奇数边沿为下降沿。

（2）SPI 接口的通信过程

虽然 SPI 接口协议有 4 种通信模式，但只有模式 0 和模式 3 比较常用。图 5-20 所示为以模式 0 为例的 SPI 主设备接口的通信过程。

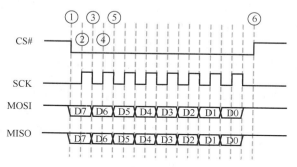

图 5-20　SPI 主设备接口的通信过程（模式 0）

SCK、MOSI、CS#信号均由主设备产生，而 MISO 信号由从设备产生。在图 5-20 中的标号①处，CS#信号由高变低，表示 SPI 通信的起始信号。CS#是每个从设备独占的信号，当从设备检测到起始信号时，就开始准备与主设备通信。在标号⑥处，CS#信号由低变高，是 SPI 通信的终止信号，表示本次通信结束，从设备的选中状态被取消。SCK 是串行时钟信号，用于同步数据。在 SCK 的每个时钟周期 MOSI 和 MISO 传输一位数据，且数据的输入/输出是可以同时进行的（全双工）。数据传输时，MSB（最高有效位）先行或 LSB（最低有效位）先行没有做硬性规定，但要保证两个 SPI 通信设备之间使用同样的约定，一般采用 MSB 先行模式。在②～⑤标号处，MOSI 及 MISO 的数据在 SCK 的下降沿期间进行变化，在 SCK 的上升沿时被采样。也就是说，在 SCK 的上升沿时刻，MOSI 及 MISO 的数据有效，高电平时表示数据"1"，低电平时表示数据"0"。在其他时刻，数据无效，MOSI 及 MISO 为下一次传输数据做准备。SPI 每次数据传输可以以 8 位或 16 位为单位，而每次传输的单位数不受限制。

5.2.3　SPI Flash（S25FL128S）

S25FL128S 是 Spansion 公司一款 FL-S 系列 Nor Flash 存储器芯片。采用 65nm 工艺，支持 4 倍速 SPI 接口，容量为 128Mb。它与主设备之间除遵循传统 SPI 协议的单比特串行数据传输之外，还支持双比特串行数据传输（Dual SPI）和 4 比特串行数据传输（Quad SPI）。前者的读写速度是普通 SPI Flash 存储器的 2 倍，后者是普通 SPI Flash 存储器的 4 倍。此外，该款 Flash 还支持快读（Fast Read）模式和双倍率读模式（DDR，读命令可以在时钟双沿传输地址和数据），最高工作主频可达 133MHz，使其性能超出了传统并行接口 Flash，同时支持芯片内执行机制（XIP）。因此 S25FL128S 是一款可广泛应用于嵌入式系统领域，进行数据、指令存储及片内执行的非易失性存储器。

1. 接口信号

S25FL128S 存储器的系统结构如图 5-21 所示，其端口列表如表 5-2 所示。

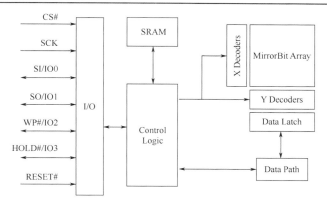

图 5-21　S25FL128S 存储器的系统结构图

表 5-2　S25FL128S 的端口列表

端口信号名称	方　向	功　能　描　述
RESET#	输入	硬件复位信号，低电平时说明设备已经就绪可以接收命令，不需要时可以不连接
CS#	输入	片选信号
SCK	输入	串行时钟
SI	输入/输出	串行输入端口（从主设备到从设备）
SO	输入/输出	串行输出端口（从从设备到主设备）
WP#	输入/输出	写保护，该信号内部连接上拉电阻，不需要时可以不连接
HOLD#	输入/输出	保持，该信号内部连接上拉电阻，不需要时可以不连接

SCK 信号和 CS#信号与传统 SPI 接口中的定义一致。当进行单比特串行数据传输时，SI 信号和 SO 信号对应传统 SPI 接口中的 MOSI 和 MISO，其中，SI 为输入端口，SO 为输出端口。当进行双比特串行数据传输时，SI 和 SO 变成双向端口信号，分别称为 IO0 和 IO1。其中，IO0 用于传输指令和地址，而 IO0 和 IO1 同时传输数据（每个时钟周期传输 2 位）。当进行 4 比特串行数据传输时，WP#和 HOLD# 成为另外两个串行数据传输端口，分别称为 IO2 和 IO3。其中，IO0 用于传输指令和地址，而 IO0～IO3 同时传输数据（每个时钟周期传输 4 位）。不同位宽传输模式下端口信号时序如图 5-22 所示（以读数据为例）。本书采用单比特串行数据传输。

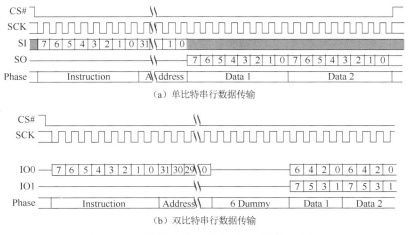

（a）单比特串行数据传输

（b）双比特串行数据传输

图 5-22　不同位宽传输模式下端口信号时序图

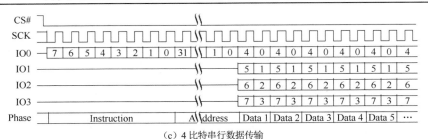

（c）4 比特串行数据传输

图 5-22　不同位宽传输模式下端口信号时序图（续）

2．存储阵列的组织

S25FL128S 支持 4 字节地址模式，但由于其容量只有 128Mb（16MB），因此只使用低 3 字节地址即可进行数据读取。

S25FL128S 的存储阵列以扇区（Sector）为单位进行组织，同时扇区也是最小擦除单位。这个存储阵列按照扇区类型可以分为两种组织方式，即混合方式和统一方式。在混合方式中，存在两种扇区容量，分别是 4KB 和 64KB，根据 4KB 扇区所在位置又可以分为两种组织方式，如表 5-3 和表 5-4 所示。在统一方式中，扇区容量均为 256KB，如表 5-5 所示。不同组织方式取决于生产批号和配置寄存器的取值。

表 5-3　混合方式（4KB 扇区位于底部）

扇区容量（KB）	扇区数目	扇 区 号	地址范围（字节寻址）
4	32	SA00	0x00000000～0x00000FFF
		…	…
		SA31	0x0001F000～0x0001FFFF
64	254	SA32	0x00020000～0x0002FFFF
		…	…
		SA285	0x00FF0000～0x00FFFFFF

表 5-4　混合方式（4KB 扇区位于顶部）

扇区容量（KB）	扇区数目	扇 区 号	地址范围（字节寻址）
64	254	SA00	0x00000000～0x0000FFFF
		…	…
		SA253	0x00FD0000～0x00FDFFFF
4	32	SA254	0x00FE0000～0x00FE0FFF
		…	…
		SA285	0x00FFF000～0x00FFFFFF

表 5-5　统一方式

扇区容量（KB）	扇区数目	扇 区 号	地址范围（字节寻址）
256	64	SA00	0x00000000～0x0003FFFF
		…	…
		SA63	0x00FC0000～0x00FFFFFF

3. 操作命令

S25FL128S 支持读设备 ID、寄存器读取、读数据、编程（写数据）、擦除、扇区保护及复位七大类，共计 70 余条指令。在 MiniMIPS32_FullSyS 的设计中对于 Flash 只会进行读操作，而擦除和编程操作借助 Vivado 提供的 Flash 配置工具完成，因此，只需要关心读命令即可。S25FL128S 的读命令又可细分为普通（单比特）读命令、双比特读命令、4 比特读命令、双倍率读命令及快速读命令等，为了简化设计，本书只使用单比特读命令。

单比特读命令称为 READ 命令，其指令码为 0x03。读操作时序如图 5-23 所示。首先，当片选信号 CS#被从高电平拉到低电平后，说明 Flash 设备被选中，此时在串行时钟 SCK 的控制下，主设备通过 SI 端口将指令码 0x03 发给 Flash；接着，主设备再通过 SI 端口将 3 字节地址发给 Flash；最后，Flash 读出相应数据，在 SCK 的控制下通过 SO 端口将数据传给主设备，每个时钟周期传送 1 位。对于单比特读命令，串行时钟 SCK 的最高频率为 50MHz。S25FL128S 是字节可寻址的，单比特读命令可以发送任何字节的地址，每读出 1 字节数据后，Flash 内部会自动完成地址递增操作，从而读出后续数据。也就是说，只需要向 Flash 发送一次读命令，即可读出全部数据，当达到最高字节地址时，地址计数器会回到 Flash 的起始地址（0x00000000）继续新一轮的读取。因此，使读命令失效的方法就是主设备将片选信号拉高。此外，S25FL128S 仅支持 SPI 协议中的传输模式 0（CPOL=0，CPHA=0）和传输模式 3（CPOL=1，CPHA=1）。

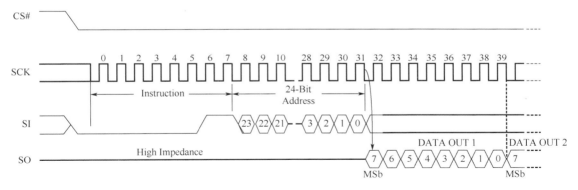

图 5-23　单比特读命令的操作时序图

5.2.4　AXI Quad SPI

AXI Quad SPI IP 核是 Vivado 提供的、用于连接 AXI4 和各类具有 SPI 接口外设的 IP 核，从而实现主从设备之间的数据交换，可支持普通（单比特）、双比特和 4 比特 SPI 传输模式。该 IP 核连接主设备一侧可配置为 AXI4 或 AXI4-Lite 接口，当配置为前者时，支持 FIFO 突发传输模式，并且 FIFO 深度可配置。SPI 时钟相位（CPOL）和极性（CPHA）也可通过编程进行灵活配置。此外，该 IP 核支持多个厂家的 Flash，如美光、飞索等。AXI Quad SPI IP 核的架构如图 5-24 所示。

AXI Quad SPI IP 核由以下几个子模块构成：

- AXI4-Lite 接口模块：该模块提供了针对 AXI4-Lite 和 IPIC 通信协议的接口。AXI4-Lite 接口上的读写事务被转换为对等的 IP Interconnect（IPIC）事务。
- SPI 寄存器模块：该模块包含了 AXI Quad SPI IP 核中所有的存储器映射寄存器，包括状态寄存器、控制寄存器、N 位片选寄存器，以及一对发送/接收寄存器。
- 中断控制寄存器堆模块：该模块由 3 个和中断相关的寄存器组成，即全局中断使能寄存器

（DGIER）、IP 中断使能寄存器（IPIER）和 IP 中断状态寄存器（IPISR）。

- SPI 模块：该模块由一个移位寄存器、一个可配置的波特率发生器和一个控制单元构成。其提供了 SPI 接口的初始化和控制逻辑，是负责 SPI 操作的核心模块。
- FIFO 模块：若设计者配置了 FIFO 深度，则在 AXI Quad SPI IP 核中的发送路径和接收路径上各自生成发送 FIFO 和接收 FIFO。对于普通 SPI 模式，FIFO 深度可以设置为 0、16 或 256；对于双比特或 4 比特 SPI 模式，FIFO 深度可以设置为 16 或 256。
- Quad SPI 控制逻辑模块：该模块由移位寄存器、SPI 时钟生成器和状态机构成，负责产生双比特或 4 比特 SPI 模式中的控制信号。

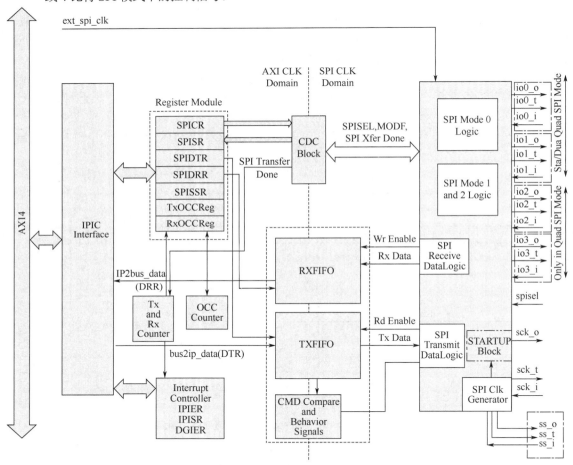

图 5-24　AXI Quad SPI IP 核的架构图

AXI Quad SPI IP 核的 I/O 接口信号如表 5-6 所示。

表 5-6　AXI Quad SPI IP 核的 I/O 接口信号

序　号	信　号　名	类　型	方　　向	初 始 状 态	功 能 描 述
系统信号					
1	s_axi_aclk	System	输入	—	AXI 系统时钟
2	s_axi_aresetn	System	输入	—	AXI 系统复位，低电平有效
3	ext_spi_clk	System	输入	—	SPI 模块的输入时钟

续表

序 号	信 号 名	类 型	方 向	初始状态	功 能 描 述
AXI 接口信号					
4	s_axi_*	S_AXI	-	—	AXI4 的所有读、写通道信号
SPI 接口信号					
5	sck_o	SPI	输出	—	SPI 串行输出时钟
6	ss_o[(No. of Slaves - 1):0]	SPI	输出	全 1	N 位片选信号，采用独热码编码，每 1 位对应一个从设备，低电平有效
7	io0	SPI	输入/输出	—	对于 SPI 普通模式，相当于 MOSI；对于双比特或 4 比特模式，变为双向端口
8	io1	SPI	输入/输出	—	对于 SPI 普通模式，相当于 MISO；对于双比特或 4 比特模式，变为双向端口
9	io2	SPI	输入/输出	—	该信号为双向端口，仅用于 SPI 4 比特传输模式
10	io3	SPI	输入/输出	—	该信号为双向端口，仅用于 SPI 4 比特传输模式
11	ip2intc_irpt	SPI	输出	0	中断控制信号

对 AXI Quad SPI IP 核的配置和使用是通过一系列存储器映射的 32 位寄存器实现的，如表 5-7 所示。由于本书设计中不使用 AXI Quad SPI IP 核的中断机制，故中断寄存器堆没有列出。

表 5-7　AXI Quad SPI IP 核中的寄存器

寄存器名称	地 址	访问类型	默 认 值	功 能 描 述
SRR	0x40	写	—	软件复位寄存器
SPICR	0x60	读/写	0x180	SPI 控制寄存器
SPISR	0x64	读	0x0A5	SPI 状态寄存器
SPI DTR	0x68	写	0x0	SPI 数据发送寄存器。它可以是一个寄存器，也可以是一个 FIFO
SPI DRR	0x6C	读	—	SPI 数据接收寄存器。它可以是一个寄存器，也可以是一个 FIFO
SPISSR	0x70	读/写	0xFFFF	SPI 片选信号寄存器
SPI Transmit FIFO Occupancy Register[①]	0x74	读	0x0	发送 FIFO 占用寄存器
SPI Receive FIFO Occupancy Register[①]	0x78	读	0x0	接收 FIFO 占用寄存器

① 该寄存器在 FIFO 深度被设置为 16 或 256 时使用。

（1）软件复位寄存器（SRR）

该寄存器被写入 0x0000_000A 后，经过 4 个 AXI 时钟周期，SPI 寄存器模块中的其他寄存器将被复位。写入其他值则可能引发错误。其比特位分布和定义如图 5-25 和表 5-8 所示。

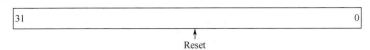

图 5-25　软件复位寄存器的比特位分布

表 5-8　软件复位寄存器的比特位定义

位	名　称	访问方式	复 位 值	功 能 描 述
31：0	SRR	写	N/A	写入 0x0000_000A 以复位 AXI Quad SPI 寄存器模块

（2）SPI 控制寄存器（SPICR）

该寄存器允许设计者对 AXI Quad SPI IP 核的各种属性进行设置。其比特位分布和定义如图 5-26 和表 5-9 所示。

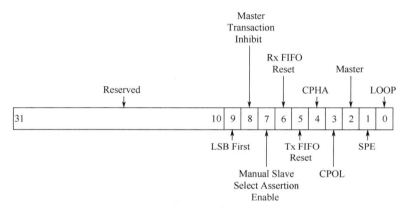

图 5-26　SPI 控制寄存器的比特位分布

表 5-9　SPI 控制寄存器的各比特位定义

位	名　称	访问方式	复 位 值	功 能 描 述
31：10	Reserved	N/A	N/A	保留
9	LSB First	读/写	0	最低有效位优先位，用于确定先发送最低有效位还是最高有效位。 0：最高有效位先发送 1：最低有效位先发送 注意：对于双比特/4 比特 SPI 串行传输模式，必须先发送最高有效位
8	Master Transaction Inhibit	读/写	1	主设备传输事务禁止位。 0：可以由主设备发起传输事务 1：禁止由主设备发起传输事务
7	Manual Slave Select Assertion Enable	读/写	1	手工从设备使能位，用于主设备模式下，在 SPE 位有效时，强制片选信号寄存器（SPISSR）输出有效。 0：片选信号输出由主设备逻辑控制。 1：片选信号输出由 SPISSR 确定

续表

位	名　　称	访问方式	复位值	功能描述
6	RX FIFO Reset	读/写	0	接收 FIFO 复位指针位。 0：接收 FIFO 正常工作 1：接收 FIFO 指针复位（FIFO 空状态）
5	TX FIFO Reset	读/写	0	发送 FIFO 复位指针位。 0：发送 FIFO 正常工作 1：发送 FIFO 指针复位（FIFO 空状态）
4	CPHA	读/写	0	时钟相位位[①]。 0：SCK 奇数边沿采样 1：SCK 偶数边沿采样
3	CPOL	读/写	0	时钟极性位[①]。 0：空闲状态下 SCK 为高电平 1：空闲状态下 SCK 为低电平
2	Master	读/写	0	主模式位[②]，用于设置 AXI Quad SPI IP 核的工作模式。 0：从模式 1：主模式
1	SPE	读/写	0	SPI 系统使能位。 0：SPI 主设备和从设备的输出为高阻态，从设备的输入被忽略 1：主设备输出有效（MOSI 和 SCK 处于空闲状态），从设备被选中后其输出有效。主设备可启动传输操作
0	LOOP	读/写	0	局部回环模式位，用于使能局部回环操作，仅在主设备为普通 SPI 模式时有效。 0：正常操作模式 1：局部回环模式，即主设备的发送数据被送回其接收端，从设备送来的数据被忽略

① 在双比特或 4 比特 SPI 传输模式中，CPOL 和 CPHA 只能为 00 或 11。如果设置其他值，将引发和外部存储器的通信故障，并设置 SPI 状态寄存器（SPISR）中的标志位，同时产生一个中断。

② 从模式位只适用于 SPI 普通传输模式，其他传输模式只能设置为主模式位。错误的设置会将 SPI 状态寄存器（SPISR）中的对应标志位置位，并产生一个中断。

（3）SPI 状态寄存器（SPISR）

该寄存器为只读寄存器，用于为设计者提供 AXI Quad SPI IP 核的一些状态信息。其比特位分布和定义如图 5-27 和表 5-10 所示，对该寄存器进行写操作不会改变寄存器的内容。

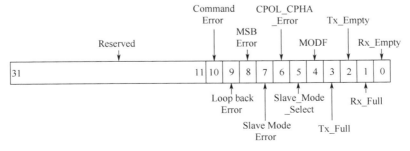

图 5-27　SPI 状态寄存器的比特位分布

表 5-10　SPI 状态寄存器的比特位定义

位	名　称	访问方式	复 位 值	功 能 描 述
31 : 11	Reserved	N/A	N/A	保留
10	Command Error	读	0	命令错误标志。 0：默认值 1：当处于双比特或 4 比特 SPI 传输模式时，SPI DTR FIFO 中的第 1 项和目标存储器所支持的命令不匹配
9	Loopback Error	读	0	回环错误标志。 0：默认值 1：当处于双比特或 4 比特 SPI 传输模式时，SPI 控制寄存器中的回环模式位被置位
8	MSB Error	读	0	最高有效位错误标志 0：默认值 1：对于双比特或 4 比特 SPI 传输模式，SPI 控制寄存器（SPICR）中的最低有效位优先位被置位
7	Slave_Mode Error	读	1	从模式错误标志位。 0：SPI 控制寄存器（SPICR）中的主模式位被置位 1：对于双比特或 4 比特 SPI 传输模式，SPI 控制寄存器（SPICR）中的主模式位被置位
6	CPOL_CPHA_ Error	读	0	CPOL 和 CPHA 错误标志位。 0：默认值 1：当所连接存储器的类型为 Winbond、Micro 或 Spansion 时，CPOL 和 CPHA 被设置为 01 或 10
5	Slave_Mode_ Select	读	1	从设备选中标志位。 如果所连接的 SPI 设备为从设备，并且被主设备选中，则该位被置为 0。 0：所连接的从设备被选中 1：默认值
4	MODF	读	0	模式错误标志位。 如果片选信号有效，但当被设置为主设备时，该位被设置为 1。 0：无错误 1：检测到错误条件
3	Tx_Full	读	0	发送 FIFO 满标志位。 如果 SPI Quad SPI IP 核使用发送 FIFO，并且为满，则该位被设置为 1。相反，若不使用发送 FIFO，则当发送寄存器装入数据后，该位被设置为 1
2	Tx_Empty	读	1	发送 FIFO 空标志位。 如果 SPI Quad SPI IP 核使用发送 FIFO，并且为空，则该位被设置为 1。相反，若不使用发送 FIFO，则一次 SPI 传输结束后，该位被设置为 1
1	Rx_Full	读	0	接收 FIFO 满标志位。 如果 SPI Quad SPI IP 核使用接收 FIFO，并且为满，则该位被设置为 1。相反，若不使用接收 FIFO，则当一次 SPI 传输结束后，该位被设置为 1
0	Rx_Empty	读	1	接收 FIFO 空标志位。 如果 SPI Quad SPI IP 核使用接收 FIFO，并且为空，则该位被设置为 1。相反，若不使用接收 FIFO，则当接收寄存器被读取后，该位被设置为 1

（4）SPI 数据发送寄存器（SPI DTR）

该寄存器用于保存通过 SPI 接口发送的数据。当 AXI Quad SPI IP 核处于主模式，并且控制寄存器中 SPE 位被置为 1，或者其处于从模式，并且片选信号有效时，SPI DTR 中的数据被送入移位寄存器。SPI 数据发送寄存器在被填充前，应处于复位状态，也就是说发送 FIFO 的写指针处于 0 号位置。只要移位寄存器中的数据被传输到 SPI DDR 中，则 SPI DTR 中的数据就会被加载到移位寄存器。SPI DTR 中的数据将会一直保持直到被下一次传输的数据覆盖。SPI DTR 是一个只写寄存器，若其已存入数据或 FIFO 已满，则再写入时会触发错误。SPI DTR 的比特位分布和定义如图 5-28 和表 5-11 所示。

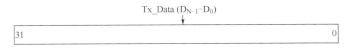

Tx_Data $(D_{N-1} - D_0)$

图 5-28　SPI DTR 的比特位分布

表 5-11　SPI DTR 的比特位定义

位	名　称	访问方式	复位值	功能描述
$[N-1]:0$	Tx Data[1] $(D_{N-1} - D_0)$	只写	0	N 位 SPI 发送数据。N 的取值为 8,16 或 32[2]。 $N=8$：SPI 传输宽度被设置为 8 $N=16$：SPI 传输宽度被设置为 16 $N=32$：SPI 传输宽度被设置为 32

① 当传输宽度被设置为 8 和 16 时，没有用到的高位（从 AXI data width－1 到 N）被作为保留位。

② 在普通 SPI 传输模式中，SPI DTR 的传输宽度可以被设置为 8,16 或 32。在双比特或 4 比特 SPI 传输模式中，其传输宽度只能被设置为 8。

（5）SPI 数据接收寄存器（SPI DDR）

该寄存器用于保存从 SPI 接口接收到的数据。由于 SPI 协议并不为从设备提供任何流量控制机制，因此只要一次 SPI 传输完成，SPI DDR 就会被更新。如果 SPI DDR 中的数据没有被读取或 FIFO 已满，则最新接收到的数据会被丢掉，并触发一个溢出中断。SPI DDR 是一个只读寄存器，在其为空时，如果进行读取，则会将 SPISR 中的相应位置位。该寄存器的比特位分布和定义如图 5-29 和表 5-12 所示。

Dx_Data $(D_{N-1} - D_0)$

图 5-29　SPI 数据接收寄存器的比特位分布

表 5-12　SPI 数据接收寄存器的比特位定义

位	名　称	访问方式	复位值	功能描述
$[N-1]:0$	Rx Data[1] $(D_{N-1} - D_0)$	只读	N/A	N 位 SPI 接收数据。N 的取值为 8,16 或 32[2]。 $N=8$：SPI 传输宽度被设置为 8 $N=16$：SPI 传输宽度被设置为 16 $N=32$：SPI 传输宽度被设置为 32

① 当传输宽度被设置为 8 或 16 时，没有用到的高位（从 AXI data width－1 到 N）被作为保留位。

② 在普通 SPI 传输模式中，SPI DDR 的传输宽度可以被设置为 8,16 或 32。在双比特或 4 比特 SPI 传输模式中，其传输宽度只能被设置为 8。

（6）SPI 片选信号寄存器（SPISSR）

该寄存器包含一个长度为 N、低电平有效的独热编码片选信号。N 表示从设备的数目，可由设计者进行设置。每次只能有 1 位被置为低电平，表示主设备能与该位所对应的从设备进行通信。该寄存器的比特位分布和定义如图 5-30 和表 5-13 所示。

图 5-30　SPI 片选信号寄存器的比特位分布

表 5-13　SPI 片选信号寄存器的比特位定义

位	名　称	访问方式	复位值	功能描述
$31 : N$	Reserved	N/A	N/A	保留
$[N\text{-}1] : 0$	Selected Slave	读/写	1	N 位低电平有效，独热编码的从设备选择信号，N 不大于 32 位。每一位对应一个从设备，其最低有效位对应 0 号从设备，然后从右向左依次递增

（7）SPI 发送 FIFO 占用寄存器（SPI Transmit FIFO Occupancy Register）

该寄存器仅当 AXI Quad SPI IP 核被设置为带有 FIFO 时才是有效的。如果发送 FIFO 不为空，则该寄存器的值为发送 FIFO 中的数据量减 1，也就是表示发送 FIFO 中要被读取多少数据才会为空。SPI 发送 FIFO 占用寄存器是只读寄存器，其比特位分布和定义如图 5-31 和表 5-14 所示。

图 5-31　SPI 发送 FIFO 占用寄存器的比特位分布

表 5-14　SPI 发送 FIFO 占用寄存器的比特位定义

位	名　称	访问方式	复位值	功能描述
$31 : \log(\text{FIFO Depth})$	Reserved	N/A	N/A	保留
$(\log(\text{FIFO Depth}) - 1) : 0$	Occupancy Value	读	0	发送 FIFO 中要被读取多少数据才会为空

（8）SPI 接收 FIFO 占用寄存器（SPI Recieve FIFO Occupancy Register）

该寄存器仅当 AXI Quad SPI IP 核被设置为带有 FIFO 时才是有效的。如果接收 FIFO 不为空，则该寄存器的值为接收 FIFO 中的数据量减 1，也就是表示接收 FIFO 中要被读取多少数据才会为空。SPI 接收 FIFO 占用寄存器也是只读寄存器，其比特位分布和定义如图 5-32 和表 5-15 所示。

图 5-32　SPI 接收 FIFO 占用寄存器

表 5-15　SPI 接收 FIFO 占用寄存器的各比特位定义

位	名　称	访问方式	复位值	功能描述
$31 : \log(\text{FIFO Depth})$	Reserved	N/A	N/A	保留
$(\log(\text{FIFO Depth}) - 1) : 0$	Occupancy Value	读	0	接收 FIFO 中要被读取多少数据才会为空

采用 AXI Quad SPI IP 核，工作在主模式下，对 SPI 传输事务的操作步骤取决于所连接从设备支持的命令，如写使能命令、擦除命令、写数据命令、读数据命令等。本书只会用到读数据命令，其操作步

骤如下：

- 通过 SPICR 对 TX FIFO 和 RX FIFO 进行复位。
- 将读数据命令及地址发送到 SPIDTR 中。
- 如果需要，再将假数据（dummy data）发送给 SPIDTR。
- 通过 SPISSR 写入 0x0 来使能从设备片选信号。
- 通过使 SPICR 中的主设备传输事务禁止位无效，来使能 SPI 传输。
- SPI 传输完毕后，通过向 SPISSR 写入 0x01 来撤销从设备片选信号。
- 将 SPICR 中的主设备传输事务禁止位重新置位。
- 从 SPIDDR 中获取通过 SPI 接口读取到的数据。

5.2.5　基于 AXI Interconnect 的 MiniMIPS32_FullSyS 设计——AXI Quad SPI 的集成

本节将继续采用 Vivado 中的 Block Design 方法，在 MiniMIPS32_FullSyS 中添加一个 AXI Quad SPI IP 核，并与 AXI Interconnect IP 核进行集成，用于控制 Nexys4 DDR 开发板上的 Quad SPI Flash （S25FL128S），从而构成系统的外部存储器模块（AXI Quad SPI IP 核相当于硬盘控制器，而 Quad SPI Flash 相当于硬盘）。Flash 中用于存储要运行在系统上的程序和数据，系统上电或复位后，由 Bootloader 负责将 Flash 中的内容搬运到 5.1 节添加的 AXI BRAM 中运行，设计步骤如下。

步骤一．添加并配置 AXI Quad SPI IP 核

（1）启动 Vivado 集成开发环境，打开之前设计的 MiniMIPS32_FullSyS 工程，双击 MiniMIPS32_ FullSyS.bd 进入 Block Design 界面。

（2）单击"+"添加 IP 核。在弹出窗口的 Search 文本框中输入 AXI Quad SPI 即可搜索到对应的 IP 核，如图 5-33（a）所示。然后，双击完成 AXI Quad SPI 的添加，如图 5-33（b）所示。

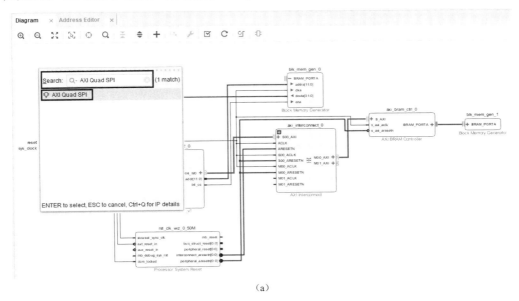

（a）

图 5-33　添加 AXI Quad SPI IP 核

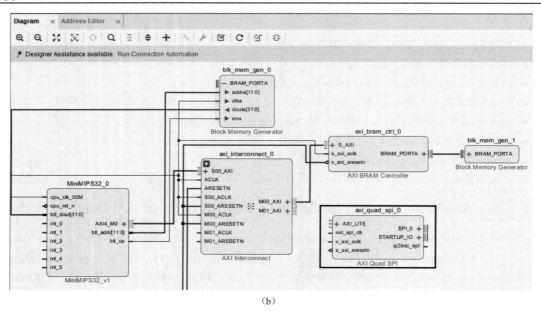

（b）

图 5-33　添加 AXI Quad SPI IP 核（续）

（3）双击添加的 AXI Quad SPI IP 核打开配置界面。在 Board 选项中，从 Board Interface 下拉菜单中选择 qspi flash，再将所添加 IP 核的 SPI 端口和板卡上的 Flash 相连接，如图 5-34（a）所示。在 IP Configuration 选项中，从 SPI Options 中的 Mode 下拉菜单中选择 Quad，从 Slave Device 下拉菜单中选择 Spansion，确保选择的参数与所连接 Flash 设备的特性一致（Nexys4 DDR 采用 Spansion 公司的 Quad SPI Flash），如图 5-34（b）所示。其他参数保持默认值即可。单击"OK"按钮完成 IP 核的配置。

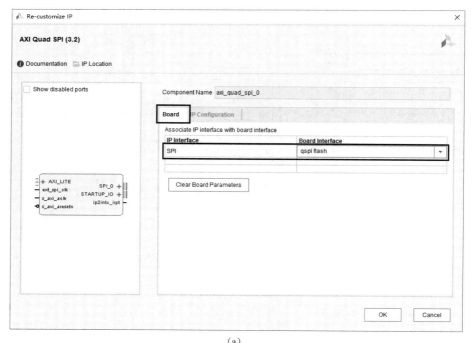

（a）

图 5-34　配置 AXI Quad SPI IP 核

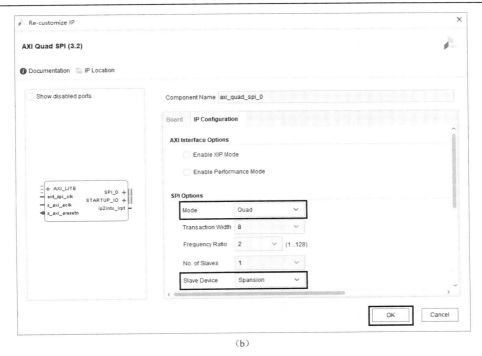

（b）

图 5-34   配置 AXI Quad SPI IP 核（续）

步骤二．IP 核连接

（1）单击 Run Connection Automation，勾选 All Automation 复选框，如图 5-35（a）所示。单击"OK"按钮完成 AXI Quad SPI IP 核与 AXI Interconnect 的连接，如图 5-35（b）所示。此外，从原理图中可以看出，还生成了一个对外输出端口 qspi_flash，用于连接板卡上的 SPI Flash。

（2）再次单击 Run Connection Automation，勾选 All Automation 复选框，如图 5-36（a）所示。单击 OK "按钮"完成 AXI Quad SPI IP 核中 ext_spi_clk 时钟信号（50MHz）的连接，如图 5-36（b）所示。该时钟信号被引入 IP 核的 SPI 模块，用于对 SPI 接口进行控制。

（a）

图 5-35   自动连接 AXI Quad SPI 和 AXI Interconnect

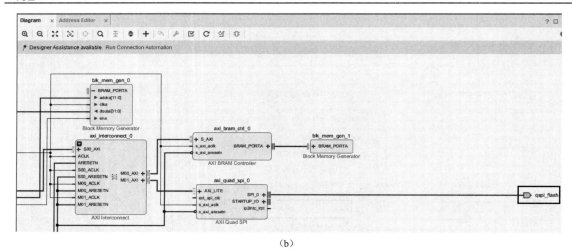

（b）

图 5-35　自动连接 AXI Quad SPI 和 AXI Interconnect（续）

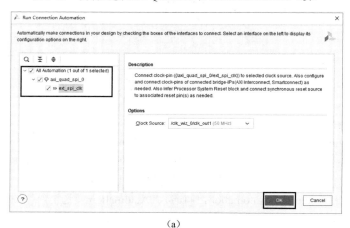

（a）

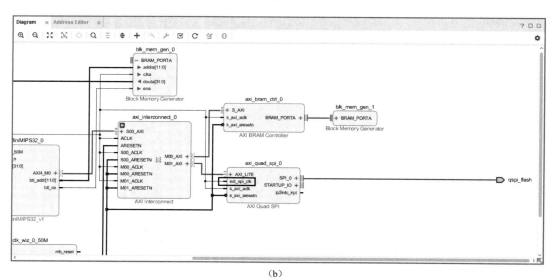

（b）

图 5-36　自动连接 AXI Quad SPI IP 核的 ext_spi_clk 时钟信号

步骤三．地址分配

（1）单击 Block Design 界面上的 Address Editor（地址编辑器）选项，可以看到所添加的 AXI Quad SPI IP 核，如图 5-37 所示。

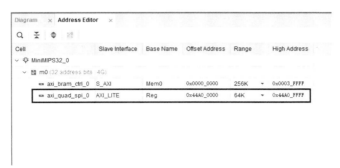

图 5-37　地址编辑器

（2）根据第 3 章表 3-1 给出的 MiniMIPS32_FullSyS 中各组件的地址映射可知，所添加 AXI Quad SPI IP 核的地址范围为 0xBFD2_0000～0xBFD2_0FFF，容量为 4KB。由于该部分地址空间采用固定地址映射，访存地址在送出 MiniMIPS32 处理器时高 3 位已经被清 0，所以在 Address Editor 中对此段地址应该配置为 0x1FD2_0000～0x1FD2_0FFF，如图 5-38 所示。其中，修改 Offset Address（基地址）为 0x1FD2_0000，从 Range（容量）下拉菜单中选择 4K，地址编辑器可根据容量自动计算出高字节地址为 0x1FD2_0FFF。

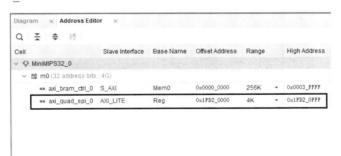

图 5-38　配置 AXI Quad SPI IP 核的地址范围

最终，集成了存储系统的 MiniMIPS32_FullSyS 原理图，如图 5-39 所示。

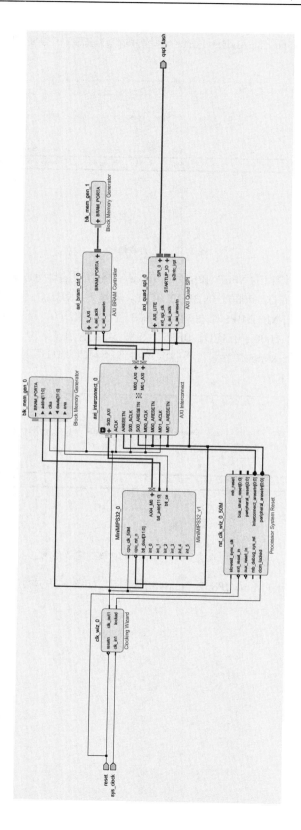

图 5-39　集成了存储系统的 MiniMIPS32_FullSyS 原理图

第 6 章 外 部 设 备

之前的章节已经完成了基于 AXI Interconnect IP 核的增强型 MiniMIPS32 处理器核和存储系统的设计与集成。理论上，目前的 MiniMIPS32_FullSyS SoC 已经可以运行程序了，但由于缺少必要的外部设备，因此，无法观看程序的运行结果，更无法对程序的运行情况进行监测和调试。

本章将常见的 4 种外设接口（通用输入输出接口（GPIO）、串口（UART）、定时器（timer）及 VGA 接口）集成到基于 AXI Interconnect IP 核的 MiniMIPS32_FullSyS 中，从而构成一个完整的、功能较完备的 SoC。其中，前三种外设接口可直接调用 Vivado 提供的基于 AXI4 的 IP 核，而 VGA 接口则需要单独设计打包封装为具有 AXI4 接口的 IP 核。此外，针对不同外设的特点，提供了相应的软件驱动程序，并通过编写多个测试用例，在 Nexys4 DDR FPGA 开发板上对 MiniMIPS32_FullSyS SoC 进行功能验证。

6.1 通用输入输出接口

6.1.1 GPIO 概述

GPIO（General Purpose Input Output）称为通用输入输出接口，是一系列以位为单位进行数字信号传输的 I/O 引脚。在众多 SoC 中，经常需要 CPU 控制许多结构简单的外部设备，并且这些设备只要求有开/关两种状态就足够了，如 LED 灯、七段数码管、拨动开关、按钮等。对这些外部设备进行控制，使用传统的串口或者并口就显得比较复杂，故在 SoC 中就会提供 GPIO。CPU 可以通过 GPIO 输出高/低电平对外部设备进行控制或通过 GPIO 读取外部设备的高/低电平状态。通常，GPIO 是可编程的，采用存储器地址映射，至少提供两个寄存器，即控制寄存器和数据寄存器。控制寄存器可用来设置 GPIO 的输入/输出方向，数据寄存器用于保存 CPU 需要和外部设备进行交互的数据。GPIO 具有低功耗、低成本、控制灵活等优点。本书所设计的 MiniMIPS32_FullSyS 将采用 Xilinx Vivado 提供的 AXI GPIO。

6.1.2 AXI GPIO 简介

AXI GPIO 是一个遵循 AXI4-Lite 接口协议的 IP 核。其可以被配置为单通道 GPIO 或双通道 GPIO，每个通道都可以进行独立的设置。每个通道的 GPIO 引脚数目又可设置为 1～32 个。每个 GPIO 引脚的方向可通过动态编程的方式被配置为输入或输出，并且每一位都可以单独设置复位值。此外，当 AXI GPIO 被设置为输入时，还支持中断的触发。AXI GPIO 的硬件结构如图 6-1 所示，由三部分组成。

- AXI4-Lite 接口模块：该模块实现了一个 32 位的 AXI4-Lite 从设备接口，CPU 通过它访问 AXI GPIO 中的存储器地址映射的寄存器，并与之进行数据交互。
- 中断控制模块：中断控制模块从 GPIO 通道获取中断状态，并向 CPU 发出中断请求。在 Vivado 集成开发环境中，通过设置中断使能选项可以启用该模块。
- GPIO 核：该模块具有一系列的寄存器和多路选择器，用于从 GPIO 通道中读取数据或向 GPIO 通道写入数据。此外，其还包含一套在 GPIO 通道的输入值改变时，用于识别中断触发事件的逻辑模块。

图 6-1 中的 GPIO 三态控制寄存器实际上并不是 AXI GPIO 的一部分。它们是 Vivado 生成顶层封装文件时自动添加的。

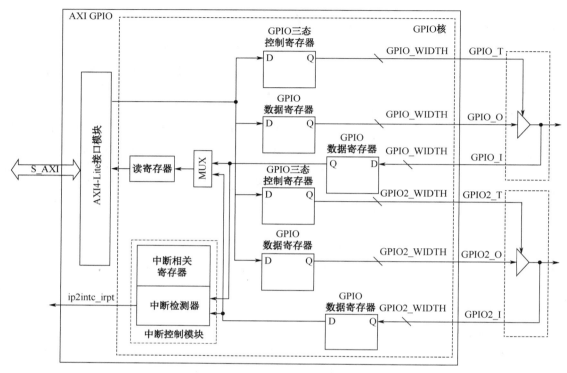

图 6-1　AXI GPIO 的硬件结构

AXI GPIO 的 I/O 接口信号如表 6-1 所示，由三部分组成，分别是系统信号、AXI 接口信号和 GPIO 接口信号。

表 6-1　AXI GPIO 的 I/O 接口信号

序　号	信　号　名	类　　型	方　向	初始状态	功　能　描　述
系统信号					
1	s_axi_aclk	System	输入	—	AXI 系统时钟
2	s_axi_aresetn	System	输入	—	AXI 系统复位，低电平有效
3	ip2intc_irpt	System	输出	0x0	AXI GPIO 中断信号。高电平有效的电平敏感信号
AXI 接口信号					
4	s_axi_*	S_AXI	—	—	AXI4-Lite 从接口信号
GPIO 接口信号					
5	gpio_io_i	GPIO	输入	—	通道 1 的通用输入信号，其宽度可以进行配置
6	gpio_io_o	GPIIO	输出	0	通道 1 的通用输出信号，其宽度可以进行配置
7	gpio_io_t	GPIO	输出	1	通道 1 的通用三态控制信号，其宽度可以进行配置

续表

序　　号	信 号 名	类　　型	方　　向	初始状态	功 能 描 述
8	gpio2_io_i	GPIO	输入	—	通道 2 的通用输入信号，其宽度可以进行配置
9	gpio2_io_o	GPIO	输出	0	通道 2 的通用输出信号，其宽度可以进行配置
10	gpio2_io_t	GPIO	输出	1	通道 2 的通用三态控制信号，其宽度可以进行配置

对 AXI GPIO 的配置和使用是通过一系列 32 位寄存器实现的，如表 6-2 所示。

表 6-2　AXI GPIO 中的寄存器

寄存器名称	地址[①]	访问类型	默 认 值	功 能 描 述
GPIO_DATA	0x0000	读/写	0x0	通道 1 的 AXI GPIO 数据寄存器
GPIO_TRI	0x0004	读/写	0x0	通道 1 的 AXI GPIO 三态控制寄存器
GPIO2_DATA	0x0008	读/写	0x0	通道 2 的 AXI GPIO 数据寄存器
GPIO2_TRI	0x000C	读/写	0x0	通道 2 的 AXI GPIO 三态控制寄存器
GIER[②]	0x011C	读/写	0x0	全局中断使能寄存器
IP IER[②]	0x0128	读/写	0x0	IP 中断使能寄存器
IP ISR[②]	0x0120	读/切换写[③]	0x0	IP 中断状态寄存器

① 表示该寄存器的偏移地址，与分配给 AXI GPIO 的基地址相加，得到该寄存器在整个系统存储空间中的实际地址。

② 仅当中断使能选项被设置后，这些与中断相关的寄存器才是可以使用的。

③ 切换写（Toggle-On-Write, TOW）表示当某一位被写入 1 时，其对应位的值被翻转。

表 6-2 中的寄存器并不都是可用的，这取决于 AXI GPIO 的配置情况，如表 6-3 所示。对于不可用的寄存器进行写操作不会产生任何影响，进行读操作则返回全零值。

表 6-3　AXI GPIO 中寄存器的可用性和配置参数的关系

配 置 参 数		寄存器的可用性				
		GPIO_DATA	GPIO_TRI	GPIO2_DATA	GPIO2_TRI	GIER IPIER IPISR
双通道使能	0	Yes	Yes	No	No	N/A
	1	Yes	Yes	Yes	Yes	N/A
中断使能	0	N/A				No
	1	N/A				Yes

1. AXI GPIO 数据寄存器（GPIOx_DATA）

AXI GPIO 数据寄存器用来读取通用输入引脚的数据或向通用输出引脚写入数据。AXI GPIO IP 核具有两个数据寄存器（GPIO_DATA 和 GPIO2_DATA），分别对应两个通道。通道 1 的数据寄存器（GPIO1_DATA）总是可用的；通道 2 的数据寄存器只有在 IP 核被设置为双通道时，才是可用的。AXI GPIO 数据寄存器的宽度可以被配置为 1～32 位，其比特位分布和定义如图 6-2 和表 6-4 所示。

图 6-2　AXI GPIO 数据寄存器的比特位分布

表 6-4　AXI GPIO 数据寄存器的比特位定义

位	名　称	访问方式	复位值	功能描述
[GPIOx_WIDTH-1 : 0]	GPIOx_DATA	读/写	默认的输出值	当被设置为输入时，用于读取输入引脚的值；当被设置为输出时，用于将数据写入 AXI GPIO 数据寄存器，并从输出引脚输出

2. AXI GPIO 三态控制寄存器（GPIOx_TRI）

AXI GPIO 三态控制寄存器可用来将 I/O 引脚方向设置为输入或输出。当该寄存器中的某一位被设置为"1"时，其对应的 I/O 引脚被配置为输入引脚。当某一位被清零时，其对应的 I/O 引脚被配置为输出引脚。

AXI GPIO IP 核中有两个三态控制寄存器（GPIO_TRI 和 GPIO2_TRI），分别对应两个通道。通道 2 的三态控制寄存器（GPIO2_TRI）只有在 IP 核被设置为双通道时，才是可用的。其比特位分布和定义如图 6-3 和表 6-5 所示。

图 6-3　AXI GPIO 三态控制寄存器的比特位分布

表 6-5　AXI GPIO 三态控制寄存器的比特位定义

位	名　称	访问方式	复位值	功能描述
[GPIOx_WIDTH-1 : 0]	GPIOx_TRI	读/写	默认的三态值	每个 I/O 引脚都可以被独立设置为输入或输出。 0：I/O 引脚被设置为输出。 1：I/O 引脚被设置为输入

3. 全局中断使能寄存器（GIER）

全局中断使能寄存器是一个 32 位寄存器。其中，第 31 位是可读可写的，用于对 AXI GPIO IP 核中所有通道的中断使能进行控制。只有在 Vivado 中设置了使能中断选项，这个寄存器才是有效的。其比特位的分布和定义如图 6-4 和表 6-6 所示。

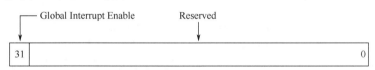

图 6-4　全局中断使能寄存器的比特位分布

表6-6　全局中断使能寄存器的比特位定义

位	名　　称	访 问 方 式	复 位 值	功 能 描 述
31	Global Interrupt Enable	读/写	0	全局中断使能位，确定是否可将 GPIO 中断信号发往 CPU。 0：禁止中断 1：使能中断
31 - 0	Reserved	N/A	0	保留

4．IP 中断使能寄存器（IPIER）

IP 中断使能寄存器是一个 32 位寄存器，只有低 2 位是有效的，分别对应 AXI GPIO IP 核中两个通道的中断使能。在 GIER 的全局中断使能信号有效的前提下，该寄存器中两个中断使能位才起作用。此外，只有在 Vivado 中设置了使能中断选项，这个寄存器才是有效的。其比特位的分布和定义如图 6-5 和表 6-7 所示。

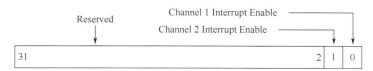

图 6-5　IP 中断使能寄存器的比特位分布

表6-7　IP 中断使能寄存器的比特位定义

位	名　　称	访 问 方 式	复 位 值	功 能 描 述
31 - 2	Reserved	N/A	0	保留
1	Channel 2 Interrupt Enable	读/写	0	通道 2 中断使能位。 0：禁止中断 1：使能中断
0	Channel 1 Interrupt Enable	读/写	0	通道 1 中断使能位。 0：禁止中断 1：使能中断

5．IP 中断状态寄存器（IPISR）

IP 中断状态寄存器也是一个 32 位寄存器，只有低 2 位是有效的，分别对应 AXI GPIO IP 核中两个通道的中断状态。当某个通道的输入信号发生变化时，就会触发中断，并将该寄存器中的对应位设置为"1"，表示产生了中断。由于 IPISR 具有切换写的属性，因此，清除中断时只需要向相应的中断状态位写入"1"即可。此外，只有在 Vivado 中设置了使能中断选项，这个寄存器才是有效的。其比特位的分布和定义如图 6-6 和表 6-8 所示。

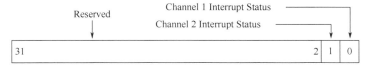

图 6-6　IP 中断状态寄存器的比特位分布

表 6-8　IP 中断状态寄存器的比特位定义

位	名　　称	访问方式	复位值	功能描述
31 - 2	Reserved	N/A	0	保留
1	Channel 2 Interrupt Status	读/切换写	0	通道 2 中断状态位。 0：通道 2 没有产生中断 1：通道 2 产生了中断
0	Channel 1 Interrupt Status	读/切换写	0	通道 1 中断状态位。 0：通道 1 没有产生中断 1：通道 1 产生了中断

MiniMIPS32_FullSyS 不会用到 AXI GPIO 的中断功能，故可按下列步骤使用该 IP：

- 对于输入而言，首先需要将某通道的三态控制寄存器（GPIOx_TRI）的相应位设置为"1"，然后读取该通道的数据寄存器（GPIOx_DATA）的对应位即可。
- 对于输出而言，首先需要将某通道的三态控制寄存器（GPIOx_TRI）的相应位设置为"0"，然后向该通道的数据寄存器（GPIOx_DATA）的对应位写入值即可。

6.1.3　基于 AXI Interconnect 的 MiniMIPS32_FullSyS 设计——AXI GPIO 的集成

本节将继续采用 Vivado 中 Block Design 方法，在 MiniMIPS32_FullSyS 中添加两个 AXI GPIO，并与 AXI Interconnect 进行集成，用于控制 Nexys4 DDR 开发板上的 16 个单色 LED 灯、2 个三色 LED 灯和 8 个七段数码管，如图 6-7 所示。具体步骤如下。

图 6-7　Nexys4 DDR 开发板上的 GPIO 设备

步骤一．添加 AXI GPIO IP 核

（1）启动 Vivado 集成开发环境，打开之前设计的 MiniMIPS32_FullSyS 工程，双击 MiniMIPS32_FullSyS.bd 进入 Block Design 界面。

（2）单击"+"添加 IP 核，在弹出窗口的 Search 文本框中输入 AXI GPIO 即可搜索到对应的 IP 核，如图 6-8（a）所示。然后，双击完成 AXI GPIO 的添加（axi_gpio_0），再用同样方法添加一个 AXI GPIO（axi_gpio_1），如图 6-8（b）所示。

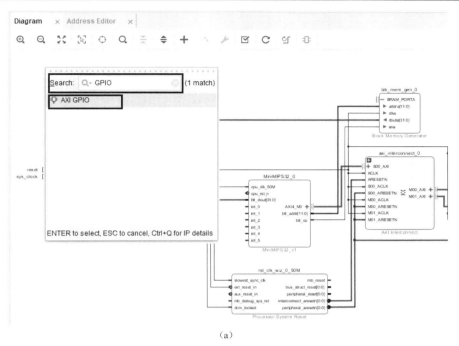

（a）

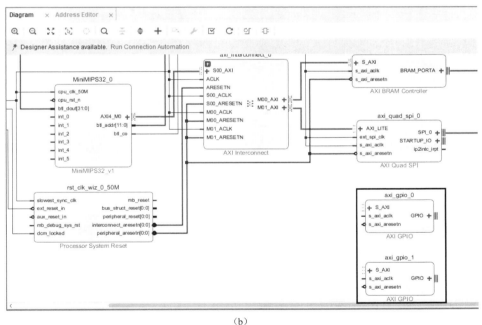

（b）

图 6-8　添加 AXI GPIO IP 核

（3）双击所添加的第 1 个 AXI GPIO IP 核（axi_gpio_0）打开配置界面。在 Board 选项中，对于通道 1，从 Board Interface 下拉菜单中选择"led 16bits"；对于通道 2，从 Board Interface 下拉菜单中选择"rgb led"，将所添加 IP 核和板卡上的 16 个单色 LED 灯及 2 个三色 LED 灯相连接，如图 6-9（a）所示。在 IP Configuration 选项中，可以看出通道 1 和通道 2 的宽度分别为 16 和 6，与所连接外设的宽度一致，如图 6-9（b）所示，单击"OK"按钮完成配置。

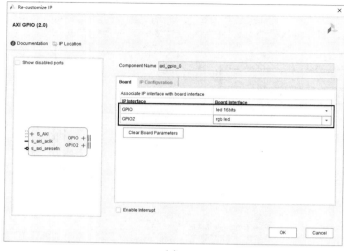

（a）

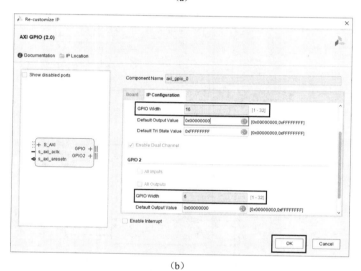

（b）

图 6-9　配置 AXI GPIO IP 核（axi_gpio_0）

（4）双击所添加的第 2 个 AXI GPIO IP 核（axi_gpio_1）打开配置界面。在 Board 选项中，对于通道 1，从 Board Interface 下拉菜单中选择 "dual seven seg led disp"；对于通道 2，从 Board Interface 下拉菜单中选择 "seven seg led an"，将所添加 IP 核和板卡上的 8 个七段数码管的段选端和使能端相连，如图 6-10（a）所示。在 IP Configuration 选项中，可以看出通道 1 和通道 2 的宽度均为 8，前者对应 8 个七段数码管的 8 个段选信号（a～g 和 dp），后者对应 8 个七段数码管的使能信号，单击 "OK"按钮完成配置，如图 6-10（b）所示。

步骤二．IP 核连接

单击 Run Connection Automation，勾选 All Automation 复选框，如图 6-11（a）所示，再单击 "OK"按钮完成 AXI GPIO 与 AXI Interconnect 的连接，如图 6-11（b）所示。此外，从原理图中可以看出，共生成了 4 个对外输出端口，分别是 led_16bits、rgb_led、dual_seven_seg_led_disp 和 seven_seg_led_an，用于连接板卡上的单色 LED 灯、三色 LED 灯和七段数码管。

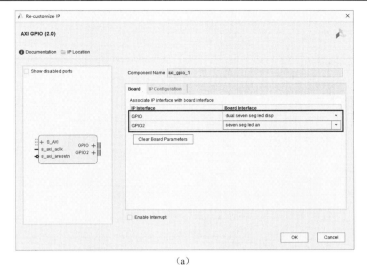

（a）

（b）

图 6-10 配置 AXI GPIO（axi_gpio_1）

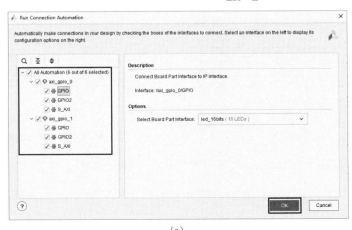

（a）

图 6-11 自动连接 AXI GPIO 和 AXI Interconnect

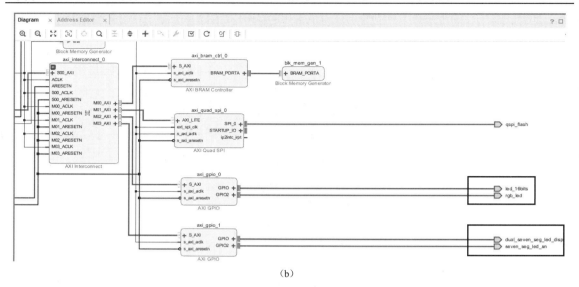

（b）

图 6-11　自动连接 AXI GPIO 和 AXI Interconnect（续）

步骤三. 地址分配

（1）单击 Block Design 界面上的 Address Editor（地址编辑器）选项，可以看到所添加的两个 AXI GPIO IP 核，如图 6-12 所示。

（2）根据第 3 章表 3-1 给出的 MiniMIPS32_FullSyS 中各个外设的地址映射，所添加的两个 AXI GPIO IP 核的地址范围分别是 0xBFD0_0000～0xBFD0_0FFF 和 0xBFD0_1000～0xBFD0_1FFF，容量均为 4KB。由于该部分地址空间采用固定地址映射，访存地址在送出 MiniMIPS32 处理器时高 3 位已经被清 0，所以在 Address Editor 中对此段地址应该配置为 0x1FD0_0000～0x1FD0_0FFF 和 0x1FD0_1000～0x1FD0_1FFF，如图 6-13 所示。其中，修改 axi_gpio_0 的 Offset Address（基地址）为 0x1FD0_0000，从 Range（容量）下拉菜单中选择 4K，地址编辑器可根据容量自动计算出高字节地址为 0x1FD0_0FFF；修改 axi_gpio_1 的 Offset Address（基地址）为 0x1FD0_1000，从 Range（容量）下拉菜单中选择 4K，地址编辑器可根据容量自动计算出高字节地址为 0x1FD0_1FFF。

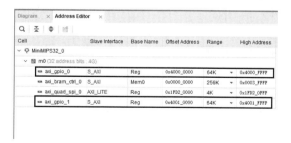

图 6-12　地址编辑器

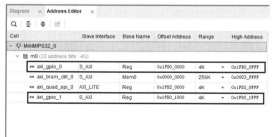

图 6-13　配置 AXI GPIO 的地址范围

最终，集成了 AXI GPIO 的 MiniMIPS32_FullSyS 系统原理图如图 6-14 所示。

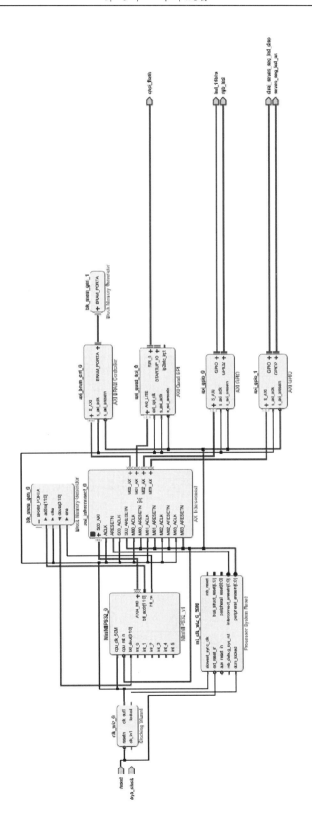

图 6-14 集成了 AXI GPIO IP 核的 MiniMIPS32_FullSyS 系统原理图

6.1.4　AXI GPIO 的功能验证

1. 完善 MiniMIPS32_FullSyS 系统设计

为了对添加了 AXI GPIO 的 MiniMIPS32_FullSyS SoC 进行功能验证，还需要对设计进行完善。首先，从原理图可以看出，MiniMIPS32 处理器核的 int_0～int_5 6 个中断源还处于悬空状态，这样无法通过 Vivado 对原理图进行设计和检查。对于目前的设计而言，这 6 个中断源是不需要连接的，因此将其统一接到低电平，使其不起作用即可。为了将中断源统一接到低电平，需要添加 Vivado 提供的 Constant（常量）IP 核，具体步骤如下。

步骤一. 添加 Constant IP 核

（1）在 Block Design 界面，单击 "+" 添加 IP 核，在弹出窗口的 Search 文本框中输入 Constant 即可搜索到对应的 IP 核，如图 6-15（a）所示。然后，双击完成 Constant IP 核的添加，如图 6-15（b）所示。

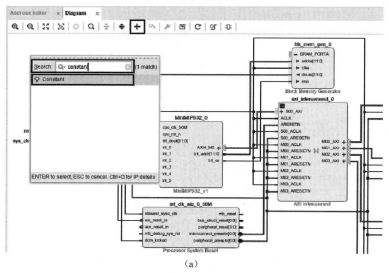

（a）

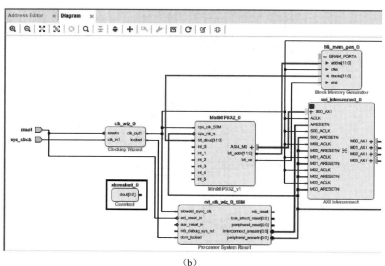

（b）

图 6-15　添加 Constant IP 核

（2）双击所添加的 Constant IP 核，打开配置界面，将 Const Width（常量宽度）设置为 1，Const Val（常量值）设置为 0，如图 6-16 所示，单击"OK"按钮完成配置。

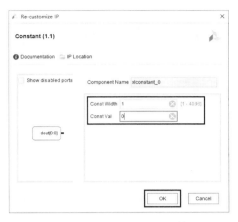

图 6-16　配置 Constant IP 核

步骤二. IP 核连接

手动将 MiniMIPS32 处理器核的 6 个外部中断源 int_0～int_5 连接到 Constant IP 核的 dout 端口，即将 6 个外部中断源连接到了低电平，如图 6-17 所示。

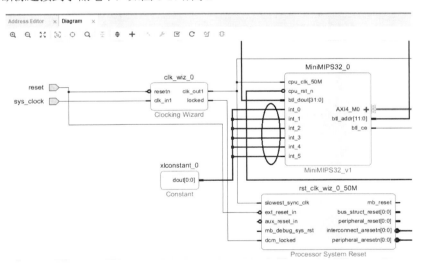

图 6-17　连接 Constant IP 核

2. Bootloader 的设计与实现

本书中 Bootloader 为系统启动代码，即 MiniMIPS32_FullSyS 系统上电或复位后执行的第一段代码（第一条指令的地址为 0xBFC0_0000）。其主要完成一些硬件初始化工作，然后将固化在 Nexys4 DDR 板卡 Flash（相当于系统的硬盘）中的用户程序或操作系统装载到主存中（AXI BRAM）并启动运行。其设计与实现步骤如下。

步骤一. Bootloader 的设计

Bootloader 程序位于"配套资源\Chapter_6\project\GPIO\soft\bootloader"路径下。主要由 3 个程序构成，分别是 start.S、src\bootloader.h 和 src\bootloader.c。

（1）start.S 用于完成系统初始化工作，并完成分别启动 bootloader 和用户程序的任务，源代码如图 6-18 所示。

```
01        .set      noreorder
02        .globl    _start
03    _start:
04        lui $29, 0x8003
05        lui $30, 0x8003
06        ori $29, $29, 0xfff0      # 设置栈指针寄存器$sp
07        ori $30, $30, 0xfff0      # 设置帧指针寄存器$fp
08
09        jal       main           # 调用bootloader主程序，将存放Flash中的应用程序搬运到主存中
10        nop
11
12        lui $3, 0x8000           # 启动应用程序
13        jr $3
14        nop
```

图 6-18　start.S 源代码

第 4～7 行代码用于为程序运行设置栈指针寄存器（$sp）和帧指针寄存器（$fp）。

第 9～10 行代码实现对 bootloader 主程序的调用（标号 main 表示程序 bootloader.c 的入口函数地址），完成将存放在 Nexys4 DDR 板卡 Flash 中的用户程序搬运到 AXI BRAM 中。

第 12～13 行代码用于转移到用户程序入口地址，根据第 3 章表 3-1 给出的 MiniMIPS32_FullSyS 的存储空间地址分配可知，用户程序的入口地址为 0x8000_0000。

（2）src/bootloader.h 为 bootloader 头文件，代码如图 6-19 所示。

```
01    typedef unsigned char   BOOLEAN;
02    typedef unsigned char   INT8U;
03    typedef signed   char   INT8S;
04    typedef unsigned short  INT16U;
05    typedef signed   short  INT16S;
06    typedef unsigned int    INT32U;
07    typedef signed   int    INT32S;
08
09    typedef unsigned char   u8;
10    typedef unsigned short  u16;
11    typedef unsigned int    u32;
12
13    #define REG8(add) *((volatile INT8U *)(add))      // 8位寄存器地址宏定义
14    #define REG16(add) *((volatile INT16U *)(add))    // 16位寄存器地址宏定义
15    #define REG32(add) *((volatile INT32U *)(add))    // 32位寄存器地址宏定义
16
17
18    #define QSPI_BASE          0xbfd20000       // AXI Quad SPI控制器基地址
19    #define QSPI_DGIER         0x0000001c       // AXI Quad SPI全局中断使能寄存器偏移地址
20    #define QSPI_IPISR         0x00000020       // AXI Quad SPI中断状态寄存器偏移地址
21    #define QSPI_IPIER         0x00000028       // AXI Quad SPI中断使能寄存器偏移地址
22    #define QSPI_SRR           0x00000040       // AXI Quad SPI软件复位寄存器偏移地址
23    #define QSPI_SPICR         0x00000060       // AXI Quad SPI控制寄存器偏移地址
24    #define QSPI_SPISR         0x00000064       // AXI Quad SPI状态寄存器偏移地址
25    #define QSPI_SPIDTR        0x00000068       // AXI Quad SPI数据发送寄存器偏移地址
26    #define QSPI_SPIDRR        0x0000006c       // AXI Quad SPI数据接收寄存器偏移地址
27    #define QSPI_SPISRR        0x00000070       // AXI Quad SPI片选信号寄存器偏移地址
28    #define QSPI_SPITF         0x00000074       // AXI Quad SPI发送FIFO占用寄存器偏移地址
29    #define QSPI_SPIRF         0x00000078       // AXI Quad SPI接收FIFO占用寄存器偏移地址
30
31    #define UCODE_BASE         0x80000000       // AXI BRAM（用户程序）的基地址
32
33    #define UCODE_SIZE         32*1024          // 用户程序的大小
34    #define PAGE_SIZE          256              // Flash页大小
35    #define READ_WRITE_EXTRA_BYTES    4
36
37    static u8 ReadBuffer[PAGE_SIZE + READ_WRITE_EXTRA_BYTES + 4];   // 读缓存，用于保存从Flash中读出的数据
38    static u8 WriteBuffer[PAGE_SIZE + READ_WRITE_EXTRA_BYTES];      // 写缓存，用于保存写入Flash的命令和访问地址
39
40    /****************************************************************/
41    /****************************************************************/
42    // AXI Quad SPI传输函数
43    void XSpi_Transfer(u8 *SendBufPtr, u8 *RecvBufPtr, unsigned int ByteCount) {
44        u32 ControlReg;
45        u32 StatusReg;
46        u32 Data = 0;
47        u8  DataWidth = 8;
48
```

图 6-19　src/bootloader.h 源代码

```
49        u8 *SendBufferPtr = SendBufPtr;
50        u8 *RecvBufferPtr = RecvBufPtr;
51        unsigned int RequestedBytes = ByteCount;
52        unsigned int RemainingBytes = ByteCount;
53
54        StatusReg = REG32(QSPI_BASE + QSPI_SPISR);
55
56        while (((StatusReg & 0x00000008) == 0) && (RemainingBytes > 0)) {
57            Data = *SendBufferPtr;
58
59            REG32(QSPI_BASE + QSPI_SPIDTR) = Data;
60            SendBufferPtr += (DataWidth >> 3);
61            RemainingBytes -= (DataWidth >> 3);
62            StatusReg = REG32(QSPI_BASE + QSPI_SPISR);
63        }
64
65        REG32(QSPI_BASE + QSPI_SPISRR) = ~0x01;
66        ControlReg = REG32(QSPI_BASE + QSPI_SPICR);
67        ControlReg &= ~0x00000100;
68        REG32(QSPI_BASE + QSPI_SPICR) = ControlReg;
69
70        while(ByteCount > 0) {
71            do {
72                    StatusReg = REG32(QSPI_BASE + QSPI_IPISR);
73            } while (StatusReg & 0x00000004) == 0);
74            REG32(QSPI_BASE + QSPI_IPISR) = StatusReg | 0x00000004;
75            ControlReg = REG32(QSPI_BASE + QSPI_SPICR);
76            ControlReg = ControlReg | 0x00000100;
77            REG32(QSPI_BASE + QSPI_SPICR) = ControlReg;
78            StatusReg = REG32(QSPI_BASE + QSPI_SPISR);
79            while ((StatusReg & 0x00000001) == 0) {
80                Data = REG32(QSPI_BASE + QSPI_SPIDRR);
81                *RecvBufferPtr++ = (u8)Data;
82                ByteCount -= (DataWidth >> 3);
83                StatusReg = REG32(QSPI_BASE + QSPI_SPISR);
84            }
85
86            if (RemainingBytes > 0) {
87                StatusReg = REG32(QSPI_BASE + QSPI_SPISR);
88                while(((StatusReg & 0x00000008)== 0) && (RemainingBytes > 0)) {
89                    Data = *SendBufferPtr;
90                    REG32(QSPI_BASE + QSPI_SPIDTR) = Data;
91                    SendBufferPtr += (DataWidth >> 3);
92                    RemainingBytes -= (DataWidth >> 3);
93                    StatusReg = REG32(QSPI_BASE + QSPI_SPISR);
94                }
95                ControlReg = REG32(QSPI_BASE + QSPI_SPICR);
96                ControlReg &= ~0x00000100;
97                REG32(QSPI_BASE + QSPI_SPICR) = ControlReg;
98            }
99        }
100
101       ControlReg = REG32(QSPI_BASE + QSPI_SPICR);
102       ControlReg |= 0x00000100;
103       REG32(QSPI_BASE + QSPI_SPICR) = ControlReg;
104       REG32(QSPI_BASE + QSPI_SPISRR) = 1;
105   }
```

图 6-19　src/bootloader.h 源代码（续）

第 13～15 行代码定义了用于访问 8 位、16 位和 32 位寄存器的宏。

第 18～29 行代码定义了 AXI Quad SPI 控制器的基地址（0xBFD2_0000）和各个内部寄存器的偏移地址。

第 31～35 行代码定义了 AXI BRAM 的基地址（UCODE_BASE）、用户程序的大小（UCODE_SIZE），以及 Flash 页大小。

第 37～38 行代码定义了两个缓存，其中 WriteBuffer 用于保存写入 Flash 中的命令和访问地址，ReadBuffer 用于保存从 Flash 中读出的数据（用户程序）。

第 43～104 行代码定义了 XSpi_Transfer 函数，该函数的作用是使 AXI Quad SPI 控制器发起 SPI 传输。其中参数 SendBufPtr 和 RecvBufPtr 分别是指向 AXI QSPI 发送缓冲区和接收缓冲区的指针，ByteCount 表示传输的数据量。该函数参考了 Vivado SDK 提供的 SPI 接口驱动程序。

（3）src/bootloader.c 为 bootloader 主程序，实现将存放在 Nexys4 DDR 板卡 Flash 中的用户程序搬运至 MiniMIPS32_FullSyS 系统主存（AXI BRAM）中，源代码如图 6-20 所示。

第 8～13 行代码用于初始化 AXI Quad SPI 控制器中的软件复位寄存器（SRR）和控制寄存器（SPICR）。根据 5.2.4 节所述，SRR 初始化为"0x0000_000A"后 SPI 控制器中相关寄存器复位。SPICR 中的第 5 位（TX FIFO Reset）和第 6 位（RX FIFO Reset）被置 1，用于将发送 FIFO 和接收 FIFO 指针进行复位；第 2 位（Master）和第 1 位（SPE）被置 1，表示将 SPI 控制器设置为主模式并使能。

```
01    #include "bootloader.h"
02
03    int main()
04    {
05        int index;
06        u32 address = 0x000000;
07        // 初始化AXI Quad SPI的软件复位寄存器
08        REG32(QSPI_BASE + QSPI_SRR) = 0x0000000A;
09
10        // 初始化AXI Quad SPI的控制寄存器
11        u32 ControlReg = REG32(QSPI_BASE + QSPI_SPICR);
12        ControlReg |= 0x00000020 | 0x00000040 | 0x00000002 | 0x00000004;
13        REG32(QSPI_BASE + QSPI_SPICR) = ControlReg;
14
15        // 将存放在Nexys4 DDR板卡Flash中的用户程序搬运至AXI BRAM中
16        int offset = 0;
17        while(offset < UCODE_SIZE) {
19            for(index = 0; index < PAGE_SIZE + READ_WRITE_EXTRA_BYTES; index++) {
20                ReadBuffer[index] = 0x0;
21            }
22
23            // 在写缓存中设置Flash读命令和访问地址
24            WriteBuffer[0] = 0x03;                                              //读命令
25            WriteBuffer[1] = (u8) (address >> 16);                             // 24位读地址
26            WriteBuffer[2] = (u8) (address >> 8);
27            WriteBuffer[3] = (u8) address;
28
29            /******************************************************** **/
30            /* 从Flash中读取数据；                                        */
31            /* 第一步：将保存在写缓存中的命令和地址发送给Flash，启动读请求      */
32            /* 第二步：从读缓存中获取数据                                  */
33            /********************************************************* */
34            XSpi_Transfer(WriteBuffer, ReadBuffer, (PAGE_SIZE + READ_WRITE_EXTRA_BYTES));
35
36            // 将读缓存中的数据转化为32位指令，并写入AXI BRAM（UCODE_BASE）中
37            for(index = 0; index < PAGE_SIZE; index+=4) {
38                u32 inst = ReadBuffer[index + READ_WRITE_EXTRA_BYTES] | (ReadBuffer[index + READ_WRITE_EXTRA_BYTES + 1] << 8)
39                    | (ReadBuffer[index + READ_WRITE_EXTRA_BYTES + 2] << 16) | (ReadBuffer[index + READ_WRITE_EXTRA_BYTES + 3] << 24);
40                (* (volatile unsigned *) (UCODE_BASE + offset + index) ) = inst;
41            }
42
43            // 生成读取下一页的地址
44            offset = offset + PAGE_SIZE;
45            address = address + PAGE_SIZE;
46        }
47
48        return 0;
49    }
```

图 6-20　src/bootloader.c 源代码

　　第 17 行开始的 while 循环根据所设置的用户程序容量（UCODE_SIZE），完成将存放在 Nexys4 DDR 板卡 Flash 中的用户程序搬运至 AXI BRAM 中。

　　第 24～27 行使用 WriteBuffer 保存通过 AXI Quad SPI 控制器传送到 Flash 的命令和访问地址。其中，WriteBuffer[0] 保存读命令 0x03，WriteBuffer[1]～WriteBuffer[3] 保存 24 位访问地址，根据 SPI 传输协议，每次传输数据位为 8bit，故地址分 3 次传入。

　　第 34 行为 SPI 传输函数（在 bootloader.h 中定义），其将 WriteBuffer 中的命令和访问地址送入 Flash 中，然后将从 Flash 中读出的数据（用户程序）存入 ReadBuffer，每次读出的数据量为 1 页。

　　第 37～41 行将从 Flash 中读出的数据（ReadBuffer）转化为 32 位指令，然后转存至 AXI BRAM 中，AXI_BRAM 的基地址为 UCODE_BASE。

　　第 44～45 行更新地址，读取 Flash 中的下一页数据。

　　步骤二．编译并生成 coe 文件

　　在控制台中进入"配套资源\Chapter_6\GPIO\soft\bootloader"路径，输入 make 命令，完成 bootloader 的编译。生成的 bootloader.coe 文件位于"配套资源\Chapter_6\GPIO\soft\bootloader\build"目录，该文件是从 bootloader 可执行文件中提取的所有指令。注意，若对 bootloader 程序进行了修改，则需要在控制台先输入 make clean 命令，再输入 make 命令重新编译。

步骤三. 加载 coe 文件

在 Block Design 界面双击 blk_mem_gen_0，如图 6-21（a）所示。在配置界面进入 Other Options 选项，勾选 Load Init File 复选框，单击 Browse 按钮选择已经生成的 bootloader.coe 文件，如图 6-21（b）所示，单击"OK"按钮关闭配置窗口。添加成功后，在 Sources 界面中 Coefficient Files 下可以看到所添加的 coe 文件，如图 6-21（c）所示。

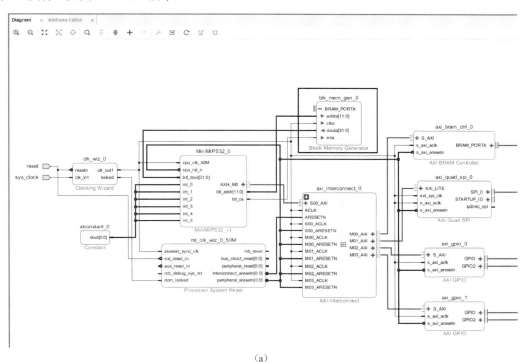

（a）

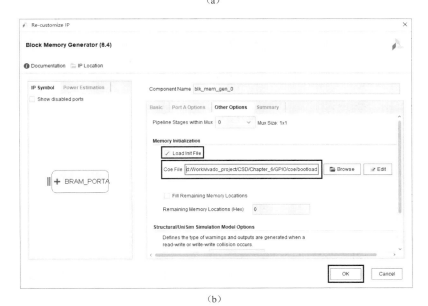

（b）

图 6-21　加载 coe 文件（bootloader 程序）

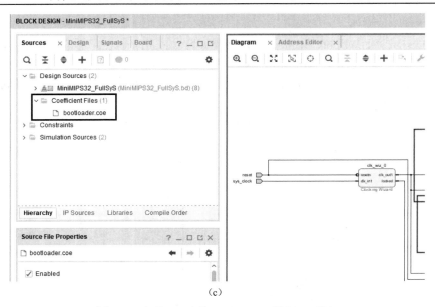

（c）

图 6-21　加载 coe 文件（bootloader 程序）（续）

3．功能验证

步骤一．添加约束文件

（1）首先，在 Sources 界面单击"+"添加源文件，如图 6-22（a）所示。然后，在弹出的 Add Sources 界面中，选择第 1 项 Add or create constraints，如图 6-22（b）所示，单击"Next"按钮进入下一步。在弹出的 Add or Create Constraints 界面中，单击"Create File"按钮，如图 6-22（c）所示，弹出 Create constraints File 界面，用于创建约束文件。在文本框 File name 中输入 MiniMIPS32_FullSyS，其他选项保持默认，即创建了一个名为 MiniMIPS32_FullSyS.xdc 的约束文件，单击"OK"按钮，退出该界面。最后单击"Finish"按钮完成约束文件的添加。

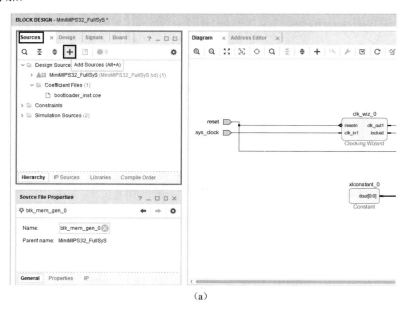

（a）

图 6-22　添加约束文件

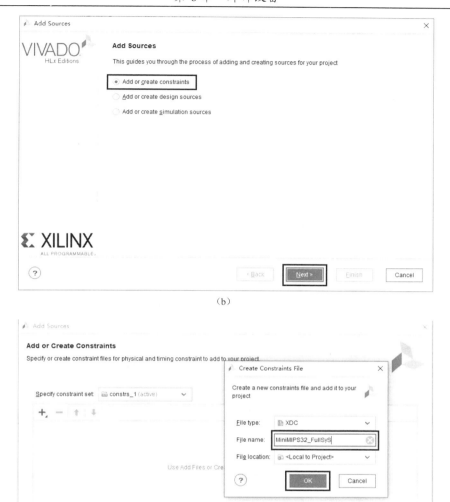

（b）

（c）

图 6-22 添加约束文件（续）

（2）此时，在主界面 Sources 窗口的 Constraints 目录下可看到刚添加的文件 MiniMIPS32_ FullSyS.xdc，双击该文件，打开编辑界面，输入引脚约束和时钟约束，如图 6-23 所示。本设计中只需设置系统时钟 sys_clock 和复位 reset 的引脚约束，分别将其连接到 Nexys4 DDR 板卡 FPGA 芯片的 E3 引脚和 C12 引脚。其中，E3 引脚另一端连接板卡上的 100MHz 时钟晶振，C12 引脚另一端连接板卡上的 CPU 复位按钮。由于设计中使用了板卡描述文件，除上述两个端口之外，MiniMIPS32_FullSyS 的其他对外端口不再需要进行约束。

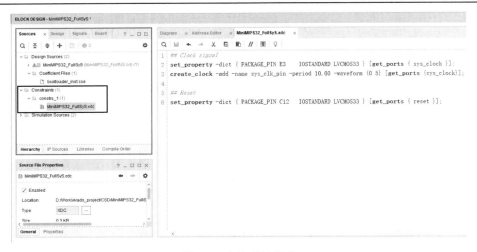

图 6-23　添加设计约束

步骤二. 设计检查、封装设计

（1）在 Block Design 主界面中单击"☑"对原理图进行设计检查，如图 6-24（a）所示。在该步骤中 Vivado 将对原理图设计中各模块之间的连接进行检查，如果通过，则弹出如图 6-24（b）所示窗口，单击"OK"按钮退出即可。

（2）在主窗口 Sources 界面中找到 MiniMIPS32_FullSyS.bd 文件，并单击鼠标右键，在弹出的窗口中选择 Generate Output Products，如图 6-25（a）所示，用于将设计中所添加的 IP 核参数和连接信息更新到工程中，同时也会检查是否存在设计错误。在弹出的窗口中，如图 6-25（b）所示，选择"Out of context per IP"，再单击 Generate 按钮。完成后将弹出如图 6-25（c）所示窗口，单击"OK"按钮退出即可。

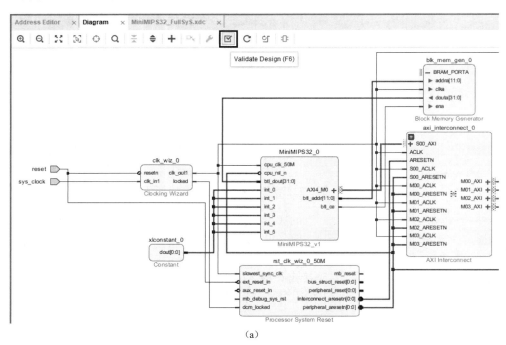

（a）

图 6-24　设计检查

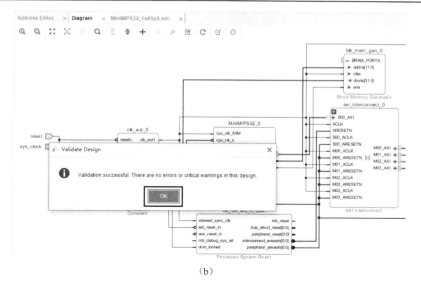

（b）

图 6-24 设计检查（续）

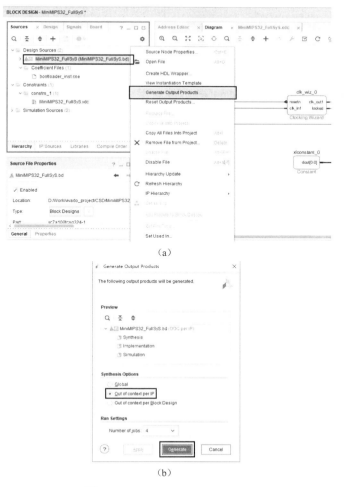

（a）

（b）

图 6-25 Generate Output Products

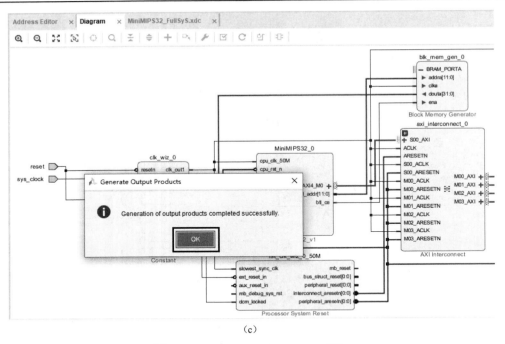

（c）

图 6-25　Generate Output Products（续）

（3）在主窗口 Sources 界面中找到 MiniMIPS32_FullSyS.bd 文件，并单击鼠标右键，在弹出的窗口中选择 Create HDL Wrapper，如图 6-26（a）所示，用于对原理图设计封装一个 HDL 顶层文件。在弹出的窗口中，如图 6-26（b）所示，选择 "Let Vivado manage wrapper and auto-update"，再单击 "OK" 按钮。成功生成后，会在 Sources 界面中出现顶层文件 MiniMIPS32_FullSyS_Wrapper.v，如图 6-26（c）所示。

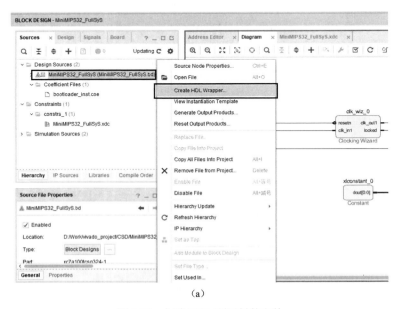

（a）

图 6-26　创建 HDL 顶层封装文件

（b）

（c）

图 6-26 创建 HDL 顶层封装文件（续）

步骤三．综合、实现、生成比特流文件

在 Flow Navigator 中单击 PROGRAM AND DEBUG→Generate Bitstream，完成综合、实现、生成比特流文件操作。

步骤四．编写 AXI GPIO IP 核的功能验证程序

AXI GPIO IP 核的功能验证程序位于"配套资源\Chapter_6\project\GPIO\soft\gpio\src"路径下。主要由 4 个程序构成，分别是 machine.h、gpio.h、gpio0.c 和 gpio1.c。

（1）machine.h 定义了 MiniMIPS32_FullSyS 中所有外设的基地址、内部寄存器的偏移地址及一些通用的宏定义和函数，代码如图 6-27 所示。

第 18～29 行代码定义了 MiniMIPS32_FullSyS 中两个 AXI GPIO IP 核的基地址和内部寄存器的偏移地址。

第 34～39 行代码定义了延迟函数，其作用是让某些外设经过一定的时间延迟以得到稳定的输入/输出结果。

（2）gpio.h 定义了 16 位单色 LED 灯、三色 LED 灯和七段数码管的访问函数，代码如图 6-28 所示。

```
01    typedef unsigned   char   BOOLEAN;
02    typedef unsigned   char   INT8U;
03    typedef signed     char   INT8S;
04    typedef unsigned   short  INT16U;
05    typedef signed     short  INT16S;
06    typedef unsigned   int    INT32U;
07    typedef signed     int    INT32S;
08
09    typedef unsigned char    u8;
10    typedef unsigned short   u16;
11    typedef unsigned int     u32;
12
13    #define REG8(add) *((volatile INT8U *)(add))        //8位寄存器地址宏定义
14    #define REG16(add) *((volatile INT16U *)(add))      //8位寄存器地址宏定义
15    #define REG32(add) *((volatile INT32U *)(add))      //32位寄存器地址宏定义
16
17    // axi_gpio_0控制器基地址和内部寄存器偏移地址
18    #define LED_BASE              0xBFD00000
19    #define LED_DATA              0x00000000
20    #define LED_TRI               0x00000004
21    #define RGB_DATA              0x00000008
22    #define RGB_TRI               0x0000000c
23
24    // axi_gpio_1控制器基地址和内部寄存器偏移地址
25    #define X7SEG_BASE            0xBFD01000
26    #define X7SEG_DISP_DATA       0x00000000
27    #define X7SEG_DISP_TRI        0x00000004
28    #define X7SEG_AN_DATA         0x00000008
29    #define X7SEG_AN_TRI          0x0000000c
30
31    #define DELAY_CNT 3000000
32
33    // 延迟函数
34    void delay(int cnt) {
35        int i = 0;
36        while(i < cnt) {
37            i ++;
38        }
39    }
```

图 6-27　machine.h 源代码

```
01    #define RED                   1
02    #define GREEN                 2
03    #define BLUE                  4
04
05    // 7段数码管的段码
06    #define _0                    0b11000000
07    #define _1                    0b11111001
08    #define _2                    0b10100100
09    #define _3                    0b10110000
10    #define _4                    0b10011001
11    #define _5                    0b10010010
12    #define _6                    0b10000010
13    #define _7                    0b11111000
14    #define _8                    0b10000000
15    #define _9                    0b10010000
16    #define _A                    0b10001000
17    #define _B                    0b10000011
18    #define _C                    0b11000110
19    #define _D                    0b10100001
20    #define _E                    0b10000110
21    #define _F                    0b10001110
22
23    #define SCAN_FREQ 3000  // 循环扫描频率
24    #define SCAN_CNT 1000   // 循环扫描次数
25
26    INT32U x7seg_an[] = {0xFE, 0xFD, 0xFB, 0xF7, 0xEF, 0xDF, 0xBF, 0x7F};
27    INT32U x7seg_disp[] = { _0, _1, _2, _3, _4, _5, _6, _7, _8, _9, _A, _B, _C, _D, _E, _F};
28
29    // GPIO初始化
30    void gpio_init()
31    {
32        REG32(LED_BASE + LED_TRI)      =      0x00000000;
33        REG32(LED_BASE + RGB_TRI)      =      0x00000000;
34        REG32(X7SEG_BASE + X7SEG_DISP_TRI) = 0x00000000;
35        REG32(X7SEG_BASE + X7SEG_AN_TRI)  = 0x00000000;
36    }
37
38    // 单色LED灯显示
39    void display_led(INT16U led)
```

图 6-28　gpio.h 源代码

```
40    {
41        REG16(LED_BASE + LED_DATA) = led;
42    }
43
44    // 三色LED灯显示
45    void display_rgb(INT8U rgb1, INT8U rgb2)
46    {
47        REG16(LED_BASE + RGB_DATA) = ((rgb1 << 3) | rgb2);
48    }
49
50    // 七段数码管动态扫描显示
51    void display_seg(INT32U num) {
52        INT32U bit_mask = 0xF;
52        INT32U an, disp;
54        // 7段数码管循环扫描
55        for(an = 0; an < 8; an++) {
56            disp = num & bit_mask;
57            num = num >> 4;
58            REG8(X7SEG_BASE + X7SEG_DISP_DATA) = x7seg_disp[disp];
59            REG8(X7SEG_BASE + X7SEG_AN_DATA) = x7seg_an[an];
60            delay(SCAN_FREQ);
61        }
62    }
```

图 6-28　gpio.h 源代码（续）

第 1～3 行代码定义了三色 LED 灯显示红色、蓝色和绿色的编码。

第 6～21 行代码定义了七段数码管显示 0x0～0xF 对应的段码，板卡上的 8 个七段数码管采用共阳极连接方式，低电平点亮。段码从最低位到最高位代表数码管 a～g 和 dp。

第 30～36 行代码给出了 GPIO 初始化函数，将 AXI GPIO IP 核的端口方向设置为输出方向。

第 39～48 行代码给出了单色 LED 灯和三色 LED 灯的显示程序。

第 51～62 行代码给出了七段数码管的动态扫描显示程序，其中的 for 循环语句在延迟程序 delay 的作用下依次从右向左循环选中 8 个七段数码管的使能端 an，利用视觉暂留效应实现其动态显示，扫描频率由宏 SCAN_FREQ 定义。

（3）gpio0.c 用于测试 MiniMIPS32_FullSyS 中 axi_gpio_0 所连接的外设，即 16 个单色 LED 灯和 2 个三色 LED 灯，代码如图 6-29 所示。

```
01    #include "machine.h"
02    #include "gpio.h"
03    int main()
04    {
05        u16 led = 0x0001;
06        u8 RGB = RED;
07        gpio_init();
08        display_led(led);
09        display_rgb(RED, RED);
10        delay(DELAY_CNT);
11
12        while(1) {
13
14            led = led << 1;
15            RGB = RGB << 1;
16
17            // 如果最左边的单色LED灯已点亮，则重新点亮最右边的LED灯
18            if (led == 0x0000)
19            led = 0x0001;
20            // 如果三色LED灯已显示蓝色，则三色LED灯重新显示红色
21            if (RGB == (BLUE << 1))
22                RGB = RED;
23
24            // 根据led的取值，驱动点亮对应的单色LED灯
25            display_led(led);
26
27            // 根据RGB的取值，驱动点亮三色LED灯
28            if (RGB == RED)
29                display_rgb(RED, RED);
30            else if (RGB == GREEN)
31                display_rgb(GREEN, GREEN);
32            else if (RGB == BLUE)
33                display_rgb(BLUE, BLUE);
34
```

图 6-29　gpio0.c 源代码

```
35          delay(DELAY_CNT);
36      }
37
38      return 0;
39  }
```

图 6-29　gpio0.c 源代码（续）

第 8～10 行代码将最右面的单色 LED 灯点亮，两个三色 LED 灯显示红色，这是本测试代码在 MiniMIPS32_FullSyS 复位后的初始状态。delay( )是延迟函数，用于灯的点亮。

第 14 行代码形成流水灯效果，通过左移使得单色 LED 灯从右向左依次点亮。

第 15 行代码用于产生三色 LED 灯的编码。

第 18～22 行用于重新回到初始状态。如果最左边的灯已经点亮，则下一个状态重新回到最右边的灯点亮的状态。如果三色 LED 为蓝色，则下一个状态回到红色。

第 24～33 行用于根据 led 和 RGB 的取值，点亮单色 LED 灯和三色 LED 灯。

（4）gpio1.c 用于测试 MiniMIPS32_FullSyS 中 axi_gpio_1 所连接的外设，即 8 个七段数码管，代码如图 6-30 所示。

```
01  #include "machine.h"
02  #include "gpio.h"
03  int main()
04  {
05      gpio_init();
06      u32 cnt = 0;
07      u32 scan = 0;
08      while(1) {
09
10          display_seg(cnt);
11          scan++;
12          // 更新计数值
13          if(scan == SCAN_CNT){
14              scan = 0;
15              cnt++;
16          }
17      }
18
19      return 0;
20  }
```

图 6-30　gpio1.c 源代码

第 8～17 行代码调用 display_seg 函数实现通过七段数码管显示递增的计数值。其中，计数值由变量 cnt 给出，递增频率通过宏 SCAN_CNT 定义。

步骤五．基于 Nexys4 DDR 板卡进行功能验证

（1）首先，将 Nexys4 DDR 板卡与 PC 通过 USB Cable 线相连接。然后，在 Flow Navigator 中单击 PROGRAM AND DEBUG→Open Hardware Manager→Open Target→Auto Connect，如图 6-31（a）所示，完成 Vivado 与板卡的自动连接。如果连接成功，则在 Vivado 中识别出所连接板卡上的 FPGA 型号，即 x7ca100t，如图 6-31（b）所示。

（2）在所识别出的 FPGA（x7ca100t）上单击右键，选择 Add Configuration Memory Device，用于添加 Flash 设备，如图 6-32（a）所示。根据 Nexys4 DDR 板卡上 Flash 的型号，在弹出窗口的 Manufacturer（制造商）下拉菜单中选择 Spansion，在 Density（容量）下拉菜单中选择 128，在 Type（接口类型）下拉菜单中选择 spi，在 Width（接口宽度）下拉菜单中选择 x1_x2_x4，最后在筛选出的 Flash 设备中选中第一条，单击"OK"按钮，如图 6-32（b）所示。添加成功后，如图 6-32（c）所示，显示已添加型号为 s25fl128sxxxxxx0 的 Flash 设备。

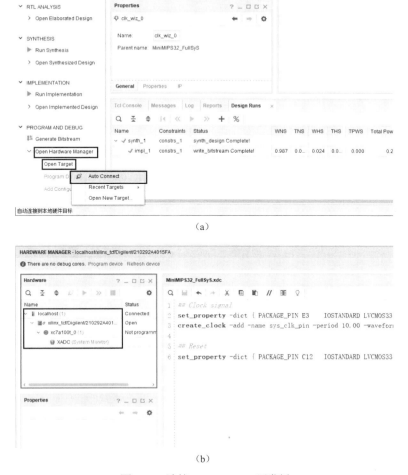

(a)

(b)

图 6-31　连接 Nexys4 DDR 开发板

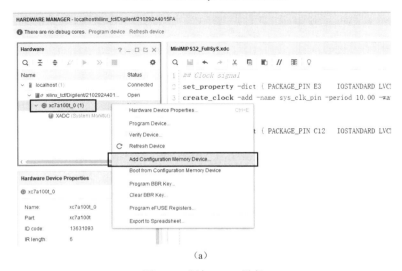

(a)

图 6-32　添加 Flash 设备

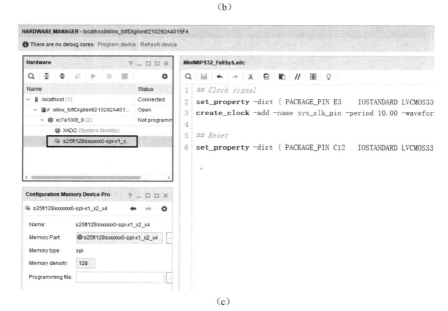

（c）

图 6-32　添加 Flash 设备（续）

（3）在所添加的 Flash 设备上单击右键，选择 Program Configuration Memory Device，如图 6-33（a）所示，对其进行编程，即将待测试的程序写入 Flash 中。在弹出窗口中选择需要编程的 bin 文件，如图 6-33（b）所示，其他选项保持默认即可。单击"OK"按钮启动 Flash 编程。如果成功，则弹出如图 6-33（c）所示的窗口，再单击"OK"按钮关闭窗口即可。

（4）在 HARDWARE MANAGER 选项下，单击 Program device，如图 6-34（a）所示。在弹出的窗口中检查选中的比特流文件（MiniMIPS32_FullSyS_wrapper.bit）是否正确，再单击"Program"按钮，如图 6-34（b）所示。这样比特流文件被烧写到 Nexys4 DDR 开发板的 FPGA 中，即可在开发板上验证测试程序的功能是否正确。

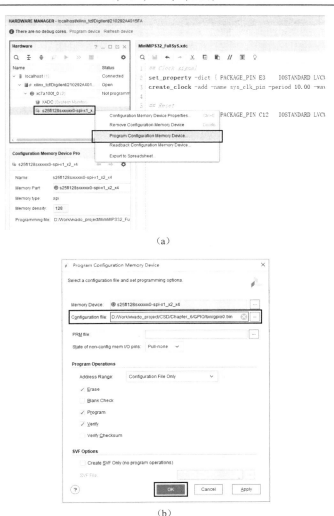

(a)

(b)

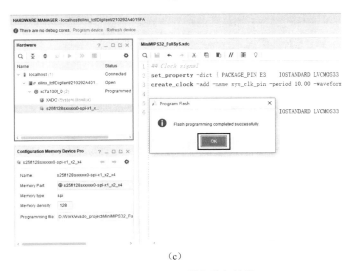

(c)

图 6-33 对 Flash 设备进行编程

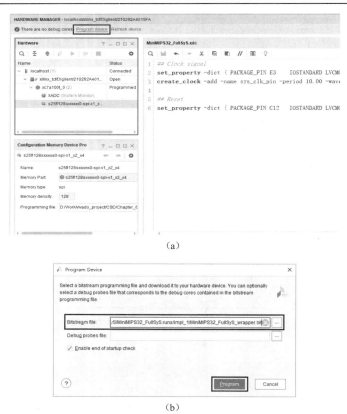

（a）

（b）

图 6-34　下载比特流文件

（5）比特流文件被烧写完成后，需要按一次板卡上的 CPU 复位按钮，如图 6-35 所示，用于系统复位并启动。对于第一个 AXI GPIO IP 核测试程序（gpio0.c），其运行效果是 16 个单色 LED 灯按照流水灯形式从右向左依次点亮，2 个三色 LED 灯按照"红-绿-蓝"的方式闪烁。对于第二个 AXI GPIO IP 核测试程序（gpio1.c），其运行效果是七段数码管显示十六进制递增计数值。

图 6-35　Nexys4 DDR FPGA 板卡的 CPU 复位按钮

6.2　UART 控制器

6.2.1　串口通信概述

串口，即串行通信接口（PC 上通常指 COM 接口），是采用串行通信方式的扩展接口。简言之，串行通信就是指外部设备和计算机之间使用一根数据线将数据逐位按顺序传输，每次只发送 1 位，每位数据占据一个固定的时间长度。相比并行通信方式，串行通信方式的传输速度较慢，但其使用的数据线少（只要一对传输线就可以实现双向通信），在远距离传输中可以节约通信成本。此外，串行通信相比并行通信误码率低，因此得到广泛应用。

通常，对于具有串行接口的外设而言，CPU 与接口间通过总线按并行方式传输，而接口与外设之间按串行方式传输，因此串行通信接口的功能是：在发送时，把 CPU 送入的并行数据转换成串行数据，然后逐位发送出去。在接收时，把外设发送过来的串行数据逐位接收，然后组装成并行数据，再送给 CPU 处理。实现上述功能的电路称为串口控制器。

一般而言，串口通信主要有以下两种方式。

（1）同步串行通信：采用同步时钟，以串行方式与外设实现数据的交换和通信，也就是说发送方和接收方要严格同步。上一节中介绍的 SPI（Serial Peripheral Interface）总线通信就属于同步串行通信。

（2）异步串行通信：异步串行通信是一种采用异步方式，具有不规则数据段传输特性的串行数据传输，发送方和接收方不要求同步。本节介绍的通用异步收发器（Universal Asynchronous Receiver/Transmitter，UART）就属于这种接口。下文中若无特殊说明，串口就代表 UART。

6.2.2　通用异步收发器（UART）

UART 产生于 20 世纪 70 年代，Intel 8250 是第一代产品，被使用在 IBM-PC 及其兼容机上，用于与打印机、调制解调器等低速设备进行通信。随着 PC 的成功和迅速普及，UART 的结构和特性经过 8250A、16450、16C451、16550，逐步发展到 16550A。16550A 在软件层面可与之前结构兼容，但提供了更高的性能，主要表现在使用了 FIFO 作为缓存，配置了 16 字节的发送 FIFO 和接收 FIFO。之后虽然也有新的 UART 出现，但只是在 16550A 的基础上增加了寄存器，从软件层面讲，几乎没有变化。UART 物理接口主要包括 4 个信号，如表 6-9 所示：

表 6-9　UART 的物理接口信号

序　号	信 号 名	方　向	功 能 描 述
1	Tx	输出	发送数据
2	Rx	输入	接收数据
3	RTS	输出	硬件流控制信号，请求发送
4	CTS	输入	硬件流控制信号，清除发送

为了实现外设与 PC 的串口通信，早期的 PC 和设备板卡上配置有基于 RS232 电平标准的 DB9 串行接口（一种 9 针接口，分为公头和母头），如图 6-36 所示。随着系统的集成度越来越高，已经无法容纳体积"庞大"的串口集成于板卡和 PC 上，为了兼容串口信号，现多采用 USB 转 UART 的方式实现串口通信。本书使用的 FPGA 开发板 Nexys 4 DDR 也是采用该方式（FTDI FT2232HQ USB 转 UART 桥），如图 6-37 所示。

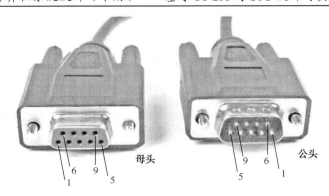

图 6-36　DB9 串行接口

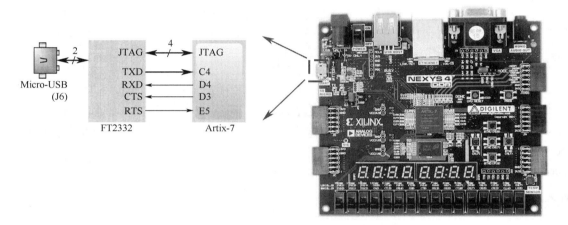

图 6-37　Nexys4 DDR FPGA 开发板上的 USB 转 UART 接口

6.2.3　UART 传输协议

使用 UART 接口进行通信时，以一个字符帧作为单位进行逐位传输。两个字符帧间的传输时间间隔是不固定的，然而在同一个字符帧中的两个相邻比特位间的传输时间间隔是固定的。UART 接口处于收发状态时，一个字符帧通常由 4 部分组成，分别是起始位、数据位、奇偶校验位和停止位，如图 6-38 所示。

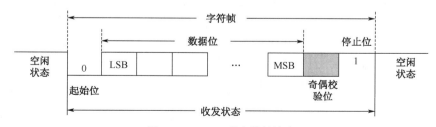

图 6-38　UART 的字符帧格式

- 起始位：先发出一个逻辑"0"信号，即低电平，表示一个字符帧传输的开始。
- 数据位：紧位于起始位之后，由 4～8 个"0/1"比特位构成一个字符，如 ASCII 码、扩展 BCD 码等。传输时，从字符的最低有效位 LSB 开始传送。

- 奇偶校验位：该位是可选的，位于数据位之后，用于判断数据传输是否正确。如果采用逻辑"1"的个数为奇数进行校验，则是奇校验；反之，为偶校验。如果不需要校验，则可以不设置该位。
- 停止位：是一个字符帧的结束标志，可以是 1 位、1.5 位、2 位的逻辑"1"信号。停止位之后，UART 接口将处于空闲状态，数据线一直处于逻辑"1"。

UART 的通信速度通常采用波特率（baud rate）进行衡量，其是对符号传输速率的一种度量。对于 UART 而言，一个符号对应 1 个二进制位，故串口波特率就是指每秒所传输的比特数，也可称为比特率（bit per second, bps）。常见的波特率有 2400bps、4800bps、9600bps、19200bps、38400bps、57600bps 等。由于没有共享时钟信号，使用 UART 进行数据传输之前，收发双方必须协商好一个波特率，即 UART 接收端应该知道发送端发送数据的波特率（相应的发送端也需要知道接收端的波特率）。大多数情况下，发送数据和接收数据的波特率是相同的。

通常，UART 接口中采用一个内部时钟对接收到的数据进行采样。为了对接收到的数据进行准确而稳定的识别，该内部时钟的频率比数据波特率快得多，一般为波特率的 16 倍。最终，UART 接口会在每个数据位保持时间的中点对其进行采样。

6.2.4 AXI Uartlite 简介

AXI Uartlite 是一个遵循 AXI4-Lite 接口协议的 UART 控制器 IP 核，实现 AXI4-Lite 接口信号和 UART 信号的转换，以及控制数据的串行传输。其配置有深度为 16 个字符的发送 FIFO 和接收 FIFO，并可对一个字符帧中的数据位数（5～8bit）、奇偶校验位（奇校验位、偶校验位或无校验位）和波特率进行灵活配置。其架构如图 6-39 所示，由 3 个主要模块组成。

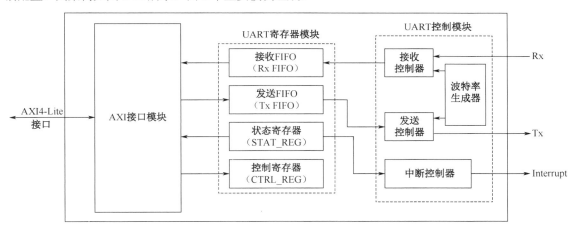

图 6-39 AXI Uartlite 的架构图

① AXI 接口模块：该模块实现了 AXI4-Lite 从设备接口，CPU 通过它访问 AXI Uartlite 中的寄存器，并与串口外设进行数据交互。

② UART 寄存器模块：该模块由一组存储器映射的寄存器组成，包括 1 个控制寄存器 CTRL_REG、1 个状态寄存器 STAT_REG 和一对具有 16 个字符深度的发送/接收 FIFO（Rx FIFO 和 Tx FIFO）。

③ UART 控制模块：该模块直接与串口外设进行交互，由 4 个子模块组成。

- 接收控制器：根据设置的波特率，对 UART Rx 端口接收到的串行数据进行采样，并将数据写入接收 FIFO 中。
- 发送控制器：直接从发送 FIFO 中读出数据，并将其通过 UART Tx 端口进行串行输出。
- 波特率生成器（Baud Rate Generate, BRG）：根据用户的配置，生成各种波特率。

- 中断控制器：通过中断控制器 AXI Uartlite 可对中断使能和中断禁止进行控制。如果当前处于中断使能状态，则当接收 FIFO 已满或发送 FIFO 为空时，产生中断信号。

AXI Uartlite 的 I/O 接口信号如表 6-10 所示，由 3 部分组成，分别是系统信号、AXI 接口信号和 UART 接口信号。

表 6-10　AXI Uartlite 的 I/O 接口信号

序　号	信　号　名	类　型	方　向	初始状态	功　能　描　述
系统信号					
1	s_axi_aclk	System	输入	—	AXI 系统时钟信号
2	s_axi_aresetn	System	输入	—	AXI 系统复位信号，低电平有效
3	interrupt	System	输出	0x0	UART 中断信号
AXI 接口信号					
4	s_axi_*	S_AXI	—	—	AXI4 的所有读/写通道信号
UART 接口信号					
5	rx	UART	输入	—	串口输入
6	tx	UART	输出	0x1	串口输出

注：当下述两个条件之一满足时，AXI Uartlite 会将 AXI 接口中的读响应信号或写响应信号设置为 SLVERR，表示对串口外设的读写发生从机错误；否则读/写响应信号设置为 OKAY，表示访问成功。

- 当接收 FIFO 为空时，AXI Uartlite 仍然接收到读请求信号。
- 当发送 FIFO 为满时，AXI Uartlite 仍然接收到写请求信号。

对 AXI Uartlite IP 核的配置和使用是通过一系列 32 位寄存器实现的，如表 6-11 所示。

表 6-11　AXI Uartlite 中的寄存器

寄存器名称	地址[$]	访问方式	功　能　描　述
Rx FIFO	0x0	只读	接收 FIFO
Tx FIFO	0x4	只写	发送 FIFO
STAT_REG	0x8	只读	状态寄存器
CTRL_REG	0xC	只写	控制寄存器

[$]：表中地址表示的是该寄存器的偏移地址，与分配给 AXI Uartlite IP 核的基地址相加，才得到该寄存器在整个系统存储空间中的实际地址。

（1）Rx FIFO

Rx FIFO 是一个深度为 16 的 FIFO，可缓存从串口外设发送过来的 16 个字符。每项 32 位，其定义如表 6-12 所示。若一个字符帧中的数据有效位被设置为 8bit，则 Rx FIFO 中每项的比特位分布如图 6-40 所示，其中，低 8 位 Rx Data 表示接收到的有效数据位。Rx FIFO 为只读寄存器，CPU 对其发出写请求不会有任何效果。

表 6-12　Rx FIFO 寄存器的各比特位定义

位	名　　称	访问方式	复　位　值	功　能　描　述
31~Data Bits[$]	Reserved	—	0x0	保留
[Data Bits − 1]~0	Rx Data	只读	0x0	UART 接收到的数据

[$]：Data Bits 表示串口字符帧中的数据有效位位数。

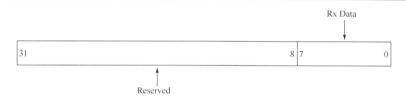

图 6-40　Rx FIFO 中每项的比特位分布

（2）Tx FIFO

Tx FIFO 是一个深度为 16 的 FIFO，可缓存要输出到串口外设的 16 个字符。每项 32 位，其定义如表 6-13 所示。若一个字符帧中的数据有效位被设置为 8bit，则 Tx FIFO 中每项的比特位分布如图 6-41 所示，其中，低 8 位 Tx Data 表示要发送的有效数据位。Tx FIFO 为只写寄存器，CPU 对其发出读请求将返回数据"0"。

表 6-13　Tx FIFO 寄存器的各比特位定义

位	名　　称	访 问 方 式	复 位 值	功 能 描 述
31～Data Bits$^\$$	Reserved	—	0x0	保留
[Data Bits - 1]～0	Tx Data	只写	0x0	UART 发送的数据

\$：Data Bits 表示串口字符帧中的数据有效位位数

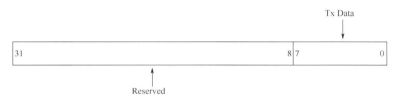

图 6-41　Tx FIFO 中每项的比特位分布

（3）CTRL_REG（控制寄存器）

该寄存器是一个 32 位只写寄存器，CPU 对其发送读请求将返回数据"0"。图 6-42 给出了控制寄存器中的比特位分布，其定义如表 6-14 所示。

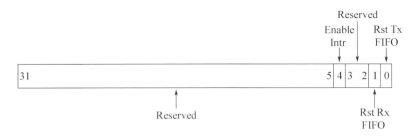

图 6-42　控制寄存器中的比特位分布

表 6-14　控制寄存器的各比特位定义

位	名　　称	访 问 方 式	复 位 值	功 能 描 述
31～5	Reserved	—	0x0	保留
4	Enable Intr	只写	0x0	AXI Uartlite IP 核的中断使能 0：禁止中断 1：使能中断

续表

位	名　称	访问方式	复位值	功能描述
3～2	Reserved	—	0x0	保留
1	Rst Rx FIFO	只写	0x0	复位并清空接收 FIFO 0：保持接收 FIFO 当前状态 1：清空接收 FIFO
0	Rst Tx FIFO	只写	0x0	复位并清空发送 FIFO 0：保持发送 FIFO 当前状态 1：清空发送 FIFO

（4）状态寄存器（STAT_REG）

该寄存器记录了 AXI Uartlite IP 核的当前状态。其是一个 32 位只读寄存器，若 CPU 对其发送写请求，则不会产生任何影响。图 6-43 给出了寄存器的比特位分布，其定义如表 6-15 所示。

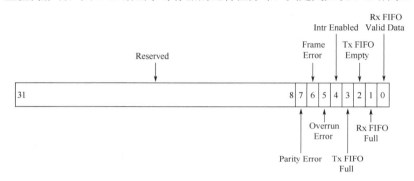

图 6-43　状态寄存器的比特位分布

表 6-15　状态寄存器的各比特位定义

位	名　称	访问方式	复位值	功能描述
31～8	Reserved	—	0x0	保留
7	Parity Error	只读	0x0	表示上一次状态寄存器被读取之后，是否发生了奇偶校验错误。如果配置时没有设置奇偶校验，则该位恒为 0。此外，每次读取状态寄存器后，该位被清 0 0：没有出现奇偶校验错误 1：出现奇偶校验错误
6	Frame Error	只读	0x0	表示上一次状态寄存器被读取之后，是否发生了帧错误，即收到的停止位为 0。此时，接收到的字符被忽略，也不会写入接收 FIFO。此外，每次读取状态寄存器后，该位被清 0 0：没有出现帧错误 1：出现帧错误
5	Overrun Error	只读	0x0	表示上一次状态寄存器被读取之后，是否发生了溢出错误，即接收一个新字符时，接收 FIFO 已满。此时，接收到的字符被忽略，也不会写入接收 FIFO。此外，每次读取状态寄存器后，该位被清 0 0：没有出现溢出错误 1：出现溢出错误

续表

位	名　　称	访问方式	复位值	功　能　描　述
4	Intr Enabled	只读	0x0	表示当前是否为中断使能 0：中断禁止 1：中断使能
3	Tx FIFO Full	只读	0x0	表示发送 FIFO 是否已满 0：发送 FIFO 不满 1：发送 FIFO 已满
2	Tx FIFO Empty	只读	0x1	表示发送 FIFO 是否为空 0：发送 FIFO 不空 1：发送 FIFO 已空
1	Rx FIFO Full	只读	0x0	表示接收 FIFO 是否已满 0：接收 FIFO 不满 1：接收 FIFO 已满
0	Rx FIFO Valid Data	只读	0x0	表示接收 FIFO 是否有数据 0：接收 FIFO 已空，没有数据 1：接收 FIFO 有数据

6.2.5　基于 AXI Interconnect 的 MiniMIPS32_FullSyS 设计——AXI Uartlite 的集成

步骤一．添加 AXI Uartlite

（1）启动 Vivado 集成开发环境，打开之前设计的 MiniMIPS32_FullSyS 工程，双击 MiniMIPS32_FullSyS.bd 进入 Block Design 界面。

（2）单击"+"添加 IP 核，在弹出窗口的 Search 文本框中输入 AXI Uartlite 即可搜索到对应的 IP 核，如图 6-44 所示。然后，双击完成 AXI Uartlite 的添加。

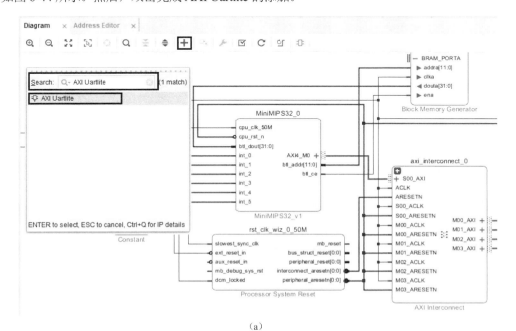

（a）

图 6-44　添加 AXI Uartlite

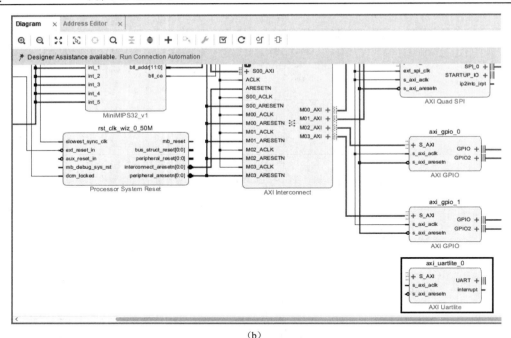

（b）

图 6-44　添加 AXI Uartlite（续）

（3）双击所添加的 AXI Uartlite，打开配置界面。在 Board 选项中，从 Board Interface 下拉菜单中选择"usb uart"，如图 6-45（a）所示。在 IP Configuration 选项中，将 Baud Rate（波特率）配置为 9600，将 Data Bits（数据位宽）设置为 8，无须奇偶校验位（No Parity），如图 6-45（b）所示。单击"OK"按钮完成配置。

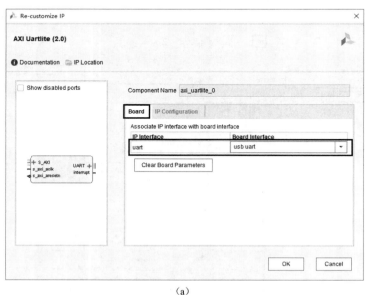

（a）

图 6-45　配置 AXI Uartlite

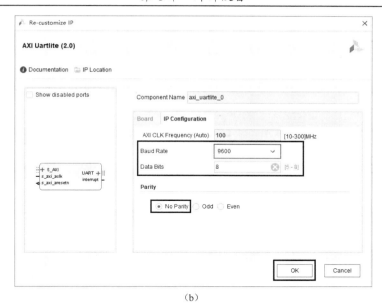

（b）

图 6-45　配置 AXI Uartlite（续）

步骤二．IP 核连接

单击 Run Connection Automation，并勾选 All Automation 复选框，如图 6-46（a）所示。单击"OK"按钮完成 AXI Uartlite 与 AXI Interconnect 的连接，如图 6-46（b）所示。此外，从原理图中可以看出，生成了一个对外输出端口，用于连接板卡上的 UART 串口。

步骤三．地址分配

（1）单击 Block Design 界面上的 Address Editor（地址编辑器）选项，可以看到所添加的 AXI Uartlite，如图 6-47 所示。

（a）

图 6-46　自动连接 AXI Uartlite 和 AXI Interconnect

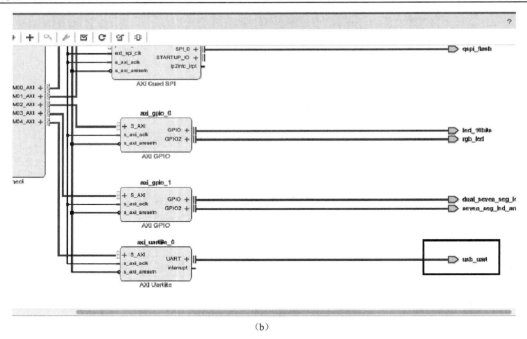

（b）

图 6-46　自动连接 AXI Uartlite 和 AXI Interconnect（续）

（2）根据第 3 章表 3-1 给出的 MiniMIPS32_FullSyS 中各个外设的地址映射，所添加的 AXI Uartlite 的地址范围分别是 0xBFD1_0000～0xBFD1_0FFF，容量均为 4KB。由于该部分地址空间采用固定地址映射，访存地址在送出 MiniMIPS32 处理器时高 3 位已经被清 0，所以在 Address Editor 中对此段地址应该配置为 0x1FD1_0000～0x1FD1_0FFF，如图 6-48 所示。修改 Offset Address（基地址）为 0x1FD1_0000，从 Range（容量）下拉菜单中选择 4K，地址编辑器可根据容量自动计算出高字节地址为 0x1FD1_0FFF。

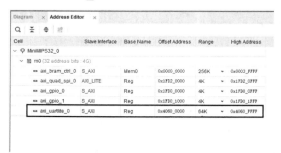

图 6-47　地址编辑器

图 6-48　配置 AXI Uartlite IP 核的地址范围

步骤四．综合、实现、生成比特流文件

最终，集成了 AXI Uartlite 的 MiniMIPS32_FullSyS 系统原理图如图 6-49 所示。

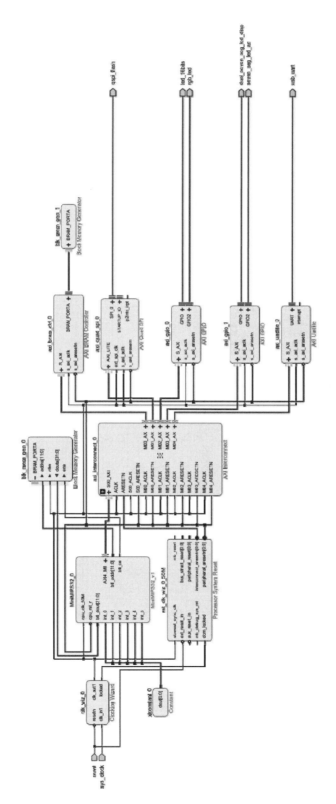

图 6-49 集成了 AXI Uartlite 的 MiniMIPS32_FullSyS 系统原理图

6.2.6　AXI Uartlite 的功能验证

步骤一．编写 AXI Uartlite 的功能验证程序

AXI Uartlite 的功能验证程序位于"随书资源\Chapter_6\project\UART\soft\uart\src"路径下。主要由 3 个程序构成，分别是 machine.h、uart.h 和 uart.c。

（1）machine.h 添加了 MiniMIPS32_FullSyS 系统中 AXI Uartlite 的基地址和内部寄存器偏移地址的定义，代码如图 6-50 所示。

```
......
......
// axi_gpio_0控制器基地址和偏移地址
#define LED_BASE              0xBFD00000
#define LED_DATA              0x00000000
#define LED_TRI               0x00000004
#define RGB_DATA              0x00000008
#define RGB_TRI               0x0000000c


// axi_gpio_1控制器基地址和偏移地址
#define X7SEG_BASE            0xBFD01000
#define X7SEG_DISP_DATA       0x00000000
#define X7SEG_DISP_TRI        0x00000004
#define X7SEG_AN_DATA         0x00000008
#define X7SEG_AN_TRI          0x0000000c

// axi uartlite控制器基地址和偏移地址
#define UART_BASE             0xBFD10000
#define UART_RX               0x00000000
#define UART_RT               0x00000004
#define UART_STAT             0x00000008
#define UART_CTRL             0x0000000c

#define DELAY_CNT 3000000
......
......
```

图 6-50　machine.h 源代码

（2）uart.h 定义了和串口数据传输相关的函数，代码如图 6-51 所示。

```
01   // 串口初始化
02   void uart_init(void)
03   {
04       REG32(UART_BASE + UART_CTRL) = (INT32U)0;
05       return;
06   }
07
08   // 串口发送字节
09   void uart_sendByte(INT8U Data)
10   {
11       INT32U StatusRegister = REG32(UART_BASE + UART_STAT);
12       while ((StatusRegister & 0x08) == 0x08) {
13           StatusRegister = REG32(UART_BASE + UART_STAT);
14       }
15       REG32(UART_BASE + UART_RT) = Data;
16   }
17
18   // 串口发送字符串
19   INT32U uart_print(INT8U *SentBuff, INT32U NumBytes) {
20
21       INT32U SentCount = 0;
22       INT8U StatusRegister;
23
24       REG32(UART_BASE + UART_CTRL) = (INT32U)0;
25
26       INT32U RemainingBytes = NumBytes;
27
28       while (SentCount < RemainingBytes) {
29           uart_sendByte(SentBuff[SentCount]);
30           SentCount++;
31       }
32
33       return SentCount;
34   }
```

图 6-51　uart.h 源代码

第 2～6 行代码定义了 AXI Uartlite 的初始化函数，将控制寄存器置为 0。

第 9～16 行代码定义了以字节为单位的串口数据发送函数。每次调用该函数，首先读取 AXI Uartlite 状态寄存器的值，并将之与 0x08 进行比较。如果相等，则说明状态寄存器的第 3 位被置为 1，表示 AXI Uartlite 内的发送 FIFO 已满，此时不能再接收处理器发送过来的数据，故循环等待。如果不相等；则将一个字节的数据发送给 AXI Uartlite。

第 19～34 行代码定义了以字符串为单位的串口发送函数（打印函数），其内部通过调用 uart_sentByte 实现，即每次发送一个 8 位字符串。

（3）uart.c 用于测试 MiniMIPS32_FullSyS 中 AXI Uartlite，代码如图 6-52 所示。

```
01  #include "machine.h"
02  #include "gpio.h"
03
04  char str0[] = "Hello MiniMIPS32_FullSyS!\r\n\r\n";
05
06  char str1[] = {0xD7,0xD4,0xBC,0xBA,0xD4,0xEC,0xBC,0xC6,0xCB,0xE3,0xBB,0xFA,0xD2,0xB2,0xBB,
07               0xC4,0xD1,0xA3,0xA1,0x0D,0x0A,0x0D,0x0A};
08
09  char str2[] = {0xA1,0xB6,0xBC,0xC6,0xCB,0xE3,0xBB,0xFA,0xCF,0xB5,0xCd,0xB3,0xC9,0xE8,0xBC,0xC6,0xA1,
10               0xB7,0xB5,0xE7,0xD7,0xD3,0xB9,0xA4,0xD2,0xB5,0xB3,0xF6,0xB0,0xE6,0xC9,0xE7,0x0D,0x0A};
11
12  int main()
13  {
14
15      uart_init();
16
17      uart_print(str0, 29);
18      uart_print(str1, 24);
19      uart_print(str2, 34);
20
21      return 0;
22  }
```

图 6-52　uart.c 源代码

第 4～10 行代码定义了 3 个需要输出的字符串 str0、str1 和 str2。其中，str1 和 str2 存放的是汉字编码的区位码。

第 17～19 行代码调用 3 次 uart_print( )，通过串口实现字符串的输出打印。

步骤二．基于 Nexys4 DDR 板卡进行功能验证

（1）首先，将 Nexys4 DDR 板卡与 PC 通过 USB Cable 线相连接，并打开电源键。然后，在 Flow Navigator 中单击 PROGRAM AND DEBUG→Open Hardware Manager→Open Target→Auto Connect，完成 Vivado 与板卡的自动连接。

（2）在所添加的 Flash 设备上单击右键，选择 Program Configuration Memory Device 并对其进行编程，即将待测试的程序写入 Flash 中。在弹出的窗口中，选择需要编程的 bin 文件，如图 6-53 所示，其他选项保持默认即可，单击"OK"按钮启动 Flash 编程。

（3）双击打开随书资源中提供的串口调试工具 sscom（位于"随书资源\tools"目录下），再单击"更多串口设置"按钮。在打开的窗口中对串口参数进行设置，如图 6-54 所示。根据设计设置 Baud rate（波特率）为 9600，设置 Data bits（数据位）为 8，设置 Stop bits（停止位）为 1，设置 Parity（奇偶校验位）为 None，设置 Port（端口）为 COM10（该参数与所连接的具体机器相关，请根据实际情况设置），再单击"OK"按钮完成设置。

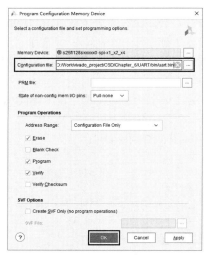

图 6-53 对 Flash 设备进行编程

图 6-54 串口调试工具的设置

（4）单击"打开串口"按钮，如图 6-55（a）所示。如果连接 Nexys4 DDR 板卡成功，则在串口调试工具的下方显示 COM10 已打开，如图 6-55（b）所示。

（5）在 Vivado 中 Flow Navigator 的 HARDWARE MANAGER 选项下，单击 Program device。在弹出的窗口中检查选中的比特流文件（MiniMIPS32_FullSyS_wrapper.bit）是否正确，单击"Program"按钮。比特流文件被烧写到 Nexys4 DDR 开发板的 FPGA 中，然后就可在开发板上验证功能是否正确。

（6）比特流文件被烧写完成后，按下板卡上的 CPU 复位按钮用于系统的复位和启动。此时，在串口调试工具上输出如图 6-56 所示的 3 行信息。

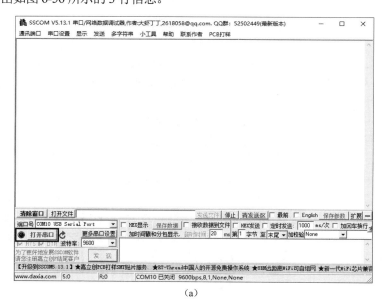

（a）

图 6-55 通过串口连接 Nexys4 DDR FPGA 板卡

（b）

图 6-55　通过串口连接 Nexys4 DDR FPGA 板卡（续）

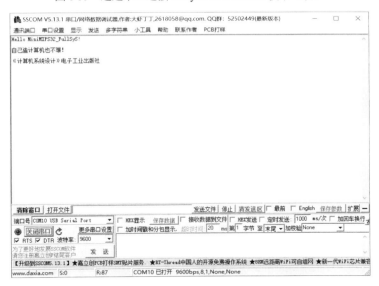

图 6-56　AXI Uartlite 的功能验证结果

6.3　定时器

6.3.1　定时器概述

定时器是 SoC 中的常见外设，相当于 SoC 的闹钟，可使 SoC 具有计时功能。在 CPU 执行主程序的时候，可以通过设置定时器进行定时，经过一段时间（计时结束）后，定时器将产生中断请求，CPU 则会去处理这一请求并执行定时器中断服务程序，从而实现定时执行程序的功能。此外，定时器还可用于评估 CPU 执行程序的性能。

　　定时器通常是通过内部计数器来实现的，计数器根据输入的时钟频率进行计数，每个时钟周期计 1 个数。因此，定时器的时间间隔（从计时开始到计时结束）就是"计数器的计数值×时钟周期"。一般定时器中有一个专用寄存器，计时开始时将一个总计数值存入该寄存器，然后每隔一个时钟周期该寄存器中的值会自动减 1（硬件自动完成，不需要 CPU 软件去干预），当该寄存器中的值减为 0 时计时结束，触发定时器中断。

6.3.2　AXI Timer 简介

　　AXI Timer 是一个遵循 AXI4-Lite 接口协议，支持 32 位或 64 位宽度的定时器 IP 核。其含有两个可编程的、计数宽度可配置的内部计数器模块，并支持中断、事件生成和事件捕获等功能。每个内部计数器模块配置一个加载寄存器，可根据 AXI Timer 的工作模式，将一个初始计数值或一个捕获值保存到该寄存器中。此外，除常见的定时器功能外，AXI Timer 还可以输出脉冲宽度调制（Pulse Width Modulation，PWM）信号。AXI Timer 的架构如图 6-57 所示，由 5 个模块组成。

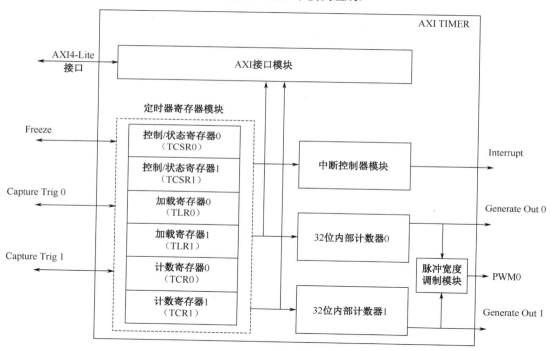

图 6-57　AXI Timer 的架构

　　（1）AXI4-Lite 接口模块：该模块支持 AXI4-Lite 从设备接口，CPU 通过该接口访问 AXI Timer 中的存储器映射的寄存器，并与之进行数据交互。

　　（2）32 位内部计数器：AXI Timer 含有两个 32 位的内部计数器（计数器 0 和计数器 1），每个计数器都可以被配置为递增计数和递减计数，并可以从相应的加载寄存器中读入一个初始计数值。

　　（3）定时器寄存器模块：该模块由两组存储器映射的 32 位寄存器组成，每组寄存器对应一个内部计数器，包括 1 个加载寄存器（TLR）、1 个计数寄存器（TCR）和一个控制/状态寄存器（TCSR）。

　　（4）中断控制器模块：根据 AXI Timer 的工作模式，产生中断请求信号。

　　（5）脉冲宽度调制模块：根据特定的频率和占空比产生脉冲信号 PWM0，其使用内部计数器 Timer0 控制 PWM0 的周期，使用内部计数器 Timer1 控制 PWM0 的输出宽度。

AXI Timer 中的内部计数器有 4 种工作模式，分别是生成模式、捕获模式、脉冲宽度调制模式和级联模式。

① 生成模式：AXI Timer 处于该模式时，首先，位于加载寄存器中的值将作为初始计数值被写入某个内部计数器中。然后，当该计数器被使能时，它将根据对应的控制/状态寄存器（TCSR）中的"递增/递减计数控制位（UDT）"进行递增或递减的计数。当定时器定时到期（计数值变为全 1 或全 0）时，则根据 TCSR 中的"自动重载/保持控制位（ARHT）"，决定停止计数还是自动重新从加载寄存器中读入初始计数值，并继续计数。此时，如果计数器是中断使能的，则 TCSR 中的"中断状态位（TINT）"将被设置为 1，同时，AXI Timer 的中断请求信号 Interrupt 被驱动为高电平，脉冲输出信号 GenerateOut 被驱动为一个时钟周期的高电平。该模式可用于产生周期性中断请求信号或具有特定时间间隔的脉冲信号。

② 捕获模式：对于该模式，当一个预先设定的外部事件发生时（输入的捕获信号 Capture Trig 有效），则内部计数器的值（称为捕获值）将被存入加载寄存器中，并发出中断请求。此时，TCSR 中 TINT 也被设置为 1。与生成模式一样，计数器可通过配置 TCSR 中的 UDT 位，设定递增计数或递减计数。ARHT 位则用于控制在 TINT 位被清 0 前，是否会使用新的捕获值覆盖旧的捕获值。这种模式用于获取外部事件的时间戳，并同时触发中断请求。

③ 脉冲宽度调制模式：在该模式中，两个内部计数器将同时被使用，以生成一个具有特定频率和占空比的 PWM0。计数器 0 用于设置 PWM0 的周期，计数器 1 用于设置占空比。

④ 级联模式：在该模式中，两个内部计数器被级联在一起，成为一个 64 位的计数器。这种级联的计数器既可以设定为生成模式，也可以设定为捕获模式。此时，TCSR0 将作为级联计数器的控制/状态寄存器，而 TCSR1 将被忽略。该模式用于计数值超出 32 位表数范围的时候。

对于 AXI Timer 的中断而言，可通过 TCSR 中的中断使能位（ENIT）对是否中断使能进行控制。中断状态位（TINT）则用来反映定时器当前的中断请求状态。在生成模式中，当定时器计时过期时，即内部计数器的计数值超过最大值（全 1）或低于最小值（全 0），将引发定时器中断请求。在捕获模式中，只要外部捕获信号有效，就会引发定时器中断请求。注意，每个内部计数器都有可能触发中断，然后，由中断控制器模块通过逻辑或运算最终形成一个外部中断请求。中断服务程序则通过读取控制/状态寄存器的值来判断是哪个计数器触发了中断。中断请求是电平敏感的，因此，为了识别下一次中断，必须在下一次中断到来之前，通过向 TCSR 中的 TINT 位写入 1 来清除中断。

AXI Timer 的 I/O 接口信号如表 6-16 所示，由三部分组成，分别是系统信号、AXI 接口信号和定时器接口信号。

表 6-16　AXI Timer 的 I/O 接口信号

序　号	信　号　名	类　　型	方　　向	初　始　状　态	功　能　描　述
系统信号					
1	s_axi_aclk	System	输入	—	AXI 系统时钟
2	s_axi_aresetn	System	输入	—	AXI 系统复位，低电平有效
3	interrupt	System	输出	0x0	定时器中断请求信号
AXI 接口信号					
4	s_axi_*	S_AXI	—	—	AXI4 的所有读/写通道信号
定时器接口信号					
5	capturetrig0	Timer	输入	—	内部计数器 0 的事件捕获信号
6	capturetrig1	Timer	输入	—	内部计数器 1 的事件捕获信号。在级联模式中，该输入信号不被使用

续表

序　号	信 号 名	类　型	方　向	初 始 状 态	功 能 描 述
7	freeze	Timer	输入	—	
8	generateout0	Timer	输出	0x0	内部计数器 0 的脉冲输出信号。当计数器 0 的计数值从全 0 变为全 1 或相反时，该信号将被置为 1。在级联模式中，当 64 位的计数值由全 0 变为全 1 或相反时，该信号被置为 1
9	generateout1	Timer	输出	0x0	内部计数器 1 的脉冲输出信号。当计数器 1 的计数值从全 0 变为全 1 或相反时，该信号将被置为 1。在级联模式中，当低 32 位的计数值（计数器 0 的值）由全 0 变为全 1 或相反时，该信号被置为 1
10	pwm0	Timer	输出	0x0	脉冲宽度调制输出信号

对 AXI Timer 的配置和使用是通过一系列 32 位寄存器实现的，如表 6-17 所示。

表 6-17   AXI Timer 中的寄存器

寄存器名称	地址$	功 能 描 述
TCSR0	0x0	计数器 0 的控制/状态寄存器
TLR0	0x4	计数器 0 的加载寄存器
TCR0	0x8	计数器 0 的计数寄存器
TCSR1	0x10	计数器 1 的控制/状态寄存器
TLR1	0x14	计数器 1 的加载寄存器
TCR1	0x18	计数器 1 的计数寄存器

$：表中地址表示的是该寄存器的偏移地址，与分配给 AXI Timer 的基地址相加，才得到该寄存器在整个系统存储空间中的实际地址。

（6）控制/状态寄存器 0（TCSR0）

TCSR0 是一个 32 位寄存器，其包含了所有与内部计数器 0 相关的控制和状态位。TCSR0 的比特位分布和定义如图 6-58 和表 6-18 所示。

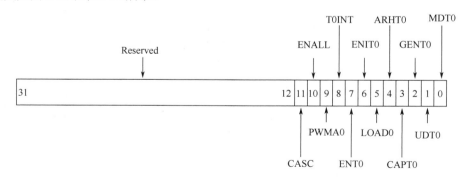

图 6-58   TCSR0 的比特位分布

表 6-18　TCSR0 的比特位定义

位	名　称	访问方式	复位值	功能描述
31～12	Reserved	—	—	保留
11	CASC	读/写	0x0	级联模式使能位 0—禁止级联模式 1—使能级联模式 级联模式需要同时用到计数器 0 和计数器 1。TCR0 和 TLR0 对应 64 位计数器的低 32 位,TCR1 和 TLR1 对应 64 位计数器的高 32 位。在该模式中仅 TCSR0 寄存器是有效的。CASC 位必须在计数器使能前被设置
10	ENALL	读/写	0x0	所有内部计数器的使能位 0—不影响任何计数器 1—使能所有计数器 当该位被设置为 1 时,ENT0 位和 ENT1 位也都被设置为 1;而当该位被设置为 0 时,则不会影响 ENT0 位和 ENT1 位的状态
9	PWMA0	读/写	0x0	脉冲宽度调制模式使能位 0—禁止脉冲宽度调制模式 1—使能脉冲宽度调制模式 脉冲宽度调制模式需要同时用到内部计数器 0 和内部计数器 1。内部计数器 0 用于设置 PWM 信号的周期,内部计数器 1 用于设置 PWM 信号的占空比
8	T0INT	读/写	0x0	计数器 0 的中断状态位 该位用于标识计数器 0 的中断状态。如果内部计数器 0 处于捕获模式,并且被使能,则该位表示一个预先定义的外部事件被捕获,产生中断。如果内部计数器 0 处于生成模式,则该位表示当前计数值大于最大计数值或小于最小计数值,触发中断。若需要清除中断状态,则必须向该位写 1。 读: 0—没有出现中断请求 1—出现中断请求 写: 0—不会改变该位的状态 1—该位被清 0
7	ENT0	读/写	0x0	计数器 0 的使能位 0—禁止计数器 0（计数器暂停） 1—使能计数器 0（计数器运行）
6	ENIT0	读/写	0x0	计数器 0 的中断使能位 0—禁止中断请求信号 1—使能中断请求信号

位	名　称	访问方式	复位值	功能描述
5	LOAD0	读/写	0x0	加载计数器 0 0—不加载 1—使用寄存器 TLR0 中的值加载 该位被设置为 1 时，表示将加载寄存器 TLR0 中的值存入计数寄存器 TCR0。此时，计数器 0 被暂停，无法计数。因此，在 ENT0 位被设置为 1 的同时，将该位清 0
4	ARHT0	读/写	0x0	计数器 0 的自动重载/保持控制位 0—保持计数值（生成模式，计数器暂停）或捕获值（捕获模式） 1—重新加载初始计数值（生成模式，计数器继续计数）或覆盖捕获值（捕获模式）
3	CAPT0	读/写	0x0	计数器 0 的捕获信号使能位 0—禁止捕获信号（capturetrig0） 1—使能捕获信号
2	GENT0	读/写	0x0	计数器 0 的脉冲信号使能位 0—禁止脉冲信号（generateout0） 1—使能脉冲信号
1	UDT0	读/写	0x0	计数器 0 的递增/递减计数控制位 0—递增计数 1—递减计数
0	MDT0	读/写	0x0	计数器 0 的工作模式控制位 0—生成模式 1—捕获模式

（7）加载寄存器（TLR0 和 TLR1）

加载寄存器均为 32 位。当处于生成模式时，它们保存了计数器 0 和计数器 1 的初始计数值；当处于捕获模式时，这些寄存器保存了预定外部事件发生时的计数寄存器 TCR0 和 TCR1 的值（捕获值）。图 6-59 给出了加载寄存器中的比特位分布。

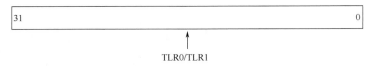

图 6-59　加载寄存器中的比特位分布

（8）计数寄存器（TCR0 和 TCR1）

TCR0 和 TCR1 是 32 位只读寄存器，用于保存当前计数器 0 和计数器 1 中的计数值。当处于级联模式时，TCR0 保存 64 位计数值的低 32 位，TCR1 保存 64 位计数值的高 32 位。图 6-60 给出了计数寄存器中的比特位分布。

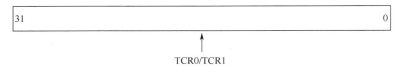

图 6-60　计数寄存器中的比特位分布

（9）控制/状态寄存器 1（TCSR1）

TCSR1 也是一个 32 位寄存器，其包含了所有与计数器 1 相关的控制和状态位。TCSR1 的比特位分布和定义如图 6-61 和表 6-19 所示。

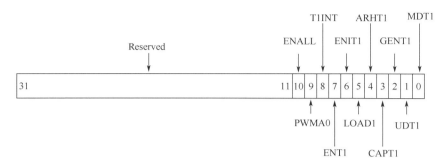

图 6-61　TCSR1 的比特位分布

表 6-19　TCSR1 的比特位定义

位	名　　称	访 问 方 式	复 位 值	功 能 描 述
31～11	Reserved	—	—	保留
10	ENALL	读/写	0x0	所有内部计数器的使能位 0—不影响任何计数器 1—使能所有计数器 当该位被设置为 1 时，ENT0 位和 ENT1 位也都被设置为 1；而当该位被设置为 0 时，则不会影响 ENT0 位和 ENT1 位的状态
9	PWMA0	读/写	0x0	脉冲宽度调制模式使能位 0—禁止脉冲宽度调制模式 1—使能脉冲宽度调制模式 脉冲宽度调制模式需同时用到内部计数器 0 和内部计数器 1。计数器 0 用于设置 PWM 信号的周期，计数器 1 用于设置 PWM 信号的占空比
8	T1INT	读/写	0x0	计数器 1 的中断状态位 该位用于标识计数器 1 的中断状态。如果计数器 1 处于捕获模式，并且被使能，则该位表示一个预先定义的外部事件被捕获，产生中断；如果计数器 1 处于生成模式，则该位表示当前计数值大于最大计数值或小于最小计数值，触发中断；若需要清除中断状态，则必须向该位写 1。 读： 0—没有出现中断请求 1—出现中断请求 写： 0—不会改变该位的状态 1—该位被清 0

位	名　称	访问方式	复位值	功能描述
7	ENT1	读/写	0x0	计数器 1 的使能位 0—禁止计数器 0（计数器暂停） 1—使能计数器 0（计数器运行）
6	ENIT1	读/写	0x0	计数器 1 的中断使能位 0—禁止中断请求信号 1—使能中断请求信号
5	LOAD1	读/写	0x0	加载计数器 1 0—不加载 1—使用寄存器 TLR1 中的值加载 该位被设置为 1 时，表示将加载寄存器 TLR1 中的值存入计数寄存器 TCR1。此时，计数器 1 被暂停，无法计数。因此，在 ENT1 位被设置为 1 的同时，将该位清 0
4	ARHT1	读/写	0x0	计数器 1 的自动重载/保持控制位 0—保持计数值（生成模式，计数器暂停）或捕获值（捕获模式） 1—重新加载初始计数值（生成模式，计数器继续计数）或覆盖捕获值（捕获模式）
3	CAPT1	读/写	0x0	计数器 1 的捕获信号使能位 0—禁止捕获信号（capturetrig0） 1—使能捕获信号
2	GENT1	读/写	0x0	计数器 1 的脉冲信号使能位 0—禁止脉冲信号（generateout0） 1—使能脉冲信号
1	UDT1	读/写	0x0	计数器 1 的递增/递减计数控制位 0—递增计数 1—递减计数
0	MDT1	读/写	0x0	计数器 1 的工作模式控制位 0—生成模式 1—捕获模式

在本书中仅使用定时器的生成模式，故下面列出该模式下定时器的使用步骤：

- 首先，通过将某个控制/状态寄存器（TCSR0 或 TCSR1）中的 LOAD 位（第 5 位）置为 1，把加载寄存器中的初始计数值存入对应的内部计数器中。
- 然后，通过设置 TCSR0 或 TCSR1 中的 ARHT 位（第 4 位）来决定当定时器计时到期后，内部计数器是暂停还是重新加载初始计数值继续计数。通过设置 TCSR0 或 TCSR1 中的 UDT 位（第 1 位），来决定计数器是递增计数还是递减计数。通过设置 TCSR0 或 TCSR1 中的 ENIT 位（第 6 位）来决定是否使能中断。
- 最后，通过将 TCSR0 或 TCSR1 的 ENT 位（第 7 位）设置为 1，启动相应的内部计数器计数，定时器开始计时工作。注意，在设置 ENT 位之前（或同时），必须将 LOAD 位清 0，否则定时器无法工作。

通过上述步骤，AXI Timer 开始工作，如果 ARHT 位被设置为 1，则每次定时器计时到期时（递增计数时，内部计数器的值变为全 1，或递减计数时，内部计数器的值变为全 0），计数器会重现读入加载寄存器中的初始计数值，继续计数，同时，如果 generateout 信号被使能（TCSR0 或 TCSR1 中的 GENT 位为 1），则定时器还会输出一个具有时钟周期宽度的脉冲，从而形成具有固定周期的脉冲序列；如果 ARHT 位被设置为 0，则定时器计时到期后，内部计数器停止计数，不再重新加载初始计数值，同时，如果 generateout 信号被使能，则定时器只输出一个周期的单脉冲。此外，如果 ENIT 位被设置为 1，则定时器计时到期时，AXI Timer 将通过 Interrupt 输出端口产生中断请求信号（高电平），同时设置 TCSR0 或 TCSR1 中的 TINT 位（第 8 位）为 1，可通过向 TINT 位写入 1 将其清 0，以等待下一次中断的到来。

　　当 AXI Timer 的内部计数器被设置为递减计数时，加载寄存器 TLR 中的初始计数值就是定时器所设定的时间间隔（TIMING_INTERVAL）的时钟周期数，如下式所示。

TIMING_INTERVAL = (TLR + 2) × AXI_CLOCK_PERIOD

如果内部计数器为递增计数，则定时器所设定的时间间隔如下式所示。

TIMING_INTERVAL = (MAX_COUNT − TLR + 2) × AXI_CLOCK_PERIOD

其中，MAX_COUNT 为计数器的最大计数值，对于 32 位计数器而言，就是 0xFFFFFFFF。

6.3.3　基于 AXI Interconnect 的 MiniMIPS32_FullSyS 设计——AXI Timer 的集成

步骤一．添加 AXI Timer

（1）启动 Vivado 集成开发环境，打开之前设计的 MiniMIPS32_FullSyS 工程，双击 MiniMIPS32_FullSyS.bd 进入 Block Design 界面。

（2）单击 "+" 添加 IP 核，在弹出窗口的 Search 文本框中输入 AXI Timer 即可搜索到对应的 IP 核，如图 6-62 所示。然后，双击完成 AXI Timer 的添加。

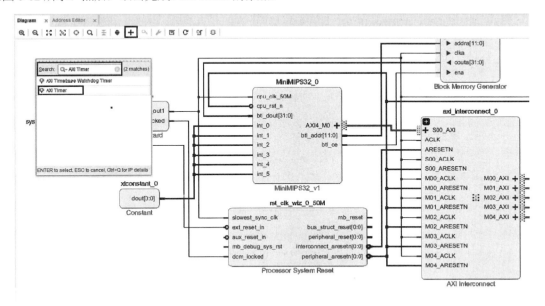

（a）

图 6-62　添加 AXI Timer

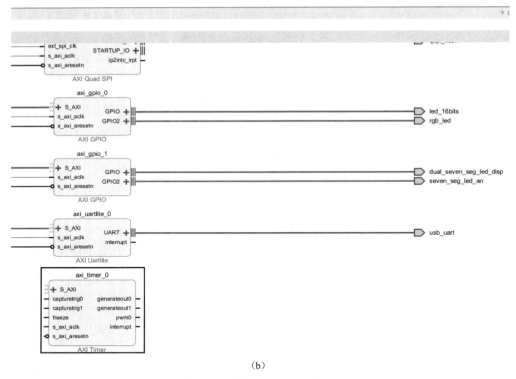

(b)

图 6-62　添加 AXI Timer（续）

（3）双击所添加的 AXI Timer IP 核，打开配置界面。在配置界面中，将计数宽度（Width of the timer）设置为 32，此外，由于本设计中只使用 AXI Timer 中的一个计时器，因此不勾选 Enable Timer2，其他配置参数保持默认即可，如图 6-63 所示。单击"OK"按钮完成配置。

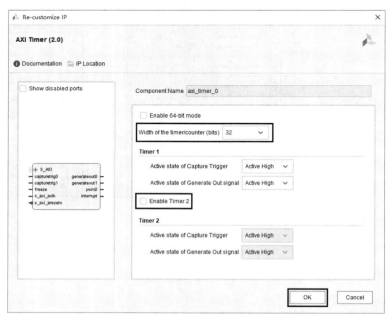

图 6-63　添加配置 AXI Timer

步骤二. IP 核连接

（1）单击 Run Connection Automation，勾选 All Automation 复选框，如图 6-64（a）所示。单击"OK"按钮完成 AXI Timer 与 AXI Interconnect 的连接，如图 6-64（b）所示。

（a）

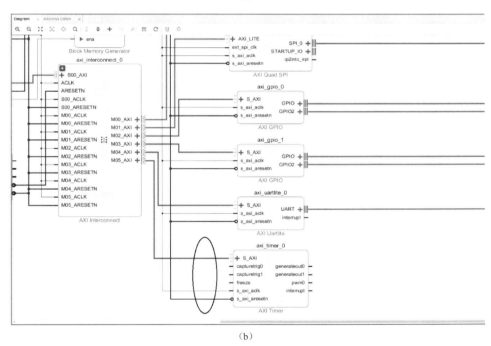

（b）

图 6-64　自动连接 AXI Timer 和 AXI Interconnect

（2）删除 MiniMIPS32 处理器 0 号中断源 int_0 与常量单元 Constant 的连接，然后手动将 int_0 与所添加的 AXI Timer 的中断请求信号 interrupt 相连，如图 6-65 所示，从而使得 MiniMIPS32 处理器能够处理 AXI Timer 发出的中断请求。

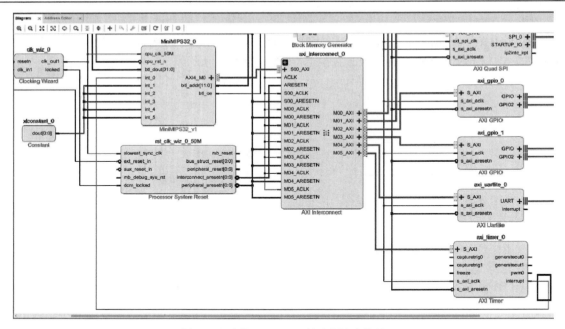

图 6-65　连接 AXI Timer 的中断请求信号

步骤三．地址分配

（1）点击 Block Design 界面上的 Address Editor（地址编辑器）选项，可以看到所添加的 AXI Timer，如图 6-66 所示。

（2）根据第 3 章表 3-1 给出的 MiniMIPS32_FullSyS 系统中各个外设的地址映射，所添加的 AXI Timer 的地址范围是 0xBFD3_0000～0xBFD3_0FFF，容量均为 4KB。由于该部分地址空间采用固定地址映射，访存地址在送出 MiniMIPS32 处理器时高 3 位已经被清 0，所以在 Address Editor 中此段地址应该配置为 0x1FD3_0000～0x1FD3_0FFF，如图 6-67 所示。其中，修改 Offset Address（基地址）为 0x1FD3_0000，从 Range（容量）下拉菜单中选择 4K，地址编辑器可根据容量自动计算出高字节地址为 0x1FD3_0FFF。

图 6-66　地址编辑器　　　　　　　　　图 6-67　配置 AXI Timer 的地址范围

步骤四．综合、实现并生成位流文件

最终，集成了 AXI Timer 的 MiniMIPS32_FullSyS 系统原理图如图 6-68 所示。

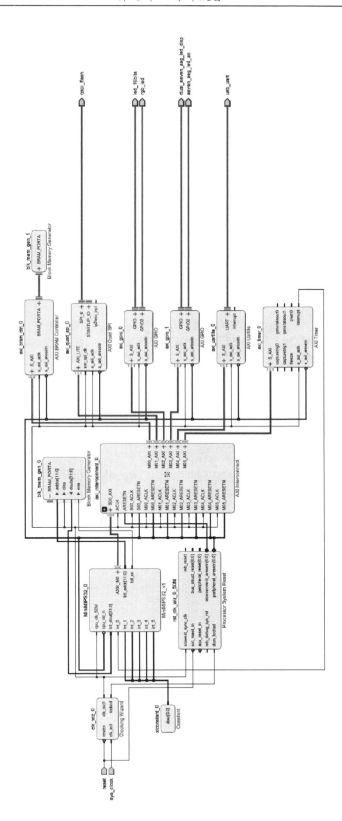

图 6-68 集成了 AXI Timer 的 MiniMIPS32_FullSyS 系统原理图

6.3.4　AXI Timer 的功能验证

对于 AXI Timer 本小节提供了两种功能验证程序。第一种是计时验证程序，第二种使用定时器对有无 Cache 的两种 MiniMIPS32 处理器架构进行性能评估。

1．基于 AXI Timer 的计时验证程序

步骤一．编写 AXI Timer 的功能验证程序

AXI Timer 的功能验证程序位于"随书资源\Chapter_6 \project\Timer\soft\timer\src"路径下。主要由 3 个程序构成，分别是 machine.h，timer.h 和 timer_cnt.c。

（1）machine.h 添加了 MiniMIPS32_FullSyS 系统中 AXI Timer 的基地址和内部寄存器的偏移地址的定义，代码如图 6-69 所示。

```
......
......

// axi uartlite控制器基地址和偏移地址
#define UART_BASE            0xBFD10000
#define UART_RX              0x00000000
#define UART_RT              0x00000004
#define UART_STAT            0x00000008
#define UART_CTRL            0x0000000c

// axi timer基地址和偏移地址
#define TIMER_BASE           0xBFD30000
#define TIMER_TCSR0          0x00000000
#define TIMER_TLR0           0x00000004
#define TIMER_TCR0           0x00000008
#define TIMER_TCSR1          0x00000010
#define TIMER_TLR1           0x00000014
#define TIMER_TCR1           0x00000018

#define DELAY_CNT 3000000
......
......
```

图 6-69　machine.h 源代码

（2）timer.h 定义了一组和 AXI Timer 相关的函数，代码如图 6-70 所示。

```
01   //获取TCSR寄存器的值
02   INT32U get_TCSR(INT32U offset)
03   {
04       INT32U TCSR_val = REG32(TIMER_BASE + offset);
05       return TCSR_val;
06   }
07
08   //设置TCSR寄存器
09   void set_TCSR(INT32U offset, INT32U TCSR_val)
10   {
11       REG32(TIMER_BASE + offset) = TCSR_val;
12   }
13
14   // 定时器初始化
15   void timer_init(INT32U offset, INT8U tri)
16   {
17       INT32U TCSR_val = REG32(TIMER_BASE + offset);
18       TCSR_val |= 0x00000020;
19       REG32(TIMER_BASE + offset) = TCSR_val;          // 将定时器的控制状态寄存器TCSR的第5位（LOAD）置为1
20
21       TCSR_val = REG32(TIMER_BASE + offset);
22       TCSR_val |= 0x00000010;
23       REG32(TIMER_BASE + offset) = TCSR_val;          // 将定时器的控制状态寄存器TCSR的第4位（ARTH）置为1
24
25       TCSR_val = REG32(TIMER_BASE + offset);
26       if(tri == 0)
27           TCSR_val &= 0xfffffffd;                     // 将定时器的控制状态寄存器TCSR的第1位（UDT）置为0
28       else
29           TCSR_val |= 0x00000002;                     // 将定时器的控制状态寄存器TCSR的第1位（UDT）置为1
```

图 6-70　timer.h 源代码

```
30        REG32(TIMER_BASE + offset) = TCSR_val;
31
32        TCSR_val = REG32(TIMER_BASE + offset);
33        TCSR_val |= 0x00000040;
34        REG32(TIMER_BASE + offset) = TCSR_val;        // 将定时器的控制状态寄存器TCSR的第6位（ENIT）置为1
35    }
36
37    // 加载定时器的TLR寄存器, 设置定时值
38    void timer_load(INT32U offset, INT32U cnt)
39    {
40        REG32(TIMER_BASE + offset) = cnt;
41    }
42
43    // 启动定时器计时
44    void timer_start(INT32U offset)
45    {
46        INT32U TCSR_val = get_TCSR(offset);
47        set_TCSR(offset, (TCSR_val & 0xffffffdf));      // 将定时器的控制状态寄存器TCSR的第5位（LOAD）清0
48        TCSR_val = get_TCSR(offset);
49        set_TCSR(offset, (TCSR_val | 0x00000080));      // 将定时器的控制状态寄存器TCSR的第7位（ENT）置为1
50    }
51
52    // 判断定时器是否到达预设的计数值
53    INT8U timer_expired(INT32U offset)
54    {
55        INT32U TCSR_val = get_TCSR(offset);
56        return (TCSR_val & 0x00000100) >> 8;
57    }
58
58    // 清除定时器TCSR寄存器的中断状态位（TINT）
60    void timer_clrINT(INT32U offset)
61    {
62        INT32U TCSR_val = get_TCSR(offset);
63        set_TCSR(offset, (TCSR_val | 0x00000100));      // 向定时器的控制状态寄存器TCSR的第8位（TINT）写入1
64    }
```

图 6-70　timer.h 源代码（续）

第 2～12 行代码定义了两个分别用于读取和设置定时器（Timer）中控制/状态寄存器（TCSR）的函数，即 get_TCSR( )和 set_TCSR( )。

第 15～32 行代码用于对定时器（Timer）进行初始化。其中，第 17～19 行将 TCSR 的第五位（LODA）置为 1，表示将加载寄存器（TLR）中的值存入计数寄存器（TCR），即为计数器赋初值，此时，计数器暂停计数。第 21～23 行将 TCSR 的第 4 位（ARTH）置为 1，表示当定时器中的计数器达到预设计数值后向计数寄存器重新加载初始计数值。第 25～30 行根据参数 tri 将 TCSR 的第 1 位（UDT）置为 0 或 1，表示定时器中的计数器采用递增计数或递减计数。32～34 行将 TCSR 的第 6 位（ENIT）置为 1，表示打开中断使能。

第 38～41 行代码定义了定时器加载函数，将预设计数值 cnt 写入对应的加载寄存器（TLR）。

第 45～50 行代码定义了定时器启动函数。首先，将定时器中 TCSR 的第 5 位（LOAD）清 0，然后再将第 7 位（ENT）置为 1，从而启动定时器计数。

第 53～57 行代码定义了用于判断定时器中的计数器是否达到预设值的函数。如果达到预设值，则 TCSR 中的第 8 位（TINT）将被置为 1。

第 60～64 行代码定义了中断状态位清除函数，通过向 TCSR 的第 8 位写入 1 来清除中断。

（3）timer_cnt.c 用于测试 MiniMIPS32_FullSyS 中 AXI Timer，代码如图 6-71 所示。其功能是使用定时器进行 1s 定时，每秒使得板卡上七段数码管显示的计数值递增 1。

第 13～14 行代码首先对定时器进行初始化，将其设定为递减计数。然后向加载寄存器（TLR）写入计数值 50_000_000。由于定时器的输入时钟为 50MHz（时钟周期为 20ns），每个时钟上升沿，定时器中的计数值减 1，故当计数值减到 0 时所经过的延迟为 1s，从而实现了 1s 计时。

第 17 行代码启动定时器开始计时。

第 19～26 行代码通过一个无限循环实现以 s 为单位的计数，并通过函数 display_seg( )在七段数码管上显示。每隔 1s，TSCR 寄存器中的中断状态位 TINT 被置为 1，此时，将计数值递增 1，然后清除 TINT 位继续进行 1s 计时。

```
01  #include "machine.h"
02  #include "gpio.h"
03  #include "timer.h"
04
05  #define TIMER_CNT 50000000
06
07
08  int main()
09  {
10      u32 cnt = 0;
11      u32 TCSR0;
12      gpio_init();                          // GPIO初始化
13      timer_init(TIMER_TCSR0, 1);           // 定时器初始化
14      timer_load(TIMER_TLR0, TIMER_CNT);    // 加载TIMER0的TLR寄存器，设置定时值
15
16      // 启动TIMER0计时
17      timer_start(TIMER_TCSR0);
18
19      while(1) {
20          display_seg(cnt);
21
22          if(timer_expired(TIMER_TCSR0)) {  //判断TIMER0是否到达计时时间（1秒）
23              cnt = cnt + 1;                // 计数值每1秒递增1
24              timer_clrINT(TIMER_TCSR0);    // 清除TIMER0的TCSR寄存器的中断状态位T0INT
25          }
26      }
27      return 0;
28  }
```

图 6-71　timer_cnt.c 源代码

步骤二.　基于 Nexys4 DDR 板卡进行功能验证

（1）将 Nexys4 DDR 板卡与 PC 通过 USB Cable 线相连接，打开电源键。然后，在 Flow Navigator 中单击 PROGRAM AND DEBUG→Open Hardware Manager→Open Target→Auto Connect，完成 Vivado 与板卡的自动连接。

（2）在所添加的 Flash 设备上单击右键，选择 Program Configuration Memory Device 对其进行编程，即将待测试的程序写入 Flash 中。在弹出的窗口中选择需要编程的 bin 文件，如图 6-72 所示，其他选项保持默认即可，单击"OK"按钮启动 Flash 编程。

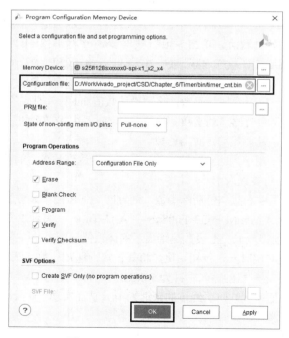

图 6-72　对 Flash 设备进行编程

（3）在 Vivado 中 Flow Navigator 的 HARDWARE MANAGER 选项下，单击 Program device，在弹出的窗口中检查选中的比特流文件（MiniMIPS32_FullSyS_Wrapper.bit）是否正确，单击"Program"按钮。这样比特流文件被烧写到 Nexys4 DDR 开发板的 FPGA 中，即就可在开发板上验证功能是否正确。

（4）比特流文件被烧写完成后，按一下板卡上的 CPU 复位按钮，用于系统复位和启动。对于本测试程序而言，其运行效果是每隔 1s 七段数码管上显示的计数值递增 1。

2．基于 AXI Timer 的 MiniMIPS32 处理器 Cache 的性能评估

如第 3.3 节所述，MiniMIP32 处理器中使用高速缓存存储器 Cache 提升访存性能。本节将通过 MiniMIP32_FullSyS 中集成的 AXI Timer 分别采集一组基准测试用例（benchmark）在带有 Cache 和不带 Cache 的处理器上运行的时间，从而评估 Cache 对访存性能的影响。

步骤一．编写 Cache 性能评估的验证程序

验证程序位于"随书资源\Chapter_6\ project\Timer\soft\per_cache"路径下，主要由 3 部分构成，分别是 include、lib 和 bench。

include 和 lib 根据 MiniMIPS32_FullSyS 的架构移植了一个简易 C 库（称为 libtinyc，由龙芯杯大赛资源提供），为用户程序开发提供了基本的 C 语言函数库，包括数学库（math）、标准库（stdlib）、基本输入/输出库（stdio）、字符串库（string）、时间日期库（timer）、机器描述库（machine）等。include 包含库的头文件，lib 则包含库函数的定义。在移植过程中，主要对 machine 和 time 两个库进行了修改，其中，machine 库提供了 MiniMIPS32_FullSyS 所包含外设的地址及相关处理函数，timer 库提供了面向 AXI Timer 的处理函数，包含图 6-70 的相关代码。两个库的具体实现细节请自行参考随书资源。

bench 目录提供了一组（5 个）标准测试用例，分别是 bubble_sort（冒泡排序）、coremark、quick_sort（快速排序）、select_sort（选择排序）和 stream_copy（流复制）。每个测试用例均由两个程序构成，分别是功能程序和性能测试程序。下面以 bubble_sort 为例进行介绍。bench/bubble_sort 目录下的源程序为 bubble_sort.c 和 shell1.c。

（1）bubble_sort.c 实现了冒泡排序算法，代码如图 6-73 所示。

```
01   int result[1000];
02   int *bubble_sort(int *a, int N) {
03       int m;
04       for(m = 0; m <= N; m++) {
05           result[m] = a[m];
06       }
07
08       int i, j, t;
09       for(j = 0; j < N; j ++) {
10           for(i = 0; i < N - 1 - j; i ++) {
11               if(result[i] > result[i + 1]) {
12                   t = result[i];
13                   result[i] = result[i + 1];
14                   result[i + 1] = t;
15               }
16           }
17       }
18       return result;
19   }
```

图 6-73 bubble_sort.c 源代码

（2）shell1.c 调用 AXI Timer 的相关处理函数采集测试用例的运行时间，代码如图 6-74 所示。

第 8～30 行代码定义了两个数组 a 和 a_ref，其中，前者为待排序的数组，后者是正确排序后的数组，主要用于运行结果的自动比对。

第 40～45 行代码首先对串口和定时器进行初始化，定时器采用递增计数。然后，通过 timer_load( ) 函数向 TIMER0 中的计数器加载初始计数值 TIMER_CNT（0）。最后，通过 timer_start( ) 函数启动

TIMER0 开始计数。

```
01  #include <machine.h>
02  #include <time.h>
03
04  #define N 200
05
06  #define TIMER_CNT 0
07
08  static int a[N] = {18361,25784,6605,26590,22618,15285,27647,23843,16362,10047,16750,10588,27793,20888,27352,
09  6613,6426,9475,1198,17530,23329,31946,17543,42,21700,8569,15002,4705,12988,27549,19075,24352,19489,17567,
10  12310,5363,30347,17034,31029,8821,27399,14673,5216,15979,26439,29891,25161,14524,18559,13036,9790,18401,
11  2223,16069,7917,4284,10022,26104,14827,2867,18285,1073,26236,24110,10046,24816,24846,6813,21026,27498,
12  1618,9173,3264,20262,28522,9796,22268,23679,21324,14882,19599,21158,12181,5101,25414,6808,8534,9282,10802,
13  27835,28598,10331,4015,19630,20789,32664,22681,11411,29913,25229,6165,3426,17535,31632,19593,30505,15223,
14  2318,14036,20900,7556,25432,16015,8758,4713,26187,19900,5130,16473,19631,32670,24508,20314,7631,13785,16126,
15  20449,28518,9821,15831,3234,30579,19535,22706,4768,1923,18616,13435,32295,28430,543,30101,4202,15992,28713,
16  20597,14893,27908,20386,9488,27977,27549,9303,24865,25073,19337,11325,5301,12619,24167,23461,21817,8405,
17  4121,29052,6111,24844,24437,31551,3907,9170,16647,27220,15102,9530,2249,24399,18465,5493,17119,20611,20390,
18  19773,28,18161,6403,12863,1593,10843,22910,4724,11134,4153,5452,18690,16416,1906,24535,16446,23820};
19
20  static int a_ref[N] = {28,42,543,1073,1198,1593,1618,1906,1923,2223,2249,2318,2867,3234,3264,3426,3907,4015,4121,
21  4153,4202,4284,4705,4713,4724,4768,5101,5130,5216,5301,5363,5452,5493,6111,6165,6403,6426,6605,6613,6808,
22  6813,7556,7631,7917,8405,8534,8569,8758,8821,9170,9173,9282,9303,9475,9488,9530,9790,9796,9821,10022,10047,
23  10331,10506,10588,10802,10843,11134,11325,11411,12181,12310,12619,12863,12988,13036,13435,13785,14036,
24  14524,14673,14827,14882,14893,15002,15102,15223,15285,15831,15979,16015,16069,16126,16362,16416,
25  16446,16473,16647,16750,17034,17119,17530,17535,17543,17567,18161,18285,18361,18401,18465,18559,18616,
26  18690,19075,19337,19489,19535,19593,19599,19630,19631,19773,19900,20262,20314,20386,20390,20449,20597,
27  20611,20789,20888,20900,21026,21158,21324,21700,21817,22268,22618,22681,22706,22910,23329,23461,23679,
28  23820,23843,24110,24167,24352,24399,24437,24508,24535,24816,24844,24846,24865,25073,25161,25229,25414,25432,
29  25784,26104,26187,26236,26439,26590,27220,27352,27399,27498,27549,27647,27793,27835,27908,27977,28430,
30  28518,28522,28598,28713,29052,29891,29913,30101,30347,30505,30579,31029,31551,31632,31946,32295,32664,32670};
31
32  void shell1(void)
33  {
34      int i,j, err = 0;
35      int *result;
36      unsigned long start_count = 0;
37      unsigned long stop_count = 0;
38      unsigned long total_count = 0;
39
40      uart_init();
41      timer_init(TIMER_TCSR0, 0);              // 定时器初始化
42      timer_load(TIMER_TLR0, TIMER_CNT);        // 加载TIMER0的TLR寄存器，设置定时值
43
44      // 启动TIMER0计时
45      timer_start(TIMER_TCSR0);
46
47      printf("bubble sort test begin.\n");
48      start_count = get_count();                // 获取开始时刻定时器中的计数值
49      if(SIMU_FLAG){
50          result = bubble_sort(a, N);
51          for(j = 0; j < N; j++) {
52              if (result[j] != a_ref[j]) {
53                  err += 1;
54                  break;
55              }
56          }
57      }
58      else{
59          for(i = 0; i < LOOPTIMES; i++) {
60              result = bubble_sort(a, N);
61              for(j = 0; j < N; j++) {
62                  if (result[j] != a_ref[j]) {
63                      err += 1;
64                      break;
65                  }
66              }
67          }
68      }
69      stop_count = get_count();                 // 获取结束时刻定时器中的计数值
70      total_count = stop_count - start_count;   // 获取程序运行所花费的时钟数
71
72      if (err==0)
73          printf("bubble sort PASS!\n");
74      else
75          printf("bubble sort ERROR!!!\n");
76
77      printf("bubble sort: Total Time = %dus\n", total_count/CPU_COUNT_PER_US);      // 将程序运行的时钟数转换为微秒（us）
78
79      while(1);
80
81      return;
82  }
```

图 6-74　shell1.c 源代码

第 48 行代码通过调用 get_count( )函数来获取 bubble_sort( )函数在运行开始时 TIMER0 中的计数值，

即 start_count。get_count( )函数在 time.h 中声明，具体实现可参考 timer.c。

第 49～68 行代码运行 bubble_sort( )函数实现对数组 a 的排序，并将排序结果与数组 a_ref 进行比对。其中，宏 SIMU_FLAG 定义在 machine.h 中，用于表示当前代码是否用于硬件仿真。如果用于硬件仿真（SIMU_FLAG 为 1），为了提高仿真速度，故只运行 bubble_sort( )一次。否则，运行 bubble_sort( )多次，次数由宏 LOOPTIMES 确定。该宏也定义在 machine.h 中，本设计中取值为 10。如果结果比对正确，则 err 为 0，否则，err 为 1。

第 69～70 行代码首先调用 get_count( )函数来获取 bubble_sort( )函数在运行结束时刻 TIMER0 中的计数值，即 stop_count。然后，用 stop_count 减去 start_count 即可获得运行 bubble_sort( )所花费的总时钟周期数，即 total_count。

第 72～77 行代码表示如果变量 err 为 0，则通过串口打印程序测试通过信息，否则，串口打印程序测试失败信息。最后，将程序运行总时钟周期数 total_count 根据时钟频率 CPU_COUNT_PER_US（定义在 time.h 中）换算为微秒，并打印。

剩下 4 个测试用例的文件结构和代码均与上述 bubble_sort 函数类似，大家也可按照同样的方式定义其他测试用例。

步骤二. 基于 Nexys4 DDR 板卡进行功能验证

（1）将 Nexys4 DDR 板卡与 PC 通过 USB Cable 线相连接，打开电源键。再在 Flow Navigator 中单击 PROGRAM AND DEBUG→Open Hardware Manager→Open Target→Auto Connect，完成 Vivado 与板卡的自动连接。

（2）在所添加的 Flash 设备上单击右键，选择 Program Configuration Memory Device 对其进行编程，即将待测试的程序写入 Flash 中。在弹出的窗口中，选择需要编程的 bin 文件（如 bubble_sort.bin），如图 6-75 所示，其他选项保持默认即可，单击"OK"按钮启动 Flash 编程。

图 6-75 对 Flash 设备进行编程

（3）在 Vivado 中 Flow Navigator 的 HARDWARE MANAGER 选项下，单击 Program device。在弹出的窗口中检查选中的比特流文件（MiniMIPS32_FullSyS_Wrapper.bit）是否正确，并单击"Program"按钮。这样比特流文件被烧写到 Nexys4 DDR 开发板的 FPGA 中，即可在开发板上验证

功能是否正确。

（4）比特流文件被烧写完成后，打开串口调试工具，参考 6.26 小节设置串口参数。按一下板卡上的 CPU 复位按钮，用于系统的复位和启动。串口调试工具打印出如图 6-76 所示信息，显示程序测试通过，所花费的时间为 60367μs。

图 6-76　bubble_sort 程序运行时间验证结果

步骤三. Cache 性能比较

按照前两个步骤，本书分别采用带有 Cache 的 MiniMIPS32 处理器（工程位于"随书资源\Chapter_6\project\Timer\MiniMIPS32_FullSyS"）和不带有 Cache 的 MiniMIPS32 处理器（工程位于"随书资源\Chapter_6\project\Timer\MiniMIPS32_FullSyS_NoCache"）运行上述 5 个测试用例，其运行结果如表 6-20 所示。从表 6-20 可以看出，对于大多数程序而言，Cache 对性能的改善十分明显，5 个测试用例加速比的几何平均为 4.97。

表 6-20　Cache 的性能比较（主频 50MHz）

测 试 用 例	运行时间		加 速 比
	带 Cache（μs）	不带 Cache（μs）	
bubble_sort	60,367	437,660	7.25
coremark	8,116,097	8,765,385	1.08
quick_sort	55,175	338,223	6.13
select_sort	37,324	328,451	8.80
stream_copy	4,752	34,119	7.18

6.4　VGA 控制器

6.4.1　VGA 接口概述

VGA（Video Graphics Array）即视频图形阵列，是 IBM 于 1987 年随 PS/2 一起推出的一种使用模拟信号的视频传输标准（也是一种显示接口标准），具有分辨率高、显示速率快、颜色丰富等优点，在彩色显示器领域得到广泛应用。从 CRT 显示器到 LCD 显示器，再到高分辨率的 HDMI 接口显示器，VGA 技术一直被用于各类台式计算机、笔记本电脑、嵌入式计算机、工业设备等。

VGA 主要作为计算机显卡传输图像到显示器的桥梁，将显卡处理器的视频图像数据实时传输到显示器上进行显示。VGA 接口与串口类似，也分为公头与母头，如图 6-77 所示。

图 6-77　VGA 接口的公头和母头实物图

VGA 接口为 D 型 15 针接口，分成 3 排，每排 5 针（孔）。接口编号顺序为公头从左到右，母头从右到左，两者一一对应，如表 6-21 所示。虽然 VGA 接口有 15 个信号，但在实际设计中通常只需要关注 5 个信号，分别是 RED、GREEN、BLUE、HSYNC 和 VSYNC。

表 6-21　VGA 接口信号定义

序　号	名　称	描　述
1	RED	红基色信号输入
2	GREEN	绿基色信号输入
3	BLUE	蓝基色信号输入
4	ID_BIT	地址码
5	SELF_TEST	自测试信号（各厂家定义不同）
6	RGND	红基色信号地
7	GGND	绿基色信号地
8	BGND	蓝基色信号地
9	RESERVED	保留（各厂家定义不同）
10	SGND	数字信号地
11	ID0	显示器标志位 0
12	ID1	显示器标志位 1
13	HSYNC	行（水平）同步信号
14	VSYNC	场（垂直）同步信号
15	ID3	显示器标识位 3（各厂家定义不同）

早期的显示器为 CRT（阴极射线管）显示器，由于受到该种显示器的制造工艺限制，彩色信号（RGB）都采用模拟信号进行传输，通过相应的处理电路，驱动显像管成像。通常，模拟电压门限为 0～0.714V，其中，0V 表示无色，0.714V 表示满色。电压位于 0～0.714V 之间时，电压越高，对应的色彩显示就越饱和。众所周知，计算机内部的图像信息都是以数字方式表示的。因此，为了满足 VGA 接口的模拟传输要求，显卡都设有数模转换器（DAC），通过 DAC 可将数字图像信息转换为 0～0.714V 的模拟信号，再通过 VGA 接口和电缆传输到 CRT 显示器中，该过程如图 6-78 所示。

随着显示技术的发展，LCD 显示器逐渐取代了 CRT 显示器。LCD 显示器属于数字显示设备，可以直接通过数字信号驱动显示屏。为了实现标准的兼容性，大部分 LCD 显示器内部设置了模数转换器（ADC），以集成 VGA 接口。虽然 VGA 接口具有传输速率高、协议简单、成本低等优点，但不可否认，

VGA 接口是存在一定缺陷的，如图像细节损失、信号衰减等。因此，在 1999 年，由 Silicon Image、Intel、Conpaq、IBM、HP 等公司联合推出了 DVI（Digital Visual Interface）接口，以支持纯数字信号的传输，从而避免了 VGA 接口由于一次 DAC 转换和一次 ADC 转换造成的图像细节丢失等问题。为了进一步提高分辨率，以及进行音频传输的需求，在 2002 年，由日立、松下、飞利浦、Silicon Image、Sony 等公司推出了 HDMI（High Definition Multimedia Interface）接口标准，实现了数字高清影音的传输。因此，最新显示器一般会支持三种标准，以适应更广泛的应用。

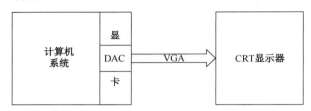

图 6-78　VGA 信号的转换过程

6.4.2　RGB 三原色模型

　　如前所述，VGA 接口所传输的彩色图像是采用 RGB 三原色模型描述的，每幅彩色图像由 RGB 三种不同饱和度的颜色组合而成。人眼中有三种椎状感光细胞，对红色、绿色和蓝色最敏感。因此，人眼所看到的各种颜色的光，主要是这三种细胞感觉综合的结果，因此，红色（R）、绿色（G）和蓝色（B）称为三原色，由其构成的颜色模型称为 RGB 三原色模型。

　　RGB 三原色模型是计算机中使用最广泛的颜色模型。由于计算机使用离散的数字信号描述数据，故每个通道饱和度均为 100%的 RGB 三原色可以组合出 8 种颜色，如表 6-22 所示。

表 6-22　饱和度均为 100%的 RGB 三原色组合所得的颜色

序　号	R	G	B	颜　色
1	0	0	0	黑（BLACK）
2	0	0	1	蓝（BLUE）
3	0	1	0	绿（GREEN）
4	0	1	1	品（ROYAL）
5	1	0	0	红（RED）
6	1	0	1	青（CYAN）
7	1	1	0	黄（YELLOW）
8	1	1	1	白（WHITE）

　　当 RGB 每个通道的颜色饱和度在 0～100%变化时，能组合出更多颜色。通常在计算机中，每个颜色通道用 8 位表示，而每个通道的颜色可细分为 $2^8 = 256$ 个级别，称为 RGB888。RGB888 共可组合出 $2^8 \times 2^8 \times 2^8 = 1677326 \approx 1677$ 万种颜色。对于 VGA 传输而言，0～0.714V 分别对应 0～255 级颜色饱和度，电压越高，说明该通道的色彩饱和度越高。计算机通过 DAC 将 0～255 级饱和度转换为 0～0.714V 电压，实现彩色图像的模拟传输。1677 万种颜色对于人眼的感光而言，已经足够表示真彩色图像，可满足大部分应用场合的要求。当对图像颜色要求不高，同时设备的传输带宽有限时，可以采用 RGB565、RGB444 等颜色模型。

6.4.3 VGA 控制器的时序

1. CRT 显示原理

VGA 接口最早适用于驱动 CRT 显示器，这是一种使用阴极射线管的显示器，主要由电子枪、偏转线圈、荫罩、高压石墨电极、荧光粉涂层和玻璃外壳等部分组成，如图 6-79 所示。CRT 显示器工作时，接收由 VGA 接口传送过来的 5 个信号，其中，RED、GREEN 和 BLUE 信号激励电子枪发出红、绿和蓝三种颜色的电子束，HSYNC 和 VSYNC 两个同步信号用于控制偏转线圈使电子束向正确的方向偏离，电子束穿越荫罩的小孔轰击屏幕上的荧光粉，红、绿、蓝三种颜色的荧光粉被不同强度的电子束点亮就会发出不同颜色。

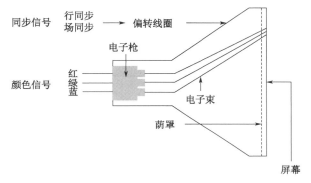

图 6-79 CRT 显示器的结构

通常，CRT 显示器可以采用逐行扫描或隔行扫描的显示方式。图 6-80 以 M 行 N 列显示器为例，给出逐行扫描的工作方式。

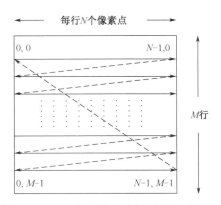

图 6-80 CRT 显示器电子束的逐行扫描方式

（1）电子束从屏幕左上角的第一个像素点开始，从左向右逐像素点扫描（如图 6-80 中第一个水平方向实线箭头所示）。

（2）扫描完第一行后，电子束从第一行最后一个元素转移到第二行的第一个元素（如图 6-80 中第一个虚线箭头所示）。这期间，CRT 对电子束进行消隐，即关闭显示，也称为行消隐。所谓行消隐是指当电子束扫描完一行，从右边移回到左边扫描下一行时，必须施加信号使电子束不能发出，以避免回扫线破坏屏幕图像。

（3）进行行同步，然后开始扫描第二行，重复（1）和（2），直到扫描完所有行，产生一帧完整的图像。

（4）扫描完所有行后，电子束位于屏幕右下角，然后使电子束重新回到屏幕左上角，准备开始扫描下一帧图像（如图中从右下角到左上角的对角线箭头所示）。这期间 CRT 对电子束进行消隐，即关闭显示，也称为场消隐。场消隐也是为了避免电子束从右下角回扫到左上角的过程中破坏屏幕图像。

隔行扫描是指电子束扫描时每隔一行扫一线，完成一屏后再返回来扫描剩下的行。由于隔行扫描的显示器闪烁得厉害，会让使用者的眼睛疲劳，故现代显示器多采用逐行扫描方式。

2. 行扫描和场扫描的时序

上面以 CRT 显示器讲述了逐行扫描的工作方式，尽管当前常见的 LCD 显示器与 CRT 显示器的制造原理不同，但由于都采用了 VGA 接口，故扫描方式也是一样的，在设计上也是完全通用的。综合上述扫描过程，可得到 VGA 接口的行扫描时序和场扫描时序，如图 6-81 和图 6-82 所示。

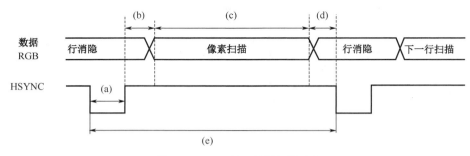

图 6-81　VGA 接口的行扫描时序

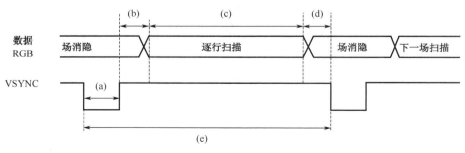

图 6-82　VGA 接口的场扫描时序

行扫描就是在行同步信号 HSYNC 控制下，在特定的阶段送出当前行需要显示的像素的 RGB 值。一个完整的行扫描周期可由（a）、（b）、（c）、（d）四个阶段组成，分别对应行同步段、行显示后沿段（也称为行消隐后沿段）、行显示段、行显示前沿段（也称为行消隐前沿段），如表 6-23 所示。

表 6-23　VGA 接口行扫描周期的各个阶段

阶　　段	名　　称	各阶段的工作
（a）	行同步段	进行行扫描地址的复位
（b）	行显示后沿段	行扫描地址转移后的稳定等待/准备期
（c）	行显示段	行扫描显示期，此时 RGB 数据有效
（d）	行显示前沿段	进行行扫描地址转移的准备

注（e）为行扫描总时间，表示一行扫描的总时间（前 4 个阶段时间之和）。

如图 6-82 所示，首先，行同步信号 HSYNC 处于低电平状态（行同步段），作为当前行扫描结束，下一行扫描开始的标志。然后，HSYNC 变为高电平，经过行显示后沿段后，进入行显示段中，HSYNC 一直维持高电平，同时 RGB 数据将驱动当前行上的每一个像素点，从而在屏幕上显示该行。行显示段结束后，再经过行显示前沿段（此时 HSYNC 仍然是高电平），完成该行的扫描。最后，HSYNC 再变为低电平，进入行同步段，开始下一行的扫描。在上述行扫描时序中，除行显示段之外，其余各阶段都处于行消隐期，以便电子束从一行的尾回到下一行的开头，此时的 RGB 数据是无效的，不需要在屏幕上进行显示。

场扫描在场同步信号 VSYNC 的控制下完成对屏幕上一帧图像的扫描，因此，一个场扫描周期由若干行扫描周期构成。场扫描时序与行扫描时序基本一致，一个完整的场扫描周期也包含（a）、（b）、（c）、（d）四个阶段，分别对应场同步段、场显示后沿段（也称为场消隐后沿段）、场显示段、场显示前沿段（也称为场消隐前沿段），如表 6-24 所示。

表 6-24　VGA 接口场扫描周期的各个阶段

阶　　段	名　　称	各阶段的工作
（a）	场同步段	进行场扫描地址的复位
（b）	场显示后沿段	场扫描地址转移后的稳定等待/准备期
（c）	场显示段	场扫描显示期，此时 RGB 数据有效
（d）	场显示前沿段	进行场扫描地址转移的准备

注：（e）表示场扫描总时间，表示一场扫描的总时间（前 4 个阶段时间之和）。

如图 6-82 所示，每次场扫描始于场同步信号 VSYNC 的下降沿。经过场同步段之后，VSYNC 信号变为高电平，然后再经过场显示后沿段后进入场显示段，表明屏幕上的逐行扫描开始。在场显示段，VSYNC 信号一直维持高电平，电子束从上到下依次扫描，从而在屏幕上显示完整的一帧图像。场扫描段结束后，再经过场显示前沿段完成对该场的扫描。除场显示段之外，其余各阶段都处于场消隐期，以便电子束从一帧的尾（屏幕右下角）返回到下一帧的开头（屏幕左上角），此时的 RGB 数据是无效的，不需要在屏幕上进行显示。

3．分辨率和帧率

如上所述，行扫描和场扫描是在行同步信号 HSYNC 和场同步信号 VSYNC 的控制下完成的。HSYNC 和 VSYNC 信号在扫描各阶段所经过的时间（或行/场的扫描速度）取决于显示器的显示模式，其包含两个重要参数，即分辨率和帧率。

分辨率是用来衡量一个物体精确程度的参数，对于显示器而言，分辨率越高，意味着显示图像的清晰度越高，具有更多的细节，图像更加保真。在屏幕上，分辨率是指每行有多少个像素及每帧有多少行，如分辨率 640×480 指屏幕上每行有 640 个像素，每帧有 480 行。

帧率是指屏幕上每秒可更新的图像帧数，也就是刷新频率。由于人眼具有视觉暂留特性，若想使显示器画面不闪烁，则至少需要实现每秒 25 帧图像的更新，通常为了保证图像流畅，视觉效果最佳，显示器的扫描帧率在每秒 60 帧及以上。

IBM 最先推出的 VGA 视频标准规定刷新频率为 60Hz，图像分辨率为 640×480。随着技术的发展，这个标准的分辨率越来越无法满足产品的需求，因此，IBM 于 1990 年对 VGA 进行了扩展，提出了 XGA（Extended Graphis Array，扩展图形阵列）标准，可提供 800×600 及 1024×768 两种分辨率。随着制造工艺的进一步提升，更高的分辨率标准不断推出，如 SXGA（1280×1024）、UXGA（1600×1200）、OSXGA（2048×1536），以及宽屏的 WXGA（1366×768）、WSXGA（1680×1050）和 WUXGA（1920×1200）等。

一帧图像的行扫描速度可用像素数来衡量，而场扫描速度可用行数来衡量。VGA 接口工作时序各阶段在不同显示模式下的具体取值如表 6-25 所示。

表 6-25　不同显示模式下 VGA 接口工作时序各阶段的取值

（a）VGA 接口的行时序

分辨率 （长×宽@帧率）	时钟 （MHz）	行时序（像素）				
		(a)	(b)	(c)	(d)	(e)
640×480@60Hz	25.2	96	48	640	16	800
800×600@60Hz	50	120	64	800	56	1040
1024×768@60Hz	65	136	160	1024	24	1344
1280×1024@60Hz	108	112	248	1280	48	1688
1600×1200@60Hz	162	192	304	1600	64	2160
1920×1200@60Hz	193.2	208	336	1920	128	2592

注：表中（a）表示行同步段；（b）表示行显示后沿段；（c）表示行显示段；（d）表示行显示前沿段；（e）表示行周期（$e = a + b + c + d$）。

（b）VGA 接口的列时序

分辨率 （长×宽@帧率）	时钟 （MHz）	行时序（行数）				
		(a)	(b)	(c)	(d)	(e)
640×480@60Hz	25.2	2	33	480	10	525
800×600@60Hz	50	6	23	600	37	666
1024×768@60Hz	65	6	29	768	3	806
1280×1024@60Hz	108	3	38	1024	1	1066
1600×1200@60Hz	162	3	46	1200	1	1250
1920×1200@60Hz	193.2	3	38	1200	1	1242

注：表中（a）表示场同步段；（b）表示场显示后沿段；（c）表示场显示段；（d）表示场显示前沿段；（e）表示场周期（$e = a + b + c + d$）。

下面以 640×480@60Hz 为例，结合图 6-81 和图 6-82，说明行扫描和场扫描时序。对于行扫描而言，行同步信号 HSYNC 先拉低 96 个像素（行同步段），然后 HSYNC 变为高电平持续 48 个像素（行显示后沿段）。接着，进入行显示段，HSYNC 继续维持高电平 640 个像素，这些像素则是屏幕上一行需要真正显示的像素。离开行显示段，HSYNC 再经过 16 个像素的显示前沿段后结束一行的扫描。对于场扫描而言，场同步信号 VSYNC 先拉低 2 行（场同步段），然后 VSYNC 变为高电平持续 32 行（场显示后沿段）。接着，进入场显示段，VSYNC 继续维持高电平 480 行，这些行则是真正需要在屏幕上显示的像素行。离开场显示段后，VSYNC 再经过 11 行的显示前沿段后结束一帧图像的扫描。

由于行扫描和场扫描本质上是通过对像素的计数完成的，而计数频率是表中像素时钟的频率，即每秒由 VGA 接口发出的像素数目。不同分辨率和帧率下，像素时钟的频率不同。下面以 640×480@60Hz 为例，计算出与之对应的像素时钟的频率。

$$[(96 + 48 + 640 + 16) \times (2 + 32 + 480 + 11)] \times 60 = 25.2\text{MHz}$$

6.4.4　VGA 控制器的设计与实现

本书设计的 VGA 控制器所支持的屏幕分辨率为 640×480@60Hz，用于控制 Nexys4 DDR 开发板上 VGA 接口在屏幕上显示的图像，如图 6-83 所示。该接口支持 12 位 RGB 显示，即红、绿和蓝三个颜色通道各占 4 位。

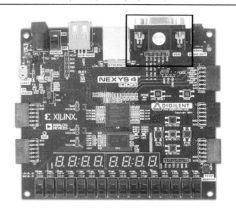

图 6-83 Nexys4 DDR FPGA 开发板上的 VGA 接口

此外，为了节省 FPGA 内部的 BRAM 资源，所设计的 VGA 控制器只支持二值图像显示，即每个像素点仅用 1bit 表示，"1"表示黑色，"0"表示白色。VGA 控制器将从 AXI4 接口中接收 4 个 32 位配置信息，分别是控制信息 ctrl、显示位置信息 impoint、图像尺寸信息 imsize 和背景颜色信息 bgcolor。ctrl 用于表示是否启动 VGA 控制器读取显存中的图像进行显示；impoint 用于控制图像在屏幕的显示位置，用左上角的坐标表示；imsize 用于存放图像的尺寸，即图片宽度和高度；bgcolor 用于配置屏幕的背景颜色。

VGA 控制器 IP 核由三个源代码文件构成，分别是 vga_driver.v，vga_data.v 和 vga_top.v。其中，vga_driver.c 是用于产生 AXI VGA IP 核的控制时序，控制其对屏幕进行扫描；vga_data.v 根据 AXI VGA 控制时序读取显存数据，产生屏幕中像素点的颜色值；vga_top.v 为顶层文件。

vga_driver.v 源代码如图 6-84 所示，输入/输出端口如表 6-26 所示。

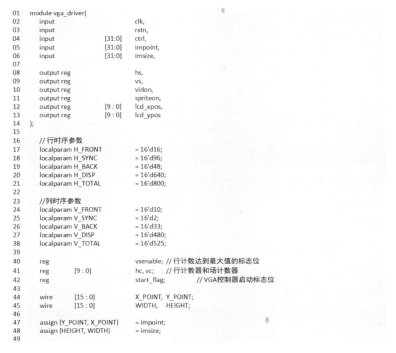

图 6-84 vga_driver.v 源代码

```
50      always @(posedge clk) begin              //根据控制寄存器ctrl的值设置VGA控制器启动标志位start_flag
51          if(!rstn)          start_flag <= 'b0;
52          else if (ctrl)     start_flag <= 'b1;
53          else               start_flag <= 'b0;
54      end
55
56          //VGA控制器扫描的行计数，最大值为800
57      always @(posedge clk) begin
58
59          if(!rstn) begin
60              hc <= 0;
61              vsenable <= 0;
62          end
63          else if (start_flag == 'b1) begin
64
65              if(hc == H_TOTAL - 1) begin
66
67                  hc <= 0;
68                  vsenable <= 1;
69
70              end
71              else begin
72
73                  hc <= hc + 1;
74                  vsenable <= 0;
75              end
76          end
77          else begin
78              hc <= 0;
79              vsenable <= 0;
80          end
81
82      end
83
84      //VGA控制器扫描的场计数，最大值为525
85      always @(posedge clk) begin
86
87          if(!rstn)
88              vc <= 0;
89          else if (start_flag == 'b1) begin
90              if(vsenable == 1) begin
91
92                  if(vc == V_TOTAL - 1)
93                      vc <= 0;
94                  else
95                      vc <= vc + 1;          // 每当行计数器达到最大值，场计数器加1
96              end
97
98          end
99          else vc <= 0;
100
101     end
102
103         //生成行同步与场同步信号
104     always @(*) begin
105
106         if(hc < H_SYNC)    hs = 0;
107         else               hs = 1;
108
109     end
110     always @(*) begin
111
112         if(vc < V_SYNC)    vs = 0;
113         else               vs = 1;
114
115     end
116
117     //生成640×480屏幕有效显示区标志位
118     always @(*) begin
119
120         if((hc < H_SYNC + H_BACK + H_DISP) && (hc >= H_SYNC + H_BACK) &&
121             (vc < V_SYNC + V_BACK + V_DISP) && (vc >= V_SYNC + V_BACK))
122
123             vidon = 1;
124         else
125             vidon = 0;
126     end
127
128         //生成图像有效显示区标志位
129     always @(*) begin
130
131         if((hc < H_SYNC + H_BACK + X_POINT + WIDTH) && (hc >= H_SYNC + H_BACK + X_POINT) &&
132             (vc < V_SYNC + V_BACK + Y_POINT + HEIGHT) && (vc >= V_SYNC + V_BACK + Y_POINT))
133             spriteon = 1;
134         else
135             spriteon = 0;
136     end
137
```

图 6-84　vga_driver.v 源代码（续）

```
138        // 计算当前扫描像素点在屏幕中的坐标
139        always @(*) begin
140            if(vidon == 'b1) begin
141                lcd_xpos = hc - (H_SYNC + H_BACK);
142                lcd_ypos = vc - (V_SYNC + V_BACK);
143            end
144            else begin
145                lcd_xpos = 0;
146                lcd_ypos = 0;
147            end
148
149        end
150    endmodule
```

图 6-84　vga_driver.v 源代码（续）

第 17～38 行代码定义了行扫描和场扫描的时序参数。

第 40～45 行代码定义了一些中间信号。其中，vsenable 为行计数达到最大值标志位，根据表 6-25（a）可知，每次行计数达到 800 时，该信号被置 1。hc 和 vc 为行计数器和场计数器，用于表示当前所在行已扫描的像素数和已扫描的行数。start_flag 为 VGA 控制器启动标志位。X_POINT 和 Y_POINT 用于保存待显示图像在屏幕上所处的位置，即左上角的坐标。WIDTH 和 HEIGHT 用于保存待显示图像的尺寸，也就是图像的宽度和高度。

第 47～48 行代码用于从输入端口 impoint 和 imsize 获取图像显示位置和图像尺寸的信息。

第 50～54 行代码用于设置 VGA 控制器的启动标志位 start_flag。当外部输入的控制信号 ctrl 为 0 时，start_flag 被设置为 0，表示不启动显示；当 ctrl 为 1 时，start_flag 被设置为 1，表示启动显示。

第 57～115 行代码产生了 VGA 控制器的行同步信号 hs 和场同步信号 vs。其中，第 57～82 行代码进行行计数。对于 640×480 的分辨率，当计数值 hc 等于 799 时，说明一行扫描完成。此时，置标志信号 vsenable 为 1 以启动场计数，再将 hc 复位为 0；第 85～101 行代码进行场计数。在 vsenable 标志信号为 1 的前提下，如果计数值 vc 等于 524 时，说明一场已扫描完成，vc 复位为 0；否则，vc 递增 1。此外，在启动标志位 start_flag 被置为 1 后，hc 和 vc 才开始计数。第 104～115 行代码根据 hc 和 vc 生成行同步信号 hs 和场同步信号 vs。

第 118～126 行代码根据 hc 和 vc 的范围确定屏幕有效显示区标志 vidon，用于确定当前扫描的像素点是否为有效显示像素点。

第 129～136 行代码表示在进入屏幕有效显示区的基础上，进一步确定当前扫描像素点是否已经进入图像有效显示区，如果进入，则置标志信号 spriteon 为 1。

第 139～147 行代码根据 hc 和 vc 的值计算当前扫描像素点在屏幕上的坐标。坐标原点(0, 0)位于屏幕左上角。

表 6-26　vga_driver.v 输入/输出端口

端 口 名 称	端 口 方 向	端口宽度/位	端 口 描 述
clk	输入	1	输入时钟（25MHz）
rstn	输入	1	复位（低电平有效）
ctrl$	输入	32	显示控制信息，来自 AXI4 接口寄存器 slv_reg0
impoint$	输入	32	显示位置信息，来自 AXI4 接口寄存器 slv_reg1
imsize$	输入	32	显示图像尺寸信息，来自 AXI4 接口寄存器 slv_reg2
hs	输出	1	行同步信号
vs	输出	1	场同步信号
vidon	输出	1	屏幕有效显示区标志
spriteon	输出	1	图像有效显示区标志

端 口 名 称	端 口 方 向	端口宽度/位	端 口 描 述
lcd_xpos	输出	10	屏幕上每个像素点的 x 坐标（原点为屏幕左上角）
lcd_ypos	输出	10	屏幕上每个像素点的 y 坐标（原点为屏幕左上角）

$：AXI4 接口寄存器介绍详见 6.4.5 节。

vga_data.v 源代码如图 6-85 所示，输入/输出端口如表 6-27 所示。

```
01    module vga_data(
02        input    [9 : 0]    lcd_xpos,
03        input    [9 : 0]    lcd_ypos,
04        input              vidon,
05        input              spriteon,
06        input    [31 : 0]   bgcolor,
07        input    [0 : 31]   vmdata,
08
09        output   [3 : 0]    r,
10        output   [3 : 0]    g,
11        output   [3 : 0]    b,
12        output             vmena,
13        output   [31 : 0]   vmaddr
14    );
15
16        wire [12 : 0] BGC;              // 背景颜色编码
17        wire [0 : 31] vmdata;
18        wire [31 : 0] vmaddr;
19
20        reg [13 : 0] row_addr; //显存存储单元地址
21        reg [ 4 : 0] col_addr;
22        reg [11 : 0] color;
23
24        assign BGC = bgcolor;
25
26        // 计算当前扫描点在显存中的位置
27        always @(*) begin
28            row_addr = (lcd_ypos * 20) + ((lcd_xpos) >> 5);
29            col_addr = (lcd_xpos) - (((lcd_xpos) >>5)<<5);
30        end
31
32        assign vmaddr = {16'b0000_0000_0000_0000,row_addr, 2'b00};
33        assign vmena = 1'b1;
34
35        // 生成扫描像素点的颜色
36        always @(*) begin
37            if(vidon == 'b1) begin
38                if(spriteon == 'b1)
39                    color = (vmdata[col_addr] == 1) ? 12'b0000_0000_0000 : 12'b1111_1111_1111;
40                else    color = BGC;
41            end
42            else color = 12'b0000_0000_0000;
43        end
44
45        assign r = { color[11], color[10], color[9], color[8] };
46        assign g = { color[7 ], color[6 ], color[5], color[4] };
47        assign b = { color[3 ], color[2 ], color[1], color[0] };
48
49    endmodule
```

图 6-85　vga_data.v 源代码

第 20～21 行代码定义了两个中间信号 row_addr 和 col_addr，用于表示当前像素点在显存 VRAM 中的位置。根据表 3-1 可知显存 VRAM 的容量为 64KB，每个存储单元被设置为 32 位（设置过程详见 6.4.5 节），每位对应屏幕上一个像素点。屏幕像素点按行顺序存储在显存 VRAM 中。row_addr 表示当前像素点应保存在哪个存储单元，col_addr 表示该像素点位于存储单元中的哪一位。

第 27～30 行代码根据当前像素点的坐标值计算其在存储单元的具体位置。由于屏幕分辨率为 640×480，所以屏幕上的一行占据 20 个存储单元。像素点所对应的存储单元为 lcd_ypos×20+lcd_xpos/32，所处具体比特位由 lcd_xpos 除以 32 的余数确定。

第 32 行代码则根据 row_addr 生成显存访问地址 vmaddr。由于显存 VRAM 采用字节编址，而 row_addr 相当于字地址，所以需要将其低位补两个 0 以得到 vmaddr。

第 36～43 行代码根据像素点在显存中的位置赋予不同的颜色值。如果已进入屏幕有效显示区（vidon 等于 1），并且也进入图像显示有效区（spriteon 等于 1），则根据显存中的像素值显示不同颜色。如果像素值为 1，则将屏幕上的对应点设置为黑色（color = 12'b0000_0000_0000;）；否则，对应像素点为白色（color = 12'b1111_1111_1111）；如果已进入屏幕有效显示区（vidon 等于 1），但未进入图像显示效区（spriteon 等于 0），则显示背景色 BGC。

第 45～47 行代码通过 VGA 接口的红、绿、蓝三个通道输出颜色值。

表 6-27　vga_data.v 输入/输出端口

端口名称	端口方向	端口宽度	端口描述
lcd_xpos	输入	10	屏幕上每个像素点的 x 坐标（原点为屏幕左上角）
lcd_ypos	输入	10	屏幕上每个像素点的 y 坐标（原点为屏幕左上角）
vidon	输入	1	屏幕有效显示区标志
spriteon	输入	1	图像有效显示区标志
bgcolor[$]	输入	32	背景色信息，来自 AXI4 接口寄存器 slv_reg3
vmdata	输入	32	从显存 VRAM 中读出的数据
r	输出	4	VGA 接口红色通道
g	输出	4	VGA 接口绿色通道
b	输出	4	VGA 接口蓝色通道
vmena	输出	1	显存 VRAM 使能信号
vmaddr	输出	32	显存 VRAM 访问地址

[$]：AXI4 接口寄存器介绍详见 6.4.5 节。

vga_top.v 源代码如图 6-86 所示，输入/输出端口如表 6-28 所示。

```
01  /************************************/
02  //支持二值图像显示,显示分辨率640*480@60Hz          //
03  /************************************/
04  module vga_top(
05      input                       clk,
06      input                       rstn,
07      input           [31 : 0]    ctrl,        // 连接AXI4接口中的0号寄存器——slv_reg0
08      input           [31 : 0]    impoint,     // 连接AXI4接口中的1号寄存器——slv_reg1
09      input           [31 : 0]    imsize,      // 连接AXI4接口中的2号寄存器——slv_reg2
10      input           [31 : 0]    bgcolor,     // 连接AXI4接口中的3号寄存器——slv_reg3
11      input           [0 : 31]    vmdata,
12
13      output                      vmena,
14      output          [31 : 0]    vmaddr,
15      output          [3 : 0]     r,
16      output          [3 : 0]     g,
17      output          [3 : 0]     b,
18      output                      hs,
19      output                      vs
20  );
21
22      wire vidon, spriteon;
23      wire [9 : 0] lcd_xpos, lcd_ypos;
24
25      vga_driver  U1(     .clk(clk), .rstn(rstn),
26                          .ctrl(ctrl), .impoint(impoint), .imsize(imsize),
27                          .hs(hs), .vs(vs), .vidon(vidon), 28.spriteon(spriteon),
29                          .lcd_xpos(lcd_xpos), .lcd_ypos(lcd_ypos));
30
31
32
33      vga_data    U2(     .lcd_xpos(lcd_xpos), .lcd_ypos(lcd_ypos),.vidon(vidon), .spriteon(spriteon),
34                          .bgcolor(bgcolor), .vmdata(vmdata), .vmaddr(vmaddr), .vmena(vmena),
35                          .r(r), .g(g), .b(b) );
36
37  endmodule
```

图 6-86　vga_top.v 源代码

表 6-28 vga_top.v 输入/输出端口

端 口 名 称	端 口 方 向	端 口 宽 度	端 口 描 述
clk	输入	1	输入时钟（25MHz）
rstn	输入	1	复位（低电平有效）
ctrl[$]	输入	32	显示控制信息，来自 AXI4 接口寄存器 slv_reg0
impoint[$]	输入	32	显示位置信息，来自 AXI4 接口寄存器 slv_reg1
imsize[$]	输入	32	显示图像尺寸信息，来自 AXI4 接口寄存器 slv_reg2
bgcolor[$]	输入	32	显示背景色信息，来自 AXI4 接口寄存器 slv_reg3
vmdata	输入	32	从显存 VRAM 中读出的数据
vmena	输出	1	显存 VRAM 使能信号
vmaddr	输出	32	显存 VRAM 访问地址
r	输出	4	VGA 接口红色通道
g	输出	4	VGA 接口绿色通道
b	输出	4	VGA 接口蓝色通道
hs	输出	1	行同步信号
vs	输出	1	场同步信号

[$]：AXI4 接口寄存器介绍详见 6.4.5 节。

6.4.5 基于 AXI Interconnect 的 MiniMIPS32_FullSyS 设计——AXI VGA 控制器的集成

本节将继续采用基于 Block Design 的原理图设计方法，在 MiniMIPS32_FullSyS 中集成 VGA 控制器 IP 核，分为两个阶段。首先，需要将所设计的 VGA 控制器封装为带有 AXI4 接口的 IP 核，即 AXI VGA 控制器，然后再添加该 IP 核，并与 AXI Interconnect 和显存进行集成，实现对板卡上 VGA 接口的控制。

1. AXI VGA 控制器 IP 核的封装

AXI VGA 控制器 IP 核的封装过程与第 4 章提到的 MiniMIPS32 处理器的封装过程类似，但最大的不同在于前者是一个从设备，而后者是一个主设备。封装的具体步骤如下。

步骤一. 创建工程

双击桌面 Vivado 快捷方式图标，启动 Vivado 2017.3，进入开始界面。单击"Create New Project 按钮"，创建一个名为 AXI_VGA 的新工程。

步骤二. 封装设置

（1）在 Vivado 菜单栏中单击 Tools→Create and Package New IP，如图 6-87 所示，开始创建并封装 IP 核。

（2）弹出 Create and Package New IP（创建并封装新 IP 核）向导界面，如图 6-88 所示，并直接单击"Next"按钮。

（3）由于 AXI VGA 控制器在系统中作为从设备使用，故选择 Create AXI4 Peripheral，即创建一个新的 AXI4 外设，然后，单击"Next"按钮，如图 6-89 所示。

（4）在弹出的窗口中设置所创建外设的基本信息，如图 6-90 所示，如名字（Name）、版本号（Version）、显示名（Display Name）、描述（Description）和 IP 所在位置（IP Location）。然后，单击"Next"按钮。

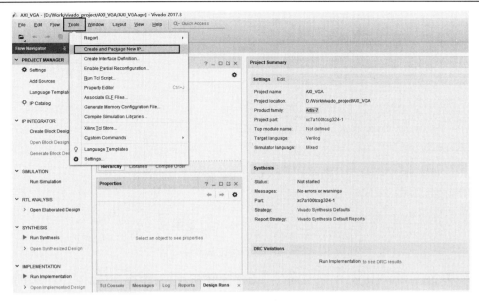

图 6-87　创建并封装 IP 核

图 6-88　创建并封装 IP 核向导界面

图 6-89　创建一个新的 AXI4 外设

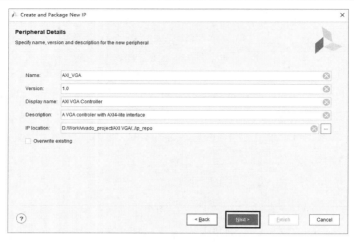

图 6-90　设置外设基本信息

（4）在弹出的窗口中添加外设的接口信息，如图 6-91 所示。接口名（Name）设置为 S_AXI。接口类型（Interface Type）选择 Lite，即 AXI4-Lite 接口。接口模式（Interface Mode）选择 Slave，表示从设备。数据宽度（Data Width）默认为 32 位。接口寄存器数目（Number of Registers）选择 4 个，MiniMIPS32 处理器通过 AXI Interconect 将 4 个配置信息（控制信息、图像显示位置信息、图像尺寸信息和背景颜色信息）传入这些接口寄存器，再输入给 VGA 控制器。最后，单击"Next"按钮。

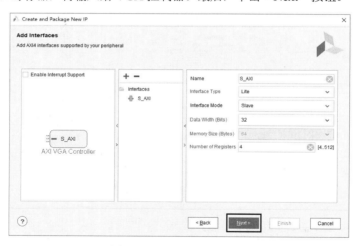

图 6-91　添加外设接口信息

（5）在弹出的 Create Peripheral 界面中选择 Edit IP 选项，进行 IP 核的创建，如图 6-92 所示。单击 Finish 按钮，生成一个新工程。

步骤三. 添加设计文件

在新生成工程的 Project Manager 工程管理区的 Sources 窗口中单击"+"按钮，如图 6-93（a）所示。再在打开的 Add Sources 界面中选中 Add or create design sources，如图 6-93（b）所示。单击"Next"按钮，进入 Add or Create Design Sources 界面，然后单击"Add Files"按钮添加 VGA 设计文件，如图 6-93（c）所示。最后单击"Finish"按钮，完成源文件的添加，如图 6-93（d）所示。

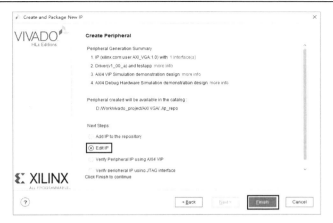

图 6-92　生成新工程

（a）

（b）

图 6-93　添加设计文件

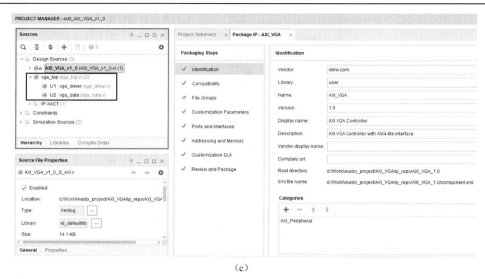

（c）

图 6-93　添加设计文件（续）

步骤四．修改设计文件

（1）在新生成工程的 Project Manager 工程管理区的 Sources 窗口中双击 AXI_VGA_v1_0_S_AXI.v 接口文件，打开编辑界面，该文件是用于封装 VGA 控制器的 AXI4 接口文件。首先，添加用户自定义输入/输出端口，如图 6-94（a）所示。然后，添加用户自定义逻辑，如图 6-94（b）所示，将 4 个接口寄存器 slv_reg0～slav_reg3 的值，即控制信息、图像显示位置信息、图像尺寸信息和背景颜色信息，送入 VGA 控制器。

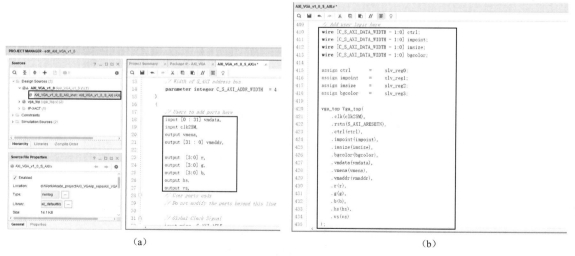

　　（a）　　　　　　　　　　　　　　　　　　　　　　　（b）

图 6-94　修改 AXI_VGA_v1_0_S_AXI.v 文件

（2）继续双击 AXI_VGA_v1_0.v 顶层文件，打开编辑界面。首先添加顶层模块端口，如图 6-95（a）所示。然后，添加例化模块的端口连接信息，如图 6-95（b）所示。

步骤五．打包封装

（1）关闭代码编辑界面，回到 Package IP 界面，选择 Packaging Steps 中的 File Groups 选项，然后单击 Merge changes from File Groups Wizard，如图 6-96 所示。

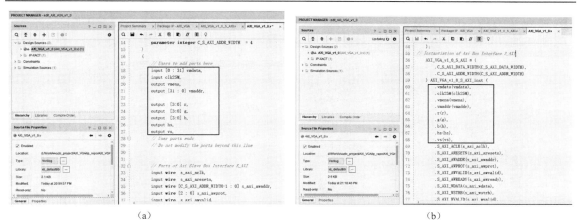

(a)   (b)

图 6-95 双击 AXI_VGA_v1_0.v 顶层文件

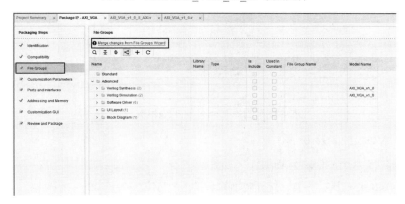

图 6-96 File Groups 选项

（2）选择 Packaging Steps 中的 Customization Parameters 选项，然后单击 Merge changes from Customization Parameters Wizard，如图 6-97 所示。

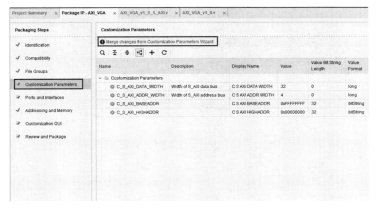

图 6-97 选择 Customization Parameters 选项

（3）选择 Packaging Steps 中的 Review and Package 选项，然后单击 "Re-Package IP" 按钮完成 IP 核的封装，再在弹出的窗口中单击 "Yes" 按钮，即关闭所创建的临时工程，如图 6-98 所示。

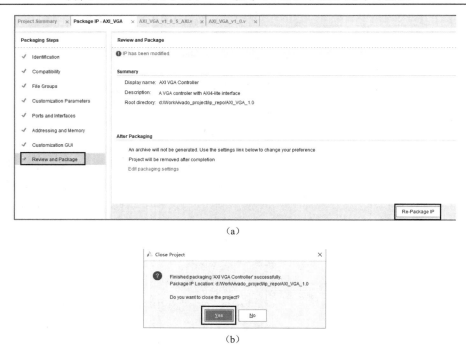

（a）

（b）

图 6-98　选择 Review and Package 选项

2. 添加 AXI VGA 控制器 IP 核

步骤一. 添加 AXI VGA 控制器 IP 核

（1）启动 Vivado 集成开发环境，打开之前设计的 MiniMIPS32_FullSyS 工程。

（2）在 Vivado 主界面的任务导航栏中选择 PROJECT MANAGER 下的 IP Catalog，启动 Vivado 的 IP 库。在 IP Cataglog 界面的空白处单击右键，再在弹出的菜单中选择 Add Repository，选择已封装的 AXI VGA 控制器 IP 核所在的路径，单击"Select"按钮，将其调入 IP 库，如图 6-99（a）所示。此时，IP Catalog 中又添加了一个新的 User Repository，展开后可看到所添加的 AXI VGA 控制器 IP 核，如图 6-99（b）所示。

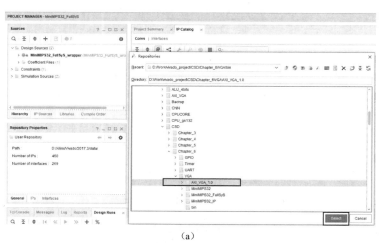

（a）

图 6-99　将 AXI VGA IP 核添加到 IP 库中

（b）

图 6-99 将 AXI VGA IP 核添加到 IP 库中（续）

（3）打开 Block Design 界面，双击之前已添加的时钟管理 IP 核 Clocking Wizard，进入配置界面。在 Output Clocks 选项中，勾选 clk_out2 复选框，然后将 Output Freq 设置为 25，从而添加了一个 25MHz 的输出时钟，如图 6-100 所示。单击"OK"按钮，完成配置。该时钟将被作为 VGA 控制器的主控时钟连接到 AXI VGA 和显存 VRAM。

（4）单击"+"添加 IP 核，在弹出窗口的 Search 文本框中输入 AXI VGA Controller，如图 6-101（a）所示。再双击 AXI VGA Controller 完成添加，如图 6-101（b）所示。

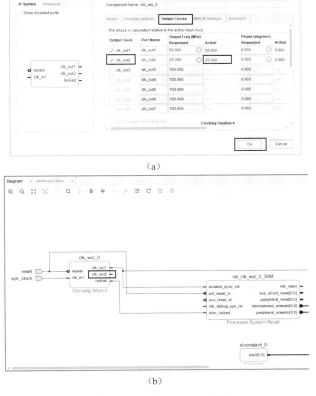

（a）

（b）

图 6-100 添加 25MHz 时钟

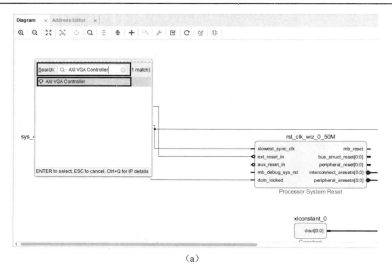

（a）

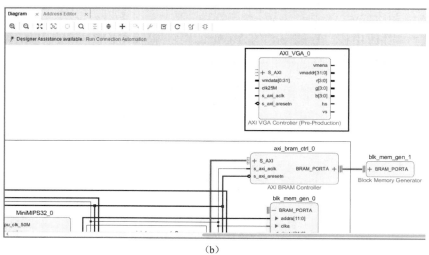

（b）

图 6-101　添加 AXI VGA 控制器 IP 核

步骤二. 添加 AXI BRAM 控制器 IP 核

（1）在 Block Design 界面单击"+"添加 IP 核，在弹出窗口的 Search 文本框中输入 AXI BRAM Controller 即可搜索到 AXI BRAM 控制器 IP 核。再双击搜索结果，即完成 AXI BRAM 控制器的添加。

（2）双击添加的 AXI BRAM 控制器 IP 核，并打开配置界面。在 AXI Protocol 下拉菜单中选择 AXI4 协议，在 Data Width 下拉菜单中选择 32 位数据宽度。在 BRAM Options 选项中的 Number of BRAM interfaces 下拉菜单中选择 1，表示该 AXI BRAM 控制器只连接一块 BRAM，其他选项为默认值，如图 6-102 所示。需要说明的一点是，配置界面中的 Memory Depth（存储器深度）为灰色（默认值为 8192），不能配置，该项信息会根据所连接的 BRAM 的深度进行自动配置。最后单击"OK"按钮完成配置。

步骤三. 添加 BRAM（显存 VRAM）

（1）在 Block Design 界面单击"+"添加 IP 核，在弹出窗口的 Search 文本框中输入 Block RAM，通过 Block Memory Generator 工具生成一个 BRAM（MiniMIPS32_FullSyS 中的显存 VRAM）。

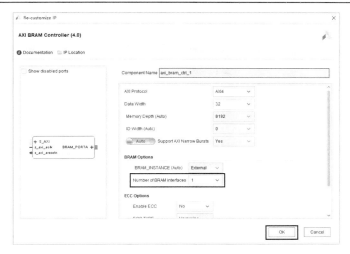

图 6-102　添加 AXI BRAM 控制器 IP 核

（2）双击添加的 BRAM 模块打开配置界面。该 BRAM 模块既需要与 AXI BRAM 控制器连接，也需要与 AXI VGA 控制器连接。因此，在 Basic 选项下从 Mode 下拉菜单中选择 BRAM Controller，在 Memory Type 下拉菜单中选择 True Dual Port RAM，将其设置为具有双端口的随机访问存储器（两个端口可同时读写），如图 6-103（a）所示。

在 Port A Options 选项中可以看出，由于 Mode 为 BRAM Controller，因此读写宽度、深度和其他配置参数均为灰色，无法手动配置，如图 6-103（b）所示。其中，读写宽度为 32 位，不能更改。深度信息在其与 AXI BRAM 控制器连接后，根据为其所分配的地址空间自动生成。从左侧的原理图可以看出，被设置为 BRAM Controller 模式后，地址端口和数据端口的宽度均为 32 位，并支持写字节使能。

同理，Port B Options 选项中的设置与 Port A Options 选项中的设置一致，如图 6-103（c）所示。

在 Other Options 选项中，不勾选 Enable Safety Circuit 复选框，如图 6-103（d）所示。从左侧原理图可以看出，端口信号 rsta_busy 和 rstb_busy 被删除，此信号的作用是当其有效时，表示此时 BRAM 模块由于数据冲突而不能访问。在我们的设计中不需要判断该信号，因此将其去除。单击"OK"按钮，完成 BRAM 模块的配置。

（a）

图 6-103　配置 BRAM 模块（显存 VRAM）

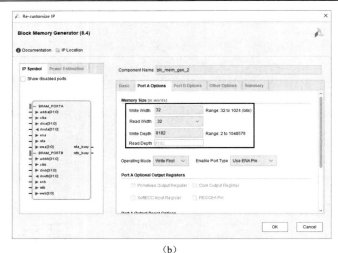

（b）

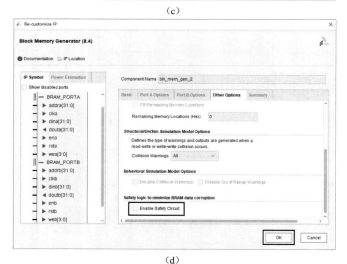

（c）

（d）

图 6-103　配置 BRAM 模块（显存 VRAM）（续）

（3）AXI BRAM 控制器 IP 核和显存 VRAM 添加成功后，如图 6-104 所示。

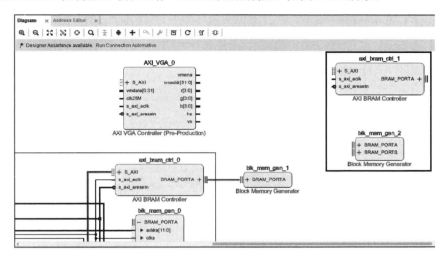

图 6-104　AXI BRAM 控制器 IP 核和显存 VRAM 添加成功

步骤四．IP 核的连接

（1）采用手动连接的方式，将 AXI BRAM 控制器的 BRAM_PORTA 端口与显存 VRAM 的 BRAM_PORTB 端口相连接，如图 6-105 所示。

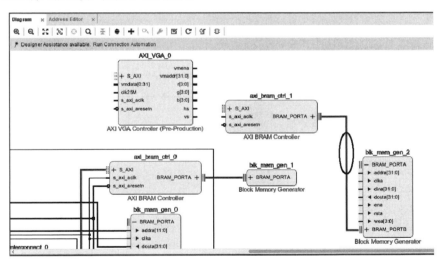

图 6-105　手动连接 AXI BRAM 控制器和 VRAM

（2）采用手动连接的方式，将 AXI VGA 控制器的 vmena、vmaddr 和 vmdata 端口与显存 VRAM 中 BRAM_PORTA 的对应端口相连接，如图 6-106 所示。

（3）采用手动连接的方式，将时钟管理单元 Clocking Wizard 的时钟输出 clk_out2（25MHz）连接到 AXI VGA 控制器的 clk25M 端口和显存 VRAM 中 BRAM_PORTA 的 clka 端口，如图 6-107 所示。该时钟用于 AXI VGA 控制器的扫描控制。

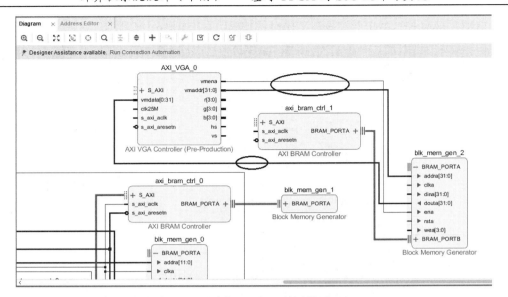

图 6-106　手动连接 AXI VGA 控制器和 VRAM

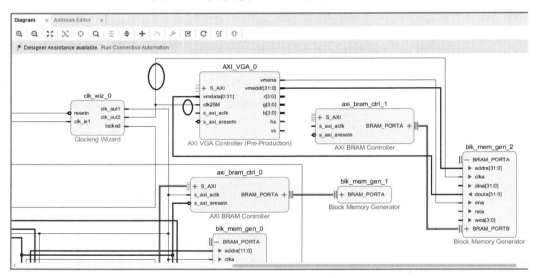

图 6-107　连接 25MHz 时钟信号

（4）单击 Run Connection Automation，勾选 All Automation 复选框，再单击"OK"按钮完成 AXI VGA 控制器、AXI BRAM 控制器与 AXI Interconnect 的连接，如图 6-108 所示。两者分别被连接到 AXI Interconnect 的 6 号和 7 号主接口，即 M06_AXI 和 M07_AXI。

（5）由于 Nexys4 DDR 的板卡描述文件没有提供对 VGA 接口的描述，因此，需要手动将 AXI VGA 控制器与开发板上 VGA 接口相连的端口设置为对外端口。在 AXI VGA 控制器 IP 核的 r 端口处单击右键，在弹出的菜单中选择 Make External，如图 6-109（a）所示。使用同样的方法将端口 g、b、hs 和 vs 也设置为外部端口，如图 6-109（b）所示。

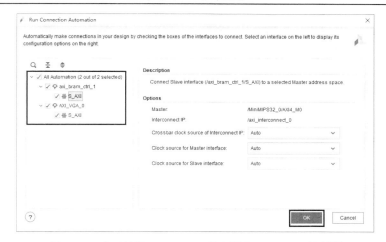

图 6-108　自动连接 AXI BRAM 控制器和 AXI VGA 控制器

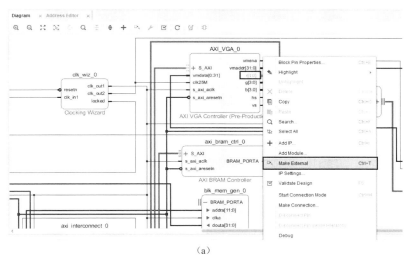

（a）

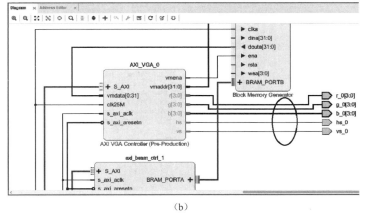

（b）

图 6-109　添加 AXI VGA 控制器 IP 核的外部端口

步骤五．地址分配

单击 Block Design 界面上的 Address Editor（地址编辑器）选项，根据第 3 章中表 3-1 提供的外设地址范围进行设置。所添加的显存 VRAM 的地址范围是 0xB000_0000～0xB000_FFFF，容量为 64KB。由于该部分地址空间采用固定地址映射，访存地址在送出 MiniMIPS32 处理器时高 3 位已经被清 0，所以在地址编辑器中对此段地址应该配置为 0x1000_0000～0x1000_FFFF。其中，修改 Offset Address（基地址）为 0x1000_0000，从 Range（容量）下拉菜单中选择 64K，地址编辑器可根据容量自动计算出高字节地址为 0x1000_FFFF。

所添加 AXI VGA 控制器 IP 核的地址范围是 0xBFD4_0000～0xBFD4_0FFF，容量为 4KB。由于该部分地址空间采用固定地址映射，访存地址在送出 MiniMIPS32 处理器时高 3 位已经被清 0，所以在地址编辑器中对此段地址应该配置为 0x1FD4_0000～0x1FD4_0FFF。其中，修改 Offset Address（基地址）为 0x1FD4_0000，从 Range（容量）下拉菜单中选择 4K，地址编辑器可根据容量自动计算出高字节地址为 0x1FD4_0FFF。最终地址范围设置如图 6-110 所示。

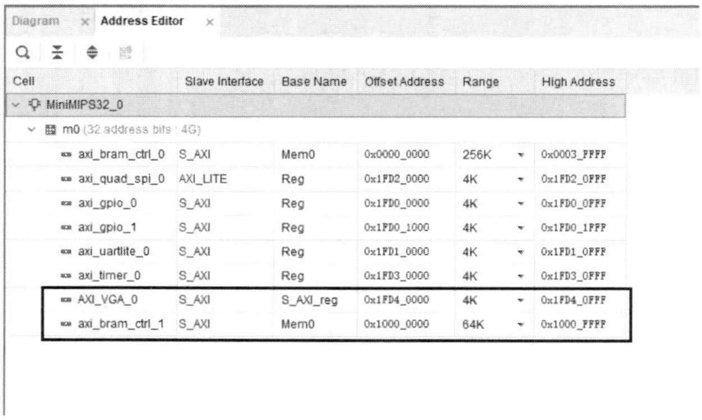

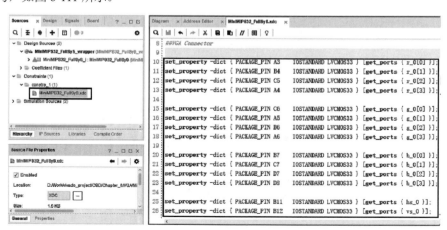

图 6-110　配置 AXI VGA IP 核和显存 VRAM 的地址范围

步骤六．添加设计约束

由于 Nexys4 DDR 的板卡描述文件没有提供 VGA 接口的信息，故需要添加相应的引脚约束。在 Project Manager 的 Source 窗口中双击打开 MiniMIPS32_FullSyS.xdc 文件，添加对于 VGA 接口的引脚约束语句，如图 6-111 所示。

图 6-111　添加 VGA 设计约束

步骤七．综合、实现并生成位流文件

最终，集成 AXI VGA 控制器和显存 VRAM 的 MiniMIPS32_FullSyS 原理图如图 6-112 所示。

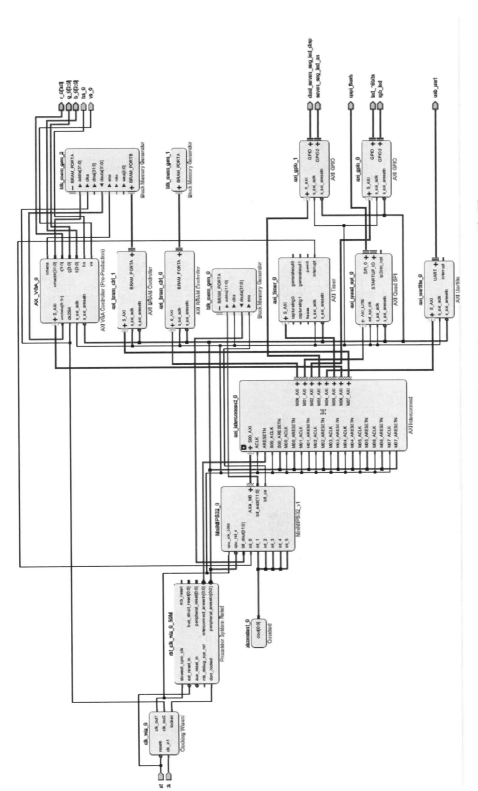

图 6-112　集成了 AXI VGA 控制器和显存 VRAM 的 MiniMIPS32_FullSyS 原理图

6.4.6　AXI VGA 控制器的功能验证

下面以显示图 6-113 为例，对所设计的 AXI VGA 控制器进行功能验证。该图由 100 张 32×28 的手写体数字图片（来自 Minist 数据集）拼接而成，每行每列各 10 张，故整幅图的尺寸为 320×280。采用二值存储方式，即每个像素点用 1bit 表示，0 代表白色，1 代表黑色。该图像还将被用在第 8 章基于朴素贝叶斯分类器的手写体数字识别 SoC 中。

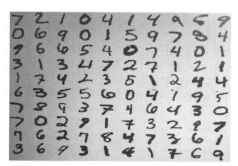

图 6-113　Minist 数据集中的手写体数字

步骤一．编写 AXI VGA 控制器的功能验证程序

AXI VGA 控制器的功能验证程序位于“随书资源\Chapter_6\project\VGA\soft\vga\src”路径下。主要由 4 个程序构成，分别是 machine.h、images.h、vga.h 和 vga_test.c。

（1）machine.h 添加了对于 AXI VGA 控制器 IP 核的基地址和内部寄存器偏移地址的定义，代码如图 6-114 中粗体部分所示。

```
......
......
// axi uartlite控制器基地址和偏移地址
#define UART_BASE          0xBFD10000
#define UART_RX            0x00000000
#define UART_RT            0x00000004
#define UART_STAT          0x00000008
#define UART_CTRL          0x0000000c

// axi timer控制器基地址和偏移地址
#define TIMER_BASE         0xBFD30000
#define TIMER_TCSR0        0x00000000
#define TIMER_TLR0         0x00000004
#define TIMER_TCR0         0x00000008
#define TIMER_TCSR1        0x00000010
#define TIMER_TLR1         0x00000014
#define TIMER_TCR1         0x00000018

// 显存VRAM的基地址
#define VRAM_ADDR          0xB0000000

// axi vga控制器基地址和偏移地址
#define VGA_BASE           0xBFD40000
#define VGA_CTRL           0x00000000
#define VGA_IMPOINT        0x00000004
#define VGA_IMSIZE         0x00000008
#define VGA_BGCOLOR        0x0000000c

#define DELAY_CNT 3000000
......
......
```

图 6-114　machine.h 源代码

（2）images.h 定义了一个无符号整型数组 images，用于保存图 6-113 所示图像的像素值。数组中每个元素对应显存 VRAM 中的一个存储单元，共 32 位，每位对应一个像素点，1 表示黑色，0 表示白色。

整幅图像按行顺序存储在 images 数组中，图像的每行对应数组中的 10 个元素（320/32），数组总计 2800 个元素（280×10）。

（3）vga.h 定义了与 AXI VGA 控制器 IP 核相关的访问和控制函数，代码如图 6-115 所示。

```
01    // 初始化vga控制器：控制寄存器置为0
02    void vga_init(void)
03    {
04        REG32(VGA_BASE + VGA_CTRL) = (INT32U)0;
05        return;
06    }
07
08    // 设置图像显示位置：将图像显示位置信息（左上角在屏幕中的坐标）存入vga控制器的显示位置寄存器
09    void vga_setimpoint(INT32U xpoint, INT32U ypoint)
10    {
11        // 显示位置寄存器的高16位存y坐标，低16位存x坐标
12        // x坐标：图像左上角距离屏幕左边框的像素数
13        // y坐标：图像左上角距离屏幕上边框的行数
14        REG32(VGA_BASE + VGA_IMPOINT) = (ypoint << 16) | xpoint;
15        return;
16    }
17
18    // 设置图像尺寸：将图像尺寸（宽和高）存入vga控制器的图像尺寸寄存器
19    void vga_setimsize(INT32U width, INT32U height)
20    {
21        // 图像尺寸寄存器的高16位存图像的高度，低16位存图像的宽度
22        REG32(VGA_BASE + VGA_IMSIZE) = (height << 16) | width;
23        return;
24    }
25
26    // 设置屏幕背景颜色：将背景颜色的RGB编码存入vga控制器的背景颜色寄存器
27    void vga_setbgcolor(INT32U bgcolor)
28    {
29        REG32(VGA_BASE + VGA_BGCOLOR) = bgcolor;
30        return;
31    }
32
33    // // 启动vga控制器：控制寄存器置为1
34    void vga_start(void)
35    {
36        REG32(VGA_BASE + VGA_CTRL) = (INT32U)1;
37        return;
38    }
39
40    // 加载图像像素值到显存
41    // 共计5个参数：
42    // im_xpoint和imypoint为图像的显示位置，其中im_xpoint必须是32的整倍数
43    // im_width和im_height为图像的尺寸，其中width必须是32的整倍数
44    // images为存放图像像素值的数组
45    void load_image( INT32U  im_xpoint, INT32U  im_ypoint, INT32U  im_width, INT32U im_height, INT32U *images )
46    {
47        INT32U start_pixel = im_xpoint / 32;
48        INT32U vram_idx;                          // 定义了待加载的像素存放到显存后的存储单元编号
49        INT32U im_idx;                            // 定义了待加载的像素在images数组中的索引
50        INT32U vram_row_cnt;
51        INT32U vram_pixel_cnt;
52        for(vram_row_cnt = 0; vram_row_cnt < im_height; vram_row_cnt++)
53        {
54            for(vram_pixel_cnt = 0; vram_pixel_cnt < im_width/32; vram_pixel_cnt++)
55            {
56                vram_idx = ( im_ypoint + vram_row_cnt ) * 20 + ( vram_pixel_cnt + start_pixel);
57                im_idx = vram_row_cnt * im_width/32 + vram_pixel_cnt;
58                // VRAM_ADDR是显存的基地址，定义在machine.h文件中
59                REG32( VRAM_ADDR + (vram_idx << 2) ) = images[im_idx];
60            }
61        }
62
63    }
```

图 6-115 vga.h 源代码

第 2～6 行代码定义了 AXI VGA 控制器初始化函数，将控制寄存器置为 0。

第 9～16 行代码用于设置图像在屏幕上的显示位置，用图像左上角的 x 和 y 坐标表示。x 坐标表示图像左上角距离屏幕左边框的像素数，y 坐标表示图像左上角距离屏幕上边框的行数。两个坐标被存入 VGA 控制器的 32 位显示位置寄存器（VGA_IMPOINT），其中 x 坐标存放在低 16 位，y 坐标存放在高 16 位。

第 19～24 行代码用于设置图像尺寸，即宽度（width）和高度（height）。其中，高度存放在 VGA 控制器的 32 位图像尺寸寄存器（IM_SIZE）的高 16 位，宽度存放在低 16 位。

第 27～31 行代码用于设置屏幕背景颜色，将背景颜色的 32 位 RGB 编码存入 VGA 控制器的背景颜色寄存器中。从高位到低位的存放顺序为红色、绿色和蓝色。

第 34～38 行代码将 AXI VGA 控制器的控制寄存器置为 1，启动其读取显存中的图像进行显示。

第 45～63 行代码用于将存储在 images 数组（由 load_image 函数的第 5 个参数给出）中的图像像素值加载到显存的对应位置。加载位置由 load_image 函数的前 4 个参数确定，即图像显示位置和图像尺寸。注意，load_image 函数对加载位置有一定的条件限制，即显示位置的 x 坐标和图像宽度必须是 32 的整倍数。

（4）vga_test.c 完成对 AXI VGA 控制器 IP 核的功能测试，将图 6-113 所示的手写体数字图像显示在屏幕的中央位置，代码如图 6-116 所示。

```
01    #include "machine.h"
02    #include "vga.h"
03    #include "images.h"
04
05    #define IM_XPOINT      160
06    #define IM_YPOINT      100
07    #define IM_WIDTH       320
08    #define IM_HEIGHT      280
09    #define BGC            0x00000FFF
10
11    int main() {
12
13        // 初始化VGA控制器
14        vga_init();
15
16        // 加载图像
17        load_image( IM_XPOINT, IM_YPOINT, IM_WIDTH, IM_HEIGHT, images );
18
19        // 配置VGA控制器的图像显示位置信息、图像尺寸信息和背景颜色信息
20        vga_setimpoint(IM_XPOINT, IM_YPOINT);
21        vga_setimsize(IM_WIDTH, IM_HEIGHT);
22        vga_setbgcolor(BGC);
23
24        // 启动VGA控制器
25        vga_start();
26
27        return 0;
28    }
```

图 6-116　vga_test.c 源代码

第 5～9 行代码定义一些列的宏，包括图像显示位置、图像尺寸和图像背景颜色编码。

第 14 行代码对 AXI VGA 控制器 IP 核进行初始化。

第 17 行代码将文件 images.h 定义的像素值数组中的各个元素根据图像显示位置和图像尺寸加载到显存 VRAM 中。

第 20～22 行代码调用 vga_setimpoin、vga_setimsize 和 vga_setbgcolor 三个函数分别设置 VGA 控制器的图像显示位置信息、图像尺寸信息和背景颜色信息。

第 25 行代码启动 AXI VGA 控制器读取显存 VRAM 中的数据进行显示。

步骤二．基于 Nexys4 DDR 板卡进行功能验证

（1）将 Nexys4 DDR 板卡与 PC 通过 USB Cable 线相连接，打开电源键。再在 Flow Navigator 中单

击 PROGRAM AND DEBUG→Open Hardware Manager→Open Target→Auto Connect，完成 Vivado 与板卡的自动连接。

（2）在所添加的 Flash 设备上单击右键，选择 Program Configuration Memory Device 对其进行编程，即将待测试的程序写入 Flash 中。在弹出的窗口中选择需要编程的 bin 文件，如图 6-117 所示，其他选项保持默认即可，单击"OK"按钮启动 Flash 编程。

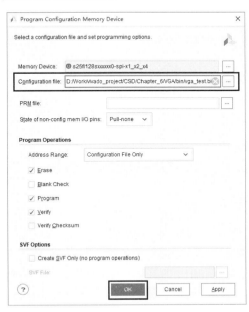

图 6-117　对 Flash 设备进行编程

（3）使用 VGA 电缆线连接 Nexys4 DDR 开发板和屏幕上的 VGA 接口。

（4）在 Vivado 的 Flow Navigator 的 HARDWARE MANAGER 选项下，单击 Program device。在弹出的窗口中检查选中的比特流文件（MiniMIPS32_FullSyS_Wrapper.bit）是否正确，并单击"Program"按钮。这样比特流文件被烧写到 Nexys4 DDR 开发板的 FPGA 中，即可在开发板上验证功能是否正确。

（5）比特流文件被烧写完成后，按下板卡上的 CPU 复位按钮用于系统复位和启动。此时，在屏幕的中央显示出 100 个手写体数字，如图 6-118 所示。

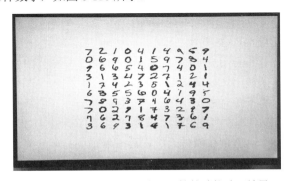

图 6-118　AXI VGA 控制器 IP 核的功能验证结果

第 7 章　μC/OS–II 操作系统的移植

截至目前，我们已经完成 MiniMIPS32_FullSyS SoC 的所有硬件设计与集成工作，在其之上可以运行绝大多数应用程序。通常将这种直接运行在硬件平台上的应用程序称为裸机程序。显然，裸机程序的编写难度较大，需要了解很多硬件平台细节，此外，也无法实现多个任务的并发执行。为了解决这些问题，需要在 MiniMIPS32_FullSyS SoC 上移植一个操作系统，实现对各类硬件资源的管理和多任务的调度。

本章将在 MiniMIPS32_FullSyS SoC 上移植一个嵌入式实时操作系统内核——μC/OS-II。首先，将对 μC/OS-II 操作系统进行概述，介绍其发展过程和主要特点。然后，详细讲解 μC/OS-II 操作系统在 MiniMIPS32_FullSyS SoC 上的移植过程。最后，通过编写一个多任务并发执行程序对移植后的 μC/OS-II 操作系统进行功能验证。

7.1　μC/OS-II 操作系统概述

7.1.1　操作系统与实时操作系统

请大家回忆本书上册第 1 章中提到的计算机系统层次结构，操作系统是位于指令集体系结构之上，介于计算机硬件系统与应用程序之间的一个系统级软件。通常，应用程序设计人员以操作系统层为基础使用计算机系统，因此他们所能看到和使用的只是一些由操作系统所提供的 APIs，至于操作系统的这些底层函数是怎么实现的，作为一个应用开发人员是不需要关心的。也就是说，操作系统将计算机以一种更加容易、便捷、强大的方式呈现给用户使用。同时，操作系统也是整个计算机系统的管理者，负责管理计算机上各类软硬件资源，如 CPU、内存、硬盘、输入/输出设备等，从而使得不同用户之间或同一用户的不同程序之间可以安全有序地共享这些硬件资源。现代计算机系统之所以能够得到广泛应用，操作系统起到了举足轻重的作用，它可以让应用程序的开发在一定程度上摆脱硬件，提供应用程序的可移植性和可读性。特别是当实现的应用比较复杂时，操作系统可以为其提供管理机制，应用程序员不用去处理不同任务间的通信及各个不同功能之间如何协同工作等问题，可以将精力全部投入到业务设计中，大大提升了开发和测试效率，节约了开发成本。传统操作系统可以分为批处理操作系统、分时操作系统、实时操作系统、网络操作系统、分布式操作系统、嵌入式操作系统等。近年来，随着计算机体系结构的发展，面向新兴应用领域，多种新型操作系统应运而生，如物联网操作系统、人工智能操作系统、拟态网络操作系统等。本章所使用的 μC/OS-II 操作系统是一种嵌入式实时操作系统。

所谓实时操作系统（Real-time Operating System，RTOS）是指当外界事件或数据产生时，能够接收并以足够快的速度予以处理，其处理结果又能在规定的时间内控制生产过程或对处理系统做出快速响应，调度一切可利用的资源完成实时任务，并控制所有实时任务协调一致运行的操作系统。因此，提供及时响应和高可靠性是其主要特点。实时操作系统有硬实时和软实时之分，硬实时要求在规定的时间内必须完成操作，这是在操作系统设计时保证的；软实时则只要按照任务的优先级，尽可能快地完成操作即可。我们通常使用的操作系统在经过一定改变之后就可以变成实时操作系统。实时操作系统的内核通常采用可剥夺型内核，其特点是当有更高优先级的任务就绪时，总能得到 CPU 的控制权。常见的嵌入式实时操作系统有 μC/OS-II、VxWoks、RT-Linux、FreeRTOS、RT-Thread、Windows CE、QNX、Nucleus 等。

7.1.2　μC/OS-II 简介

μC/OS-II 是一个可以基于 ROM 运行的、可裁减的、抢占式、实时多任务内核，具有高度可移植性，特别适合于微处理器和控制器，是与很多商业操作系统性能相当的实时操作系统内核。其前身是 μC/OS，μC/OS 最早出自 1992 年美国嵌入式系统专家 Jean J.Labrosse 在《嵌入式系统编程》杂志 5 月和 6 月刊上刊登的文章连载，在该杂志的论坛上还发布了 μC/OS 的源代码。

μC/OS 和 μC/OS-II 是专门为嵌入式计算机系统设计的，绝大部分代码采用 C 语言编写。与 CPU 硬件相关部分采用汇编语言，总量约 200 行的汇编代码部分被压缩到最低限度，使其便于移植到任何一款 CPU 上。用户只要有标准的 ANSI C 交叉编译器、汇编器、链接器等工具，就可以将 μC/OS-II 移植到开发的平台中。μC/OS-II 具有执行效率高、占用空间小、实时性能好和可扩展性强等特点，最小内核可编译至 2KB。目前，μC/OS-II 已经移植到几乎所有知名的 CPU 上。严格地说 μC/OS-II 只是一个实时操作系统内核，它仅仅包含任务调度、任务管理、时间管理、内存管理和任务间的通信与同步等基本功能，没有提供输入/输出管理、文件系统、网络等额外服务。但由于 μC/OS-II 良好的可扩展性和源码开放，这些非必需的功能完全可以由用户自己根据需要分别实现。μC/OS-II 实现了一个基于优先级调度的抢占式实时内核，最多可以管理 64 个任务，并在这个内核上提供最基本的系统服务，如信号量、邮箱、消息队列、内存管理、中断管理等。

μC/OS-II 以源代码的形式发布，是开源软件，但并不意味着它是免费软件。使用者可以将其用于教学和私下研究，但是如果将其用于商业用途，那么必须通过 Micrium 获得商用许可。

μC/OS-II 具有如下特点。

- 源代码公开

与很多开源操作系统（如 Linux）一样，μC/OS-II 的源代码也是公开可下载的。使用者可以通过官网下载所有源代码。本书随书资源提供 μC/OS-II V2.90 版全部源代码（随书资源、ucosii）。μC/OS-II 源代码结构清晰合理、注释详尽易懂，十分有利于开展移植工作。

- 可移植

μC/OS-II 的源代码绝大部分采用移植性很强的 ANSI C 编写，只是与计算机硬件相关的部分采用汇编语言编写，使其便于移植到其他微处理器上。对处理器的要求是：该处理器有堆栈指针，具有内部寄存器入栈、出栈指令。另外，要求 C 编译器必须支持内嵌汇编或可链接汇编模块。

- 可固化

μC/OS-II 是为嵌入式系统设计的，只要具有合适的系列软件工具（C 编译、汇编、链接及下载/固化），就可以将 μC/OS-II 嵌入系统中作为产品的一部分。

- 可裁剪

用户可以对 μC/OS-II 进行任意裁剪，只使用应用程序需要的系统任务。可裁剪性依靠条件编译实现，只要在用户的应用程序中定义哪些 μC/OS-II 中的功能是其需要的即可。

- 可剥夺型

μC/OS-II 是一种完全可剥夺型的实时内核，即 μC/OS-II 总是运行就绪条件下优先级最高的任务。

- 多任务

μC/OS-II 可以管理 64 个任务，通常建议保留 8 个给 μC/OS-II，剩下 56 个留给用户应用程序。赋予每个任务的优先级必须是不同的，这意味着 μC/OS-II 不支持时间片轮转调度算法，因为该算法只适用于调度优先级平等的任务。

- 可确定性

绝大多数 μC/OS-II 的函数调用和服务的执行时间具有可确定性。也就是说，除函数 OSTimeTick( ) 和某些事件标志服务之外，μC/OS-II 系统服务的执行时间不依赖于应用程序任务数的多少。

- 任务栈

每个任务有各自单独的栈。μC/OS-II 允许每个任务有不同的栈空间，以便减轻应用程序对主存的需求。

- 系统服务

μC/OS-II 提供多种系统服务，如信号量、事件标志、消息邮箱、消息队列、内存的申请与释放及事件管理函数等。

- 中断管理

中断可以使正在执行的任务暂时挂起。如果优先级更高的任务被中断唤醒，则高优先级的任务在中断嵌套全部退出后立即执行，中断嵌套最多可达 255 层。

- 稳定性与可靠性

μC/OS-II 是基于 μC/OS 开发的，后者已经有数百个商业应用。μC/OS-II 与 μC/OS 的内核是相同的，只是提供了更多功能。另外，μC/OS-II 已在一个航天项目中得到美国某个权威机构对用于商用飞机软件的认证。为了通过该认证，必须尽可能地通过文件描述和测试，展示软件在稳定性和安全性两个方面都符合要求。通过该认证，表明 μC/OS-II 已具有足够的安全性与稳定性，能够用于与性命攸关的、安全条件极为苛刻的系统，μC/OS-II 的每一种功能、每一个函数及每一行代码都经过考验和测试。

7.1.3　μC/OS-II 的基本功能

μC/OS-II 作为一个实时操作系统内核，包含以下 5 个基本功能。

1. 任务管理

任务管理包括任务的建立、删除、改变优先级、挂起、恢复等。通过一系列函数实现，主要包括：

- OSTaskCreate：用于建立一个任务。
- OSTaskStkChk：用于检验每个任务各自堆栈空间的大小。
- OSTaskDel：用于删除一个任务。其功能是将任务返回并使之处于休眠状态，系统将不再调度该任务。
- OSTaskDelReq：用于请求删除一个任务。
- OSTaskChangePrio：用于改变任务优先级。
- OSTaskSuspend：用于挂起任务。
- OSTaskResume：用于恢复被挂起的任务。
- OSTaskQuery：用于获得自身或其他任务的信息。

2. 任务调度

μC/OS-II 是可剥夺型实时多任务内核。可剥夺型实时内核在任何时候都运行已就绪的、具有最高优先级的任务。μC/OS-II 的任务调度是完全基于任务优先级的抢占式调度，也就是最高优先级的任务一旦处于就绪状态，就立即抢占正在运行的低优先级任务的 CPU 资源。为了简化系统设计，μC/OS-II 规定所有任务的优先级都不同，因而任务的优先级也同时被作为任务本身的唯一标识。

3．任务间的通信与同步

对于多任务系统而言，任务间的通信与同步是核心功能，主要用于任务间的互相联系和对临界资源的访问。μC/OS-II 中的任务或中断服务程序可通过时间控制块（ECB）向另外的任务发信号，它们可以是信号量、邮箱、消息队列等。

4．时间管理

μC/OS-II 利用时钟节拍（可由 MiniMIPS32_FullSyS 中的定时器 AXI Timer 提供）产生周期性中断，实现延时和超时控制等功能。时间管理也是通过一系列与时间相关的函数实现的。

- OSTimeDly：任务延时函数。该函数会使 μC/OS-II 进行一次任务调度，并且执行下一个优先级最高的就绪任务。
- OSTimeDlyHMSM：按时、分、秒、毫秒延时的函数。与 OSTimeDly 的不同之处在于，后者的延时单位是时钟节拍，而前者是具体的延时时间。
- OSTimeDlyResum：恢复延时任务的函数。通过调用该函数，可指定任务不必等待延时期满，就可以处于就绪状态。
- OSTimeGet：用于获得当前计数器的值。
- OSTimeSet：用于设置计数器的值。

5．内存管理

为了解决多次动态分配和释放内存引起的内存碎片，以及分配、释放函数执行时间不确定的问题，μC/OS-II 把连续的大块内存按分区来管理。每个分区均包含若干个大小相同的内存块，但不同分区之间内存块的大小可以不同。当需要动态分配内存时，可选择一个适当的分区，按块来分配内存；当释放内存时，将该块返回其所属分区。这样，能够有效解决内存碎片的问题。同时，由于每次分配和释放的内存容量都是固定内存块容量的整数倍，所以执行时间也就确定了。

μC/OS-II 使用称为内存控制块的数据结构管理每一个内存分区，每个分区都有各自的内存控制块。主要函数如下。

- OSMemCreate：用于建立一个内存分区。
- OSMemGet：用于分配一个内存块。
- OSMemPut：用于释放一个内存块。
- OSMemQuery：用于查询一个特定内存分区的状态，如内存分区中的内存块大小、可用内存块、正在使用的内存块等信息。

7.1.4　μC/OS-II 的文件结构

图 7-1 以 μC/OS-II V2.90 版本为例给出了 μC/OS-II 的文件结构。整个 μC/OS-II 的源代码可以分为四部分。

- 与处理器无关的代码：μC/OS-II 内核的全部源代码。
- 与处理器相关的代码：这部分代码是移植 μC/OS-II 时主要修改的代码。对于不同的处理器，该部分代码均有所不同，可能增加或减少部分文件。
- 与应用相关的代码：与应用程序相关的头文件。
- 应用程序：用户编写的应用程序。

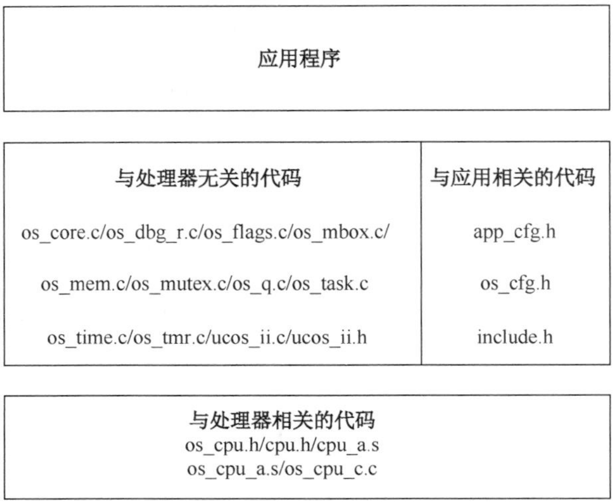

图 7-1　µC/OS-II 的文件结构（以 V2.90 版本为例）

7.2　µC/OS-II 操作系统的移植

7.2.1　µC/OS-II 操作系统源码下载

首先，从 µC/OS-II 操作系统官网下载 v2.90 版本的 µC/OS-II 操作系统内核，或者使用随书资源提供的源码文件 uCOS-II_V290.zip（随书资源\Chapter_7\ucosii\uCOS-II-V290.zip）。然后，下载 Micrium 公司针对 M14K 处理器提供的移植代码——uCOS-II_M14K.zip（随书资源提供下载好的源码，路径为：随书资源\Chapter_7\ucosii\ uCOS-II_M14K.zip）。本节将在该移植代码的基础上完成针对 MiniMIPS32_FullSyS 的移植（移植过程参考《自己动手写 CPU》一书）。M14K 处理器是 MIPS Technologies 于 2009 年发布的一款基于 microMIPS 指令集架构的兼容 MIPS32 的微处理器内核。

7.2.2　建立 µC/OS-II 操作系统文件目录

现在将已下载的 µC/OS-II 操作系统内核源码与 M14K 移植代码重新组织成新的用于 MiniMIPS32_FullSyS 的文件目录结构，具体步骤如下：

（1）新建文件目录 ucosii_MiniMIPS32_FullSyS，将其作为整个移植过程的根目录。

（2）将 uCOS-II_V290.zip 压缩包内的 Micrium\Software\uCOS-II\Source 目录解压到 ucosii_MiniMIPS32_FullSyS 目录下。

（3）在 ucosii_MiniMIPS32_FullSyS 目录下新建文件夹 Port，将 µCOS-II_M14K 压缩包内 Micrium\Software\uC-CPU\M14K\CodeSourcery 目录下的所有文件和 Micrium\Software\uCOS-II\Ports\M14K\CodeSourcery 目录下的所有文件解压到 Ports 目录下。

（4）在 ucosii_MiniMIPS32_FullSyS 目录下新建文件夹 Include，将 ucosii_MiniMIPS32_FullSyS\Source 目录下的 os_cfg_r.h、ucos_ii.h 头文件和 ucosii\Port 目录下的 cpu.h、os_cpu.h 头文件剪切到 Include 目录下，并将 os_cfg_r.h 重命名为 os_cfg.h。

（5）在 Include 目录下新建头文件 includes.h，因为 ucosii_MiniMIPS32_FullSyS\Port 目录下的 os_cpu_c.c 文件需要引用 includes.h 文件。includes.h 源码如图 7-2 所示。

```
#include <stdarg.h>
#include <stddef.h>
#include <limits.h>
#include "ucos_ii.h"
```

图 7-2　includes.h 源代码

（6）在 Include 目录下新建头文件 app_cfg.h，其作用是定义定时器的优先级，即 OS_TASK_TMR_PRIO。app_cfg.h 源代码如图 7-3 所示。

```
#ifndef _APP_CFG_H_
#define _APP_CFG_H_

#define  OS_TASK_TMR_PRIO        (OS_LOWEST_PRIO - 2)

#endif
```

图 7-3　app_cfg.h 源代码

（7）根据 Micrium 公司的注释将 ucosii_MiniMIPS32_FullSyS \Include\cpu.h 头文件中如图 7-4 所示的两行引用注释掉，在移植过程中不会用到这两个文件。

```
/*
#include  <cpu_def.h>
#include  <cpu_cfg.h>
*/
```

图 7-4　修改 cpu.h 源代码

（8）在 ucosii_MiniMIPS32_FullSyS 目录下新建文件夹 User，用于存放操作系统的功能验证程序。

按照上述步骤建立了一个用于移植 μC/OS-II 操作系统的初始文件目录 ucosii_MiniMIPS32_FullSyS，该目录结构如图 7-5 所示。

图 7-5　ucosii_MiniMIPS32_FullSyS 目录结构

7.2.3　移植 μC/OS-II 操作系统

本节将对 ucosii_MiniMIPS32_FullSyS 目录下的相关文件进行修改以移植 μC/OS-II 操作系统到 MiniMIPS32_FullSyS 上运行。因为移植工作是在 M14K 的基础上进行的，所以大体上只需要修改 ucosii_MiniMIPS32_FullSyS\Port 目录下的代码即可，具体步骤如下。

步骤一．修改汇编指令

由于 M14K 使用的是 microMIPS 指令集，与 MiniMIPS32 指令集不完全相同，所以移植过程中会出现 MiniMIPS32 处理器不支持的指令，此时需要修改这些指令，使移植后的操作系统可以在 MiniMIPS32 处理器中正常运行。

（1）DI 指令和 EI 指令

DI 指令的作用是禁止中断并将 CP0 中状态寄存器 Status 的值存入目的寄存器，而 EI 指令的作用就是使能中断并将 CP0 中状态寄存器 Status 的值存入目的寄存器。两条指令的格式如图 7-6 所示。

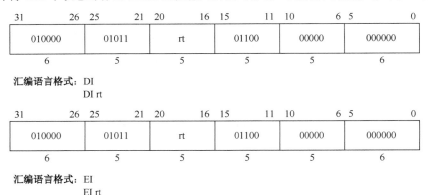

汇编语言格式：DI
　　　　　　　DI rt

汇编语言格式：EI
　　　　　　　EI rt

图 7-6　DI 和 EI 指令的格式

将 Port 目录下的 cpu_a.S 和 os_cpu_a.S 中的 DI 指令注释（使用/*…*/将 DI 指令包括在内），并用如图 7-7 所示的汇编代码替代即可。此外，由于 MiniMIPS32 处理器不需要 EI 指令，因此将该指令直接注释掉即可。

```
ori     $2,  $2,  0x0
mfc0    $2,  $12
addi    $3,  $0,  0xFFFE
and     $3,  $2,  $3
mtc0    $3,  $12
/* di $2 */
```

图 7-7　DI 指令的处理

（2）ERET 指令

由于 MiniMIPS32 采用 MIPS32 Release1 指令集，所以使用交叉编译器编译操作系统时会加上 -mips1 编译选项，目的是只编译出 MiniMIPS32 处理器支持的指令，但异常返回指令 ERET 属于 MIPS32 指令集架构，故要对 os_cpu_a.S 文件中的 ERET 指令做如图 7-8 所示的修改。

```
.set mips32
eret
.set mips1
```

图 7-8　ERET 指令的处理

（3）EHB 指令

EHB 指令的作用是停止指令运行直到所有依赖都被清除。由于 MiniMIPS32 处理器在硬件设计上已经处理了各种依赖，故不需要这条指令，直接将 os_cpu_a.S 文件中的 EHB 指令注释掉即可。

步骤二．中断与异常处理

（1）设置中断与异常处理程序的入口地址

对于中断和异常处理，首先要设置处理程序的入口地址。在 Port 目录下的 os_cpu_a.S 文件中添加如图 7-9 所示的代码。

```
01    // 添加下面的stack section
02    .section .stack, "aw", @nobits
03
04 .space  0x10000
05    // 添加下面的vector section
06    .section .vectors, "ax"
07
08    .org 0x0
09 _reset:
10    lui $28,0x0
11    la $29,_stack_addr
12    la $26,main                    // 跳转至main函数开始运行操作系统
13    jr $26
14    nop
15
16    .org 0x380
17    // 根据Cause寄存器的exccode段确定是中断还是异常
18    mfc0 $8, $13
19    li $9, 0x7c
20    and $8, $8, $9
21
22    beqz $8, INT_EXC
23    nop
24
25    // 异常处理程序入口
26    la $26,ExceptionHandler
27    jr $26
28    nop
29
30 INT_EXC:
31    // 中断处理程序入口
32    la $26,InterruptHandler
33    jr $26
34    nop
35
36    //定义代码段和编译选项
37    .section .text,"ax",@progbits
38    .set noreorder
39    .set noat
```

图 7-9　设置中断和异常处理程序的入口地址

第 2～4 行代码定义了堆栈段（.stack），大小为 0x100000。

第 6～34 行代码定义了中断异常向量段（.vector）。其中，第 8 行代码定义了该段的入口偏移地址为 0x0。第 9～14 行代码给出了复位异常处理器程序，其初始化全局指针寄存器$gp、堆栈指针寄存器$sp，然后转移到 main 函数。_stack_addr 是在链接脚本中定义的，对应栈空间的最高地址。第 16 行代码设置中断异常处理程序入口偏移地址为 0x380。第 18～22 行代码将根据 Cause 寄存器（CP0 中第 13 号寄存器）的 ExcCode 段确定待处理的是中断还是异常，以便转移到对应的处理程序。第 26～28 行代码用于跳转到异常处理程序，第 30～34 行代码用于跳转到中断处理程序。

第 37～39 行代码用于定义代码段并设置一些编译选项，其中，noreorder 表示指令的顺序不会被改变也不会对代码进行优化，noat 表示不使用 at 寄存器。

此外，还需修改 Port 目录下的 os_cpu_c.c 文件，注释掉其中的 HARDWARE INTERRUPT VECTOR 和 EXCEPTION VECTOR 两部分代码，同时也注释掉 OSInitHookBegin 函数的内容。

（2）异常处理程序

如上所示，操作系统内核会根据 Cause 寄存器的 ExcCode 字段判断是进入异常处理（ExceptionHandler）还是中断处理（InterruptHandler）。对于前者，需将 Port 目录下 os_cpu_a.S 文件中的 ExceptionHandler 函数修改为如图 7-10 所示。

```
01     .ent ExceptionHandler
02  ExceptionHandler:
03     /* di */
04     /**** 第一段：保护现场，寄存器压栈 ****/
05     addi  $29, $29, -STK_CTX_SIZE
06
06     /*   保存通用寄存器  */
07     sw    $1, STK_OFFSET_GPR1($29)
08     sw    $2, STK_OFFSET_GPR2($29)
09     sw    $3, STK_OFFSET_GPR3($29)
10     sw    $4, STK_OFFSET_GPR4($29)
11     sw    $5, STK_OFFSET_GPR5($29)
12     sw    $6, STK_OFFSET_GPR6($29)
13     sw    $7, STK_OFFSET_GPR7($29)
14     sw    $8, STK_OFFSET_GPR8($29)
15     sw    $9, STK_OFFSET_GPR9($29)
16     sw    $10, STK_OFFSET_GPR10($29)
17     sw    $11, STK_OFFSET_GPR11($29)
18     sw    $12, STK_OFFSET_GPR12($29)
19     sw    $13, STK_OFFSET_GPR13($29)
20     sw    $14, STK_OFFSET_GPR14($29)
21     sw    $15, STK_OFFSET_GPR15($29)
22     sw    $16, STK_OFFSET_GPR16($29)
23     sw    $17, STK_OFFSET_GPR17($29)
24     sw    $18, STK_OFFSET_GPR18($29)
25     sw    $19, STK_OFFSET_GPR19($29)
26     sw    $20, STK_OFFSET_GPR20($29)
27     sw    $21, STK_OFFSET_GPR21($29)
28     sw    $22, STK_OFFSET_GPR22($29)
29     sw    $23, STK_OFFSET_GPR23($29)
30     sw    $24, STK_OFFSET_GPR24($29)
31     sw    $25, STK_OFFSET_GPR25($29)
32     sw    $26, STK_OFFSET_GPR26($29)
33     sw    $27, STK_OFFSET_GPR27($29)
34     sw    $28, STK_OFFSET_GPR28($29)
35     sw    $30, STK_OFFSET_GPR30($29)
36     sw    $31, STK_OFFSET_GPR31($29)
37
38     /* 保存HILO寄存器 */
39     mflo  $8
40     mfhi  $9
41     sw    $8, STK_OFFSET_LO($29)
42     sw    $9, STK_OFFSET_HI($29)
43
44     /*   保存EPC寄存器   */
45     mfc0  $8, $14
46     addi  $8, $8,  4
47     sw    $8, STK_OFFSET_EPC($29)
48
49     /* 保存Status寄存器 */
50     mfc0  $8, $12
51     sw    $8, STK_OFFSET_SR($29)
52
53     /* 保存当前任务的栈指针 */
54     la    $10, OSTCBCur
55     lw    $11, 0($10)
56     sw    $29, 0($11)
57
58     /****第二段：异常处理 ****/
59     la    $8, BSP_Exception_Handler
60     jalr  $8
61     nop
62
63     /**** 第三段：恢复现场 ****/
64     la    $10, OSTCBCur
65     lw    $9, 0($10)
66
67     /*     恢复栈指针     */
68     lw    $29, 0($9)
69
70     /*   恢复状态寄存器   */
71     lw    $8, STK_OFFSET_SR($29)
72     mtc0  $8, $12
73
```

图 7-10　修改 ExceptionHandler 函数

```
74    /*    恢复EPC寄存器    */
75    lw    $8, STK_OFFSET_EPC($29)
76    mtc0 $8, $14
77
78    /*    恢复HILO寄存器   */
79    lw    $8, STK_OFFSET_LO($29)
80    lw    $9, STK_OFFSET_HI($29)
81    mtlo  $8
82    mtlo  $9
83
84    /*    恢复通用寄存器    */
85    lw    $31, STK_OFFSET_GPR31($29)
86    lw    $30, STK_OFFSET_GPR30($29)
87    lw    $28, STK_OFFSET_GPR28($29)
88    lw    $27, STK_OFFSET_GPR27($29)
89    lw    $26, STK_OFFSET_GPR26($29)
90    lw    $25, STK_OFFSET_GPR25($29)
91    lw    $24, STK_OFFSET_GPR24($29)
92    lw    $23, STK_OFFSET_GPR23($29)
93    lw    $22, STK_OFFSET_GPR22($29)
94    lw    $21, STK_OFFSET_GPR21($29)
95    lw    $20, STK_OFFSET_GPR20($29)
96    lw    $19, STK_OFFSET_GPR19($29)
97    lw    $18, STK_OFFSET_GPR18($29)
98    lw    $17, STK_OFFSET_GPR17($29)
99    lw    $16, STK_OFFSET_GPR16($29)
100   lw    $15, STK_OFFSET_GPR15($29)
101   lw    $14, STK_OFFSET_GPR14($29)
102   lw    $13, STK_OFFSET_GPR13($29)
103   lw    $12, STK_OFFSET_GPR12($29)
104   lw    $11, STK_OFFSET_GPR11($29)
105   lw    $10, STK_OFFSET_GPR10($29)
106   lw    $9, STK_OFFSET_GPR9($29)
107   lw    $8, STK_OFFSET_GPR8($29)
108   lw    $7, STK_OFFSET_GPR7($29)
109   lw    $6, STK_OFFSET_GPR6($29)
110   lw    $5, STK_OFFSET_GPR5($29)
111   lw    $4, STK_OFFSET_GPR4($29)
112   lw    $3, STK_OFFSET_GPR3($29)
113   lw    $2, STK_OFFSET_GPR2($29)
114   lw    $1, STK_OFFSET_GPR1($29)
115
116   addi $29, $29, STK_CTX_SIZE
117
118   /* ei */
119
120   .set mips32
121   eret
122   .set mips1
123
124   .end ExceptionHandler
```

图 7-10　修改 ExceptionHandler 函数（续）

第 5～56 行代码为 ExceptionHandler 函数的第一段，其作用是为了保护现场，即将各个寄存器的值压入栈中。保存的顺序依次为通用寄存器（栈指针寄存器$29 除外）、HILO 寄存器、EPC 寄存器、Status 寄存器。此外，再把当前栈指针寄存器（$29）的值保存到任务控制块 OSTCBCur 中。

第 59～61 行代码为 ExceptionHandler 函数的第二段，其作用是调用函数 BSP_Exception_Handler 进行具体的异常处理。

第 64～122 行代码为 ExceptionHandler 函数的第三段，其作用是恢复现场，释放栈空间并返回，即从堆栈中恢复各个寄存器的值，并使用 ERET 指令实现异常返回。恢复的顺序是栈指针寄存器、Status 寄存器、EPC 寄存器、HILO 寄存器和通用寄存器（$29 号寄存器除外）。

BSP_Exception_Handler 函数是具体的异常处理函数，在 Port 目录下 os_cpu_c.c 文件的末尾添加如图 7-11 所示的代码。

```
01  void BSP_Exception_Handler (void)
02  {
03      INT32U  cause_val;
04      INT32U  cause_exccode;
05      INT32U  EPC;
06
07      /* 获取Cause寄存器的ExcCode字段 */
08      asm volatile("mfc0  %0,$13"  : "=r"(cause_val));
09      cause_exccode = (cause_val & 0x0000007C);
10      /* 根据Exc Code判断异常类型 */
11      if (cause_exccode == 0x00000010 )
12      {
13          OSIntCtxSw();
14      }/* 判断是否是由读地址错误引发的异常 */
15      else if (cause_exccode == 0x00000014 )
16      {
17          OSIntCtxSw();
18      }/* 判断是否是由写地址错误引发的异常 */
19      else If (cause_exccode == 0x00000020 )
20      {
21          OSIntCtxSw();
22      }/* 判断是否是由syscall指令引发的异常 */
23      else if (cause_exccode == 0x00000028)
24      {
25          OSIntCtxSw();
26      }/* 判断是否是由非法指令引发的异常 */
27      else if (cause_exccode == 0x00000030)
28      {
29          OSIntCtxSw();
30      }/* 判断是否是由于算术溢出引发的异常 */
31
32  }
```

图 7-11   BSP_Exception_Handler 函数的源代码

第 8～9 行代码通过内联汇编获取 CP0 协处理器中 Cause 寄存器的第 2～6 位，即 ExcCode 字段。该字段标识了当前异常的类型。MiniMIPS32 所支持的异常类型如表 7-1 所示，其中，除中断之外，其他异常均在 BSP_Exception_Handler 函数中进行识别。

表 7-1   MiniMIPS32 支持的异常类型

ExcCode	助　记　符	含　义　描　述
0x00	Int	中断
0x04	AdEL	取指或加载数据出现地址错误异常
0x05	AdES	存储数据出现地址错误异常
0x08	Sys	执行系统调用指令
0x0A	RI	执行未定义的指令
0x0C	Ov	算术运算（加法和减法）结果溢出

第 11～30 代码根据 ExcCode 字段的取值，判断当前触发了什么类型的异常，然后调用 OSIntCtxSw 函数进行任务切换，该函数定义在文件 os_cpu_a.S 中。目前，对于这些异常并没有明确其处理方式，大家可以根据需求进行灵活设置，这里只是进行了任务切换。

（3）中断处理程序

如果操作系统内核根据 Cause 寄存器的 ExcCode 字段判断要进入中断处理程序，则需要将 Port 目录下 os_cpu_a.S 文件中的 InterruptHandler 函数修改为如图 7-12 所示。

第 5～48 行代码为 InterruptHandler 函数的第一段，其作用也是为了保护现场，即将各个寄存器的值压入栈中。保存的顺序依次为通用寄存器（栈指针寄存器$29 除外）、HILO 寄存器、EPC 寄存器、Status 寄存器。

```
01    .ent InterruptHandler
02  InterruptHandler:
03
04    /**** 第一段：保护现场，寄存器压栈 ****/
05  addi $29, $29, -STK_CTX_SIZE
06  sw   $1, STK_OFFSET_GPR1($29)
07  sw   $2, STK_OFFSET_GPR2($29)
08  sw   $3, STK_OFFSET_GPR3($29)
09  sw   $4, STK_OFFSET_GPR4($29)
10  sw   $5, STK_OFFSET_GPR5($29)
11  sw   $6, STK_OFFSET_GPR6($29)
12  sw   $7, STK_OFFSET_GPR7($29)
13  sw   $8, STK_OFFSET_GPR8($29)
14  sw   $9, STK_OFFSET_GPR9($29)
15  sw   $10, STK_OFFSET_GPR10($29)
16  sw   $11, STK_OFFSET_GPR11($29)
17  sw   $12, STK_OFFSET_GPR12($29)
18  sw   $13, STK_OFFSET_GPR13($29)
19  sw   $14, STK_OFFSET_GPR14($29)
20  sw   $15, STK_OFFSET_GPR15($29)
21  sw   $16, STK_OFFSET_GPR16($29)
22  sw   $17, STK_OFFSET_GPR17($29)
23  sw   $18, STK_OFFSET_GPR18($29)
24  sw   $19, STK_OFFSET_GPR19($29)
25  sw   $20, STK_OFFSET_GPR20($29)
26  sw   $21, STK_OFFSET_GPR21($29)
27  sw   $22, STK_OFFSET_GPR22($29)
28  sw   $23, STK_OFFSET_GPR23($29)
29  sw   $24, STK_OFFSET_GPR24($29)
30  sw   $25, STK_OFFSET_GPR25($29)
31  sw   $26, STK_OFFSET_GPR26($29)
32  sw   $27, STK_OFFSET_GPR27($29)
33  sw   $28, STK_OFFSET_GPR28($29)
34  sw   $30, STK_OFFSET_GPR30($29)
35  sw   $31, STK_OFFSET_GPR31($29)
35
36    /*   保存HILO寄存器   */
37  mflo $8
38  mfhi $9
39  sw   $8, STK_OFFSET_LO($29)
40  sw   $9, STK_OFFSET_HI($29)
41
42    /*   保存EPC寄存器   */
43  mfc0 $8, $14
44  sw   $8, STK_OFFSET_EPC($29)
45
46    /*   保存Status寄存器   */
47  mfc0 $8, $12
48  sw   $8, STK_OFFSET_SR($29)
49
50    /**** 第二段：OSIntNesting加1 ****/
51    /*   获取OSIntNesting的值   */
52  la   $8, OSIntNesting
53  lbu  $9, 0($8)
54
55    /*   OSIntNesting不为0, 则转移到TICK_INC_NESTING   */
56  bne  $0, $9, TICK_INC_NESTING
57  nop
58    /*   OSIntNesting为0, 则进行如下操作   */
59    /*   保存当前栈指针寄存器的值   */
60  la   $10, OSTCBCur
61  lw   $11, 0($10)
62  sw   $29, 0($11)
63
64  TICK_INC_NESTING:
65
66    /*   递增OSIntNesting变量   */
67  addi $9, $9, 1
68  sb   $9, 0($8)
69
70    /**** 第三段：中断处理 ****/
71  INT_LOOP:
72    /*   读取Cause寄存器的IP字段   */
73  mfc0 $8, $13
74  li   $9, 0xff00
75  and  $9, $8, $9
76
77  la   $8, BSP_Interrupt_Handler
78
79    /*   如果中断个数为0, 则转移到INT_LOOP_END   */
80  beqz $9, INT_LOOP_END
81  nop
82
```

图 7-12　修改 InterruptHandler 函数

```
83    /*  否則轉移到具體的中斷處理函數BSP_Interrupt_Handler  */
84    jalr $8
85    nop
86    /*  處理剩余中斷請求  */
87    b   INT_LOOP
88    nop
89
90    /**** 第四段：中斷處理結束 ****/
91 INT_LOOP_END:
92
93    la   $8, OSIntExit  /*  調用 OSIntExit()函數  */
94
95    jalr $8
96    nop
97
98    /**** 第五段：恢復現場並返回 ****/
99    /*  恢復Status寄存器  */
100   lw   $8, STK_OFFSET_SR($29)
101   mtc0 $8, $12
102
103   /*  恢復EPC寄存器  */
104   lw   $8, STK_OFFSET_EPC($29)
105   mtc0 $8, $14
106
107   /*  恢復HILO寄存器  */
108   lw   $8, STK_OFFSET_LO($29)
109   lw   $9, STK_OFFSET_HI($29)
110   mtlo $8
111   mtlo $9
112
113   /* 恢復通用寄存器 */
114   lw   $31, STK_OFFSET_GPR31($29)
115   lw   $30, STK_OFFSET_GPR30($29)
116   lw   $28, STK_OFFSET_GPR28($29)
117   lw   $27, STK_OFFSET_GPR27($29)
118   lw   $26, STK_OFFSET_GPR26($29)
119   lw   $25, STK_OFFSET_GPR25($29)
120   lw   $24, STK_OFFSET_GPR24($29)
121   lw   $23, STK_OFFSET_GPR23($29)
122   lw   $22, STK_OFFSET_GPR22($29)
123   lw   $21, STK_OFFSET_GPR21($29)
124   lw   $20, STK_OFFSET_GPR20($29)
125   lw   $19, STK_OFFSET_GPR19($29)
126   lw   $18, STK_OFFSET_GPR18($29)
127   lw   $17, STK_OFFSET_GPR17($29)
128   lw   $16, STK_OFFSET_GPR16($29)
129   lw   $15, STK_OFFSET_GPR15($29)
130   lw   $14, STK_OFFSET_GPR14($29)
131   lw   $13, STK_OFFSET_GPR13($29)
132   lw   $12, STK_OFFSET_GPR12($29)
133   lw   $11, STK_OFFSET_GPR11($29)
134   lw   $10, STK_OFFSET_GPR10($29)
135   lw   $9, STK_OFFSET_GPR9($29)
136   lw   $8, STK_OFFSET_GPR8($29)
137   lw   $7, STK_OFFSET_GPR7($29)
138   lw   $6, STK_OFFSET_GPR6($29)
139   lw   $5, STK_OFFSET_GPR5($29)
140   lw   $4, STK_OFFSET_GPR4($29)
141   lw   $3, STK_OFFSET_GPR3($29)
142   lw   $2, STK_OFFSET_GPR2($29)
143   lw   $1, STK_OFFSET_GPR1($29)
144
145   addi $29, $29, STK_CTX_SIZE
146
147   .set mips32
148   /* 異常返回 */
149   eret
150   .set mips1
151
152   .end InterruptHandler
```

图 7-12　修改 InterruptHandler 函数（续）

　　第 50～68 行代码为 InterruptHandler 函数的第二段，其作用是调整变量 OSIntNesting 的值。该变量是操作系统记录当前是否处于中断状态的变量。如果 OSIntNesting 不为零，则表示当前正处于中断处理过程中，直接将变量 OSIntNesting 递增 1；否则，需要先将被中断任务的栈指针保存到该任务的任务控制块（OSTCBCur）中，然后再将变量 OSIntNesting 递增 1。

　　第 71～88 行代码为 InterruptHandler 函数的第三段，其作用是调用 BSP_Interrupt_Handler 函数进行

具体的中断处理。首先读取 Cause 寄存器中的 IP 字段，然后判断该字段是否为 0。如果不为 0，则表示有中断请求，然后跳转到 BSP_Interrupt_Handler 函数，该函数将在 Port 目录下的 os_cpu_c.c 文件中进行定义，后续会详细介绍。中断处理完成后会继续判断是否还有中断请求，如果有，则继续进入 BSP_Interrupt_Handler 函数处理，否则，进入中断处理结束阶段。

第 91～96 行代码为 InterruptHandler 函数的第四段，即中断处理结束阶段，其作用是调用函数 OSIntExit()。该函数定义在 Source 目录下的 os_core.c 文件中，其会将 OSIntNesting 变量减 1，当 OSIntNesting 变量减为 0 时，表示所有嵌套的中断都结束处理。此时操作系统需要判断是否有高优先级的任务进入就绪态（中断处理程序可能会唤醒高优先级任务）。如果有，那么就调用 OSIntCtxSw 函数切换到优先级更高的任务继续执行，反之回到原来被中断的任务中。

第 100～152 行代码为 ExceptionHandler 函数的第五段，其作用是恢复现场，释放栈空间并返回，即从堆栈中恢复各个寄存器的值，并使用 ERET 指令实现异常返回。恢复的顺序是 Status 寄存器、EPC 寄存器、HILO 寄存器和通用寄存器。

（4）定时器中断

定时器中断在操作系统中扮演十分重要的角色，可用于精准定时和任务调度。不同于一般的 MIPS 处理器，采用 CP0 协处理器中的 Count（9 号）和 Compare（11 号）寄存器来控制触发定时器中断，MiniMIPS32 处理器将定时器中断设置为外部中断，使用第 6.3 节集成的 AXI Timer 实现。简单来说，在 MiniMIPS32_FullSyS 中，AXI Timer 扮演了一个计数器的角色，当 AXI Timer 计数到某个设定值时，将会发出一个中断信号传递给 MiniMIPS32 处理器，处理器接收到中断信号后，转由操作系统开始进行中断处理。

定时器中断由图 7-12 提到的 BSP_Interrupt_Handler 函数完成。目前 MiniMIPS32 处理器只支持一种中断情况，即定时器中断。在 Port 目录下 os_cpu_c.c 文件的末尾添加 BSP_Interrupt_Handler 函数的定义，其代码如图 7-13 所示。

```
01   void BSP_Interrupt_Handler (void)
02   {
03       INT32U  cause_val;
04       INT32U  cause_reg;
05       INT32U  cause_ip;
06       asm ("mfc0  %0,$13"  : "=r"(cause_val));
07       cause_reg = cause_val;
08       cause_ip = cause_reg & 0x0000FF00;
09       if((cause_ip & 0x00000400) != 0 )
10       {
11           TickISR();
12       }
13   }
```

图 7-13　BSP_Interrupt_Handler 函数的源代码

第 6～8 行代码通过内联汇编获取 CP0 协处理器中 Cause 寄存器的第 8～15 位，即 IP 字段。该字段低 2 位（IP0 和 IP1）对应两个软中断，剩下 6 位（IP2～IP7）对应 6 个外部硬中断。相应位为 1，表示该中断线上有中断请求，否则，表示没有中断请求。

第 9～12 代码判断当前 0 号外部中断源是否有请求（如第 6.3 节所述，在 MiniMIPS32_FullSyS 中，AXI Timer IP 核中断请求信号被连接到了 MiniMIPS32 处理器的 0 号外部中断源），如果是，则表示触发了定时器中断，然后调用定时器中断服务处理函数 TickISR。

定时器中断服务处理函数 TickISR 位于 Port 目录下的 os_cpu_a.S 文件中，修改该部分代码，如图 7-14 所示。

```
01    .ent TickISR
02 TickISR:
03
04    /**** 保护现场 ****/
05    addiu $29, $29,-24
06    sw    $16, 0x4($29)
07    sw    $8, 0x8($29)
08    sw    $31, 0xC($29)
09
10    /*向AXI Timer中的状态控制寄存器TCSR0的第8位(INT)写入1，以清除中断*/
11    lui   $8, 0xBFD3
12    lw    $9, 0($8)
13    ori   $9, 0x0100
14    sw    $9, 0($8)
15
16    /* 调用函数OSTimeTick通知操作系统有一个定时器中断被触发 */
17    la    $8, OSTimeTick
18
19    jalr $8
20    nop
21
22    /**** 恢复现场 ****/
23    lw    $31, 0xC($29)
24    lw    $16, 0x4($29)
25    lw    $8, 0x8($29)
26    addiu $29, $29,24
27
28    /**** 函数返回 ****/
29    jr    $31
30    nop
31
32    .end TickISR
```

图 7-14   修改定时器中断服务处理函数 TickISR 的源码

第 5～8 行代码用于将部分寄存器的值压入栈中，包括寄存器$8、$16 和$31。

第 11～14 行代码用于向 AXI Timer 中的控制/状态寄存器 TCSR0 的第 8 位，即中断状态位，写入 1 以清除中断状态。

第 17～20 行代码调用函数 OSTimeTick，以通知操作系统有一个定时器中断被触发。该函数位于 Source 目录下的 os_core.c 文件中，不需要做任何修改。

第 23～30 行代码从栈中恢复保存的寄存器的值，然后返回。

此外，os_cpu_a.S 文件中还有 TickInterruptClear 和 CoreTmrInit 两个函数均是与定时器中断相关的。它们均采用 CP0 协处理器中的 Count 和 Compare 寄存器对定时器中断进行控制。但是，MiniMIPS32 处理器并不使用这两个寄存器，故需要将相关代码注释掉，如图 7-15 所示。

```
.ent TickInterruptClear
TickInterruptClear:
// mtc0 $0, $11 /* Set up the period in the compare reg*/
jr   $31
nop
.end TickInterruptClear

..............................
..............................

.ent CoreTmrInit
CoreTmrInit:
// mtc0 $4, $11 /* Set up the period in the compare reg*/
nop
// mtc0 $0, $9 /* Clear the count reg */
jr   $31
nop
.end CoreTmrInit
```

图 7-15   注释 TickInterruptClear 和 CoreTmrInit 函数

步骤三．其他修改

在 os_cpu_a.S 文件中分别将 OSStartHighRdy 和 OSIntCtxSw 函数中的 Mask off the ISAMode bit 部分代码注释掉或删除，如图 7-16 所示，这部分代码也是 MiniMIPS32 处理器不需要的。

```
/*
addu  $9, $31, $0          /* Mask off the ISAMode bit
srl  $9, 16
andi  $31, 0xFFFE
sll  $9, 16
addu  $31, $31, $9
*/
```

图 7-16　注释掉 Mask off the ISAMode bit 部分代码

移植所用代码针对的 M14K 处理器是大端模式，而 MiniMIPS32 处理器采用小端模式，所以需要修改 Include 目录下 cpu.h 头文件中的相关内容，如图 7-17 所示。

```
//#define CPU_CFG_ENDIAN_TYPE        CPU_ENDIAN_TYPE_BIG
#define CPU_CFG_ENDIAN_TYPE        CPU_ENDIAN_TYPE_LITTLE
```

图 7-17　更改为小端模式

现在已完成了 μC/OS-II 操作系统在 MiniMIPS32_FullSyS 上的移植，修改的文件涉及 Include/cpu.h、Port/cpu_a.S、Port/os_cpu_a.S 和 Port/os_cpu_c.c。移植后所有源代码位于"随书资源、Chapter_7、ucosii_MiniMIPS32_FullSyS"路径下。

7.3　μC/OS-II 操作系统的功能验证

本节将编写测试程序对 μC/OS-II 操作系统进行功能验证。在该程序中将启动三个并行任务，分别完成在串口调试工具上打印字符串、单色 LED 灯和三色 LED 灯交替闪烁，以及七段数码管按秒计数显示。由于 μC/OS-II 操作系统是一种剥夺型实时内核，它总是运行就绪条件下优先级最高的任务，并且μC/OS-II 要求每个任务的优先级必须是不同的，因此它无法像其他操作系统一样支持时间片轮转的任务调度。为了模拟多个任务并发执行，测试程序调用 μC/OS-II 提供的延迟函数 OSTimeDly，将任务按固定延迟挂起，以启动其他就绪任务。

步骤一．创建用于存放验证程序头文件的目录

在 Include 目录下创建 user 文件夹，将"随书资源\Chapter6\project\Timer\soft\timer\src"目录下的所有.h 文件复制到 user 文件夹中。

步骤二．修改 os_cfg.h 文件

打开 Include 目录下的 os_cfg.h 文件，将宏定义 OS_TICKS_PER_SEC 的值修改为 1000，如图 7-18 所示。

```
// #define OS_TICKS_PER_SEC    100u
#define OS_TICKS_PER_SEC    1000u
```

图 7-18　修改宏定义 OS_TICKS_PER_SEC

步骤三．修改 machine.h 文件

打开 Include\user 目录下的 machine.h 文件，添加时钟频率的宏定义 IN_CLK。由于 MiniMIPS32_FullSyS 的工作主频是 50MHz，因此，宏 IN_CLK 被设置为 50 000 000，如图 7-19 所示。

```
#define IN_CLK 50000000
```

图 7-19　添加宏定义 IN_CLK

步骤四．编写功能验证程序 user.c

µC/OS-II 操作系统的功能验证程序 user.c 位于"随书资源"Chapter_7\project\soft\uosii_MiniMIPS32_FullSyS\user"路径下。其代码如图 7-20 所示。

```
01    #include "includes.h"
02    #include "machine.h"
03    #include "uart.h"
04    #include "gpio.h"
05    #include "timer.h"
06
07    #define TASK_STK_SIZE 256
08    OS_STK TaskStartStk[TASK_STK_SIZE];
09    OS_STK TaskGpioStk[TASK_STK_SIZE];
10    OS_STK Taskx7SegStk[TASK_STK_SIZE];
11
12    /*uC/OS-II Running!\r\n*/
13    char Info[19] = {0x75,0x43,0x2F,0x4f,0x53,0x2D,0x49,0x49,0x20,0x52,0x75,0x6E,0x6E,
14                     0x69,0x6E,0x67,0x21,0x0D,0x0A};
15
16    // 操作系统定时器中断初始化
17    void OSInitTick(void)
18    {
19        /*** 每个Tick会触发一次定时器中断，根据每秒有多少个Tick计算定时器的计数值 ***/
20        INT32U timer_cnt = (INT32U)(IN_CLK / OS_TICKS_PER_SEC);
21        /*** 设置Status寄存器，使能定时器中断 ***/
22        asm volatile("mtc0  %0,$12"  : :"r"(0x10000401));
23
24        /*** 初始化定时器，加载计数值 ***/
25        timer_init(TIMER_TCSR0, 1);
26        timer_load(TIMER_TLR0, timer_cnt);
27        uart_print("Timer initialization done ! \r\n", 30);
28
29        /*** 启动定时器 ***/
30        timer_start(TIMER_TCSR0);
31        return;
32    }
33    // 操作系统启动任务，打印一串字符串
34    void  TaskStart (void *pdata)
35    {
36        INT32U count = 0;
37        pdata = pdata;
38        OSInitTick();
39        for ( ; ; ) {
40            if(count < 19)
41            {
42                uart_sendByte(Info[count]);
43            }
44            count=count+1;
45            OSTimeDly(10);
46        }
47    }
48
49    // 单色LED灯和三色LED灯显示任务
50    void TaskGpio(void *pdata) {
51        pdata = pdata;
52        for( ; ; ) {
53            display_led(0xF0F0);
54            display_rgb(GREEN, RED);
55            OSTimeDly(1000);   // 延迟1000ms
56            display_led(0x0F0F);
57            display_rgb(RED, GREEN);
```

图 7-20　user.c 源代码

```
58              OSTimeDly(1000);    // 延迟1000ms
59          }
60  }
61
62      // 七段数码管显示任务
63  void Taskx7Seg(void *pdata) {
64          pdata = pdata;
65
66          INT32U mask = 0xf;
67          INT32U n0;
68          INT32U i, j;
69          INT32U count = 0, seconds = 0;
70          while(1) {
71              INT32U tmp = count;
72              for(i = 0; i < 8; i ++) {
73                  n0 = tmp & mask;
74                  tmp = tmp >> 4;
75                  REG8(X7SEG_BASE + X7SEG_DISP_DATA) = x7seg_disp[n0];
76                  REG8(X7SEG_BASE + X7SEG_AN_DATA) = x7seg_an[i];
77                  seconds = seconds + 1;
78                  OSTimeDly(1); // 循环扫描七段数码管
79              }
80              if(seconds == 1000) {
81                  count = count + 1;
82                  seconds = 0;
83              }
84          }
85  }
86
87  void main()
88  {
89          OSInit();
90          uart_init();
91          uart_print("UART initialization done ! \r\n", 29);
92          gpio_init();
93          uart_print("GPIO initialization done ! \r\n", 29);
94          OSTaskCreate(TaskStart, (void *)0, &TaskStartStk[TASK_STK_SIZE - 1], 0);
95          OSTaskCreate(TaskGpio, (void *)0, &TaskGpioStk[TASK_STK_SIZE - 1], 1);
96          OSTaskCreate(Taskx7Seg, (void *)0x0, &Taskx7SegStk[TASK_STK_SIZE - 1], 2);
97          OSStart();
98          return;
99  }
```

图 7-20   user.c 源代码（续）

第 7～10 行代码定义了三个任务所使用的堆栈 TaskStartStk、TaskGpioStk 和 Taskx7SegStk，其大小为 256 个字。

第 13～14 行代码定义了启动任务 TaskStart 要打印的字符串 Info，其内容是"μc/OS-II Running!\r\n"。

第 17～32 行代码定义了定时器中断初始化函数 OSInitTick。μC/OS-II 操作系统每个节拍 Tick 均会触发一次定时器中断，而每秒内 Tick 的次数由步骤二中提到的宏 OS_TICKS_PER_SEC 定义，当前值为 1000，也就是说每秒将发生 1000 次 Tick，每两次 Tick 之间的时间间隔为 1ms。因此，可以设置定时器的初始计数值 timer_cnt 为"系统时钟频率/OS_TICKS_PER_SEC"，如第 20 行代码所示。第 21 行代码设置 Status 寄存器，使能定时器中断。第 25～27 行代码进行定时器初始化，并加载计数值 timer_cnt，定时器采用向下计数。第 30 行代码启动定时器计数。

第 34～47 行代码定义了三个并发任务中的第一个任务——系统启动任务 TaskStart。该任务将在串口调试工具上打印 Info 字符串，并且每打印一个字符，就调用 OSTimeDly 函数将该任务挂起，等待 10 个 Tick，约为 10ms，再输出下一个字符。OSTimeDly 函数定义在 Source\os_time.c 文件中。此外，该任务一开始需要先通过调用 OSInitTick 函数来使能定时器中断，如第 38 行代码所示。

第 50～60 行代码定义了三个并发任务中的第二个任务——单色 LED 灯和三色 LED 灯显示任务 TaskGpio。该任务先将 LED4～LED7 和 LED12～LED15 这 8 个 LED 灯点亮，并让两个三色 LED 灯从左到右显示绿色和红色。然后调用 OSTimeDly 函数将该任务挂起，等待 1000 个 Tick，约为 1s。接着，再将 LED0～LED3 和 LED8～LED11 这 8 个 LED 灯点亮，并让两个三色 LED 灯从左到右显示红色和绿色。每隔 1s 上述 LED 灯按规律交替闪烁一次。

第 63~85 行代码定义了三个并发任务中的第三个任务——七段数码管显示任务 Taskx7Seg。该任务利用 OSTimeDly 函数进行计数，计数单位为 s（变量 seconds == 1000），并在七段数码管上显示计数值。

第 87~99 行代码为功能验证程序的主函数。首先调用操作系统初始化函数 OSInit，然后分别调用串口和 GPIO 初始化函数 uart_init 和 gpio_init，接着调用 OSTaskCreate 函数分别创建之前定义的三个用户任务，最后调用 OSStart 函数，启动 µC/OS-II 操作系统。

步骤五. 基于 Nexys4 DDR 板卡进行功能验证

（1）首先将 Nexys4 DDR 板卡与 PC 通过 USB Cable 线相连接，打开电源键；然后在 Flow Navigator 中单击 PROGRAM AND DEBUG→Open Hardware Manager→Open Target→Auto Connect，完成 Vivado 与板卡的自动连接。

（2）在所添加的 Flash 设备上单击右键，选择 Program Configuration Memory Device 对其进行编程，即将待测试的程序写入 Flash 中。在弹出的窗口中，选择需要编程的 bin 文件，如图 7-21 所示，其他选项保持默认即可，单击"OK"按钮启动 Flash 编程。

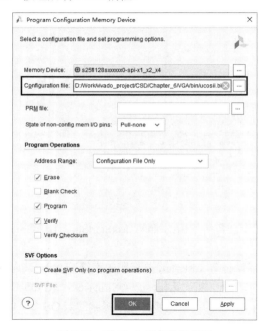

图 7-21　对 Flash 设备进行编程

（3）双击打开随书自带的串口调试工具 sscom，再单击"更多串口设置"按钮。在打开的窗口中对串口参数进行设置。根据设计设置 Baud rate（波特率）为 9600，Data bits（数据位）为 8，Stop bits（停止位）为 1，Parity（奇偶校验位）为 None，Port（端口）为 COM10（该参数与连接具体机器相关，请根据实际情况设置），单击"OK"按钮完成设置。

（4）单击"打开串口"按钮。如果连接 Nexys4 DDR 板卡成功，则在串口调试工具的下方显示 COM10 已打开。

（5）在 Vivado 的 Flow Navigator 中的 HARDWARE MANAGER 选项下，单击 Program device。在弹出的窗口中检查选中的比特流文件（MiniMIPS32_FullSyS_Wrapper.bit）是否正确，再单击"Program"按钮。这样，比特流文件被烧写到 Nexys4 DDR 开发板的 FPGA 中，即可在开发板上验证功能是否正确。

（6）比特流文件被烧写完成后，按下板卡上的 CPU 复位按钮用于系统复位和启动。此时，在串口调试工具上输出如图 7-22 所示的 4 行信息。此外，Nexys4 DDR 开发板上的单色 LED 灯和三色 LED 灯按规律交替闪烁，七段数码管上显示按秒进行计数的计数值。

图 7-22　μC/OS-II 操作系统的功能验证结果

第 8 章   面向特定应用的软硬件设计

目前所设计的 MiniMIPS32_FullSyS 是一个较为通用的 SoC，可以满足常见的应用需求。但对于一些特定的应用需求，如计算密集型任务，其还不能满足设计需求。工业界主要采用的方案是通过添加特定功能的硬件模块来提高 SoC 的性能。

本章将针对密码学和机器学习两个常见应用领域，分别选择一个典型的计算密集型任务，以 RSA 公钥密码系统和基于朴素贝叶斯的手写体数字识别作为示例，开展面向特定应用的软硬设计，从而进一步扩展 MiniMIPS32_FullSyS 的应用领域。

8.1   RSA 加/解密 SoC 的软硬件设计

本节将设计一款支持 RSA 公钥密码系统加/解密运算的硬件加速模块，并将其集成进 MiniMIPS32_FullSyS 中，成为支持 RSA 密码算法的一款专用 SoC。由于 RSA 密码算法加速模块涉及较为复杂的密码学理论及数论基础，因此大家可直接使用本书配套资源提供的 AXI RSA128 IP 核（RSA 硬件加速模块），将重点放在 SoC 集成和功能验证程序的开发上。

本节所设计的面向 RSA 加/解密算法的硬件加速模块采用 FIOS（Finely Integrated Operand Scanning）蒙哥马利算法实现底层模乘运算，采用 BRL 算法实现模幂运算，支持密钥长度为 128 位的 RSA 加/解密运算。该硬件加速模块将被封装为具有 AXI4-Lite 接口的 IP 核——AXI RSA128，包括 14 个 32 位接口寄存器，其中 2 个控制/状态寄存器、4 个密钥寄存器（共 128 位）、4 个输入寄存器（共 128 位）及 4 个输出寄存器（共 128 位）。通过接口寄存器 MiniMIPS32 处理器可以控制 AXI RSA128 IP 核完成 128 位 RSA 的加/解密运算。

8.1.1   RSA 公钥密码系统简介

在公钥密码体制中加密密钥与解密密钥是不相同的。公开的密钥简称公钥，用于加密过程中；私人密钥简称私钥，由用户个人秘密保存，一般用于解密过程。用公钥对消息加密，只有相应的私钥才能解密，反之亦然。图 8-1 给出了公钥密码系统原理示意图。通信双方都有自己的公钥和私钥。为安全发送消息，发送方使用接收方的公钥对消息加密，收到消息后，接收方用自己的私钥解密。因为只有接收者知道自己的私钥，所以其他人无法识别这条消息，这就实现了消息的保密性。

图 8-1   公钥密码系统原理示意图

1978 年美国麻省理工学院的 R. L. Rivest，A. Shamir 和 L. M. Adleman 提出了一种基于大素数因子分解困难性的公开密钥密码算法，这种算法用他们三个人姓名的首字母来命名，即 RSA。RSA 算法基于一个直观的数论事实：将两个大素数相乘十分容易，但那时想要对其乘积进行因式分解却极其困难，因此可以将乘积公开作为加密密钥。RSA 算法既可以用于加/解密，又可以用于数字签名，而且具有安全、易懂、易实现等特点，已经成为应用最为广泛的经典公钥密码算法。

RSA 算法主要可分为密钥的生成、加密过程和解密过程三部分，三者算法的描述如下：

1．密钥的生成

（1）选取两个大素数 p 和 q；

（2）计算模数 $N = p \times q$ 和 $\varphi(N) = (p\text{-}1) * (q\text{-}1)$；

（3）随机取整数 e $(1 < e < \varphi(N))$ 作为公钥，同时需要满足 $\gcd(e, \varphi(N)) = 1$；

（4）计算满足条件 $d \times e = 1 \bmod \varphi(N)$ 的私钥 d，即 $d \equiv e^{-1} \bmod \varphi(N)$；

（5）以 $\{e, N\}$ 为公钥，以 d 为私钥。

2．加密过程

（1）加密者拥有公钥 (e, N)；

（2）将明文消息 m 分解为满足 RSA 系统位宽要求的明文块，使得每次加密信息 m_i（每个明文块）的长度等于 N 的位宽数，不够则补 0；

（3）对每个明文块 m_i 加密，得到密文块 c_i，即：

$$c_i = m_i^e \,(\bmod\ N)$$

（4）加密方将密文 c 发送给解密方。

3．解密过程

（1）解密方拥有私钥 d 及公钥 N；

（2）解密方接收密文 c；

（3）解密方计算每一个密文块 c_i：

$$m_i = c_i^d \,(\bmod\ N)$$

对所有密文块解密后，得到全部明文 m。

8.1.2　RSA 公钥密码算法的实现

从 RSA 的加/解密过程介绍中可以看出其运算的核心就是进行模幂运算，即

$$M^e \bmod N$$

为了保证足够的安全等级，公钥 (e, N) 的长度通常会大于 1000 位，如 1024 位或 2048 位，甚至更长。如果先求 M 的 e 次幂再对结果取模，将会占用大量的存储空间，并且运算量十分巨大，运算速度会随之降低。同样，如果用硬件除法器来实现大数取模运算，其效率也会很低。因此需要从算法层上进行优化。本小节将从硬件实现对计算速度、面积及安全性方面的要求考虑，分别对模幂和模乘两个 RSA 算法中的核心运算部分进行重新设计与优化。

1．模幂运算

由于模幂运算可以归约为一系列模乘运算，因此在数学上式（8-1）是成立的。

$$(a \times b) \bmod c = (a \bmod c \times b \bmod c) \bmod c \tag{8-1}$$

对式（8-1）进行推导，可以将模幂操作转化为模乘操作。因此，RSA 算法中的模幂运算可以分解为如式（8-2）所示的结果。

$$
\begin{aligned}
m^e \bmod n &= \Big(\underbrace{m \times m \times \cdots \times m}_{e\text{个}m} \Big) \bmod n \\
&= \Big[(m \times m) \bmod n \times m^{e-2} \bmod n \Big] \bmod n \\
&= \Big[\big((m \times m) \bmod n \times m \bmod n \big) \bmod n \times m^{e-3} \bmod n \Big] \bmod n
\end{aligned}
$$

$$= \left[\left(\left(\left(m \times m\right) \bmod n \times m \bmod n\right) \bmod n \times \cdots \times m \bmod n\right) \bmod n\right] \bmod n \tag{8-2}$$

在所有模幂算法中，二进制模幂算法是应用最广的一种。其核心思想是将指数转换成二进制，每次扫描密钥中的 1bit，执行模乘和模平方操作。二进制模幂算法又可分为 L-R（从左到右）和 R-L（从右到左）两种。这里仅介绍 R-L 模幂算法。

R-L 模幂算法是从低位到高位扫描的，流程如图 8-2 所示。指数 e 从低位 e_0 向高位 e_{m-1} 运算，每一步先根据 e_i 的取值选择是否计算模乘，然后再运算模平方，即当 e_i 为 1 时执行 Step 2.1（模乘）和 Step 2.2（模平方），当 e_i 为 0 时直接执行 Step 2.2（模平方）。

输入：M，$e = \left(e_{m-1}, e_{m-2}, \cdots, e_0\right)_2$，$N$

输出：$M^e \bmod N$

Step 1：$R = 1$，$P = M$

Step 2：for $i = 0$ to $m - 1$

　Step 2.1：if $e_i = 1$

　　　　　　$R = R \times P \bmod N$

　Step 2.2：$P = P \times P \bmod N$

　endfor

Return

图 8-2　R-L 二进制模幂算法流程

但上述算法会根据密钥位值的不同而执行不同的运算，所以很容易受到外界攻击，例如，根据 e_i 为 0 时所需要的运算时间或消耗功耗与 e_i 为 1 时不同，就可以推测出 e_i 是 0 还是 1，即破解密钥。这种针对硬件实现所泄露的信息破解密钥的攻击方法称为侧信道攻击或旁路攻击（Side Channel Attack）。

2009 年，Boscher 等人提出了一种改进的 R-L 模幂算法，称为 BRL 模幂算法，如图 8-3 所示。该算法针对侧信道攻击，如简单功耗分析（SPA）攻击、差分功耗分析（DPA）攻击及故障注入攻击，有一定的免疫力。其核心思想是通过选择一个随机数 s，使参与计算的寄存器 R[0] 和 R[1] 的真实值被掩盖，并且保证每次循环执行相同的操作，这样就可以有效防御 SPA 和 DPA 的攻击；另外在算法的循环部分执行结束后加入一个条件判断语句，若遭遇故障注入攻击，则此条件判断语句不满足，算法便不会返回正确结果，这样就可以有效防御故障注入攻击。本节将采用这种 BRL 模幂算法实现 RAS 加/解密运算。

输入：$M \in G, e = \left(e_{m-1} \cdots e_0\right)_2, N$

输出：$M^e \bmod N$ or "Error"

1：选择一个随机整数 s

2：$R[0] = s$

3：$R[1] = S^{-1} \bmod N$

4：$R[2] = M$

5：for i from 0 to $(m-1)$ do

　{

6：　　$R\left[1 - e_i\right] = R\left[1 - e_i\right] \times R[2] \bmod N$

7：　　$R[2] = R[2]^2 \bmod N$

　}

8：if $\left(R[0] \times R[1] \times M = R[2]\right)$ then

9：　　return $\left(s^{-1} \times R[0] \bmod N\right)$

10：else

11：　　return $\left("\text{Error}"\right)$

图 8-3　BRL 模幂算法

2. 模乘运算

如模幂算法所述，BRL 模幂算法被转化为一系列的模乘和模平方运算。实际上，模平方运算可以看成两乘数相同的模乘运算。因此，模乘运算成为 RSA 算法的核心运算，要提高 RSA 算法的速度，关键在于提高模乘运算的速度。

1985 年，美国数学家蒙哥马利（Peter L. Montgomery）最早提出了一种规避除法运算的模乘方法，称为蒙哥马利模乘算法：

$$\text{MM}(X, Y) = X \times Y \times R^{-1} \bmod N$$

该算法的设计思路是通过一个易于计算的剩余数，将模乘中对特定模数的取模转换成对蒙哥马利模乘基数的取模。当基数 R 设定为 2 的 n 次方时（$R = 2^n$），并且模数 N 的范围为 $2^{n-1} < N < 2^n$，且满足 $\gcd(R, N) = 1$，取模操作就转换为对 2 指数的除法运算，在硬件实现过程中就是移位操作，这是一种十分便于硬件实现的算法。

在此基础上，人们对蒙哥马利模乘算法进行了更加深入的研究和改进，变换出了多种算法，这些算法在并行性方面或计算时间上比原始的蒙哥马利模乘算法更具优势。

本节采用一种适合硬件实现的 FIOS（Finely Integrated Operand Scanning）算法。该算法是一种改进的蒙哥马利模乘算法：先将乘数 X 和乘数 Y 及模数 N 分别拆分成 m 块字长为 r 位的数（$n = m \times r$），然后进行逐字扫描运算，这样就可以使用一个 r-bit $\times$ r-bit 的乘法器来实现（我们的设计中选取 $r = 64$），具体算法如图 8-4 所示。与传统的蒙哥马利模乘算法相比，FIOS 模乘算法采用按字相乘实现，保证了计算速度。

$$
\begin{aligned}
&\text{input:} \quad X, Y, N, w \\
&\qquad\qquad\qquad w = -N^{-1} \bmod 2^r, \\
&\qquad\qquad\qquad R = 2^n, \\
&\qquad\qquad\qquad m = n / r \\
&\text{output:} \quad \boldsymbol{Z = \text{MM}(X, Y) = X \times Y \times R^{-1} \bmod N} \\
&\text{step 1:} \quad Z = 0; v = 0; \\
&\text{step 2:} \quad \textbf{for } (i = 0 \textbf{ to } m - 1) \\
&\qquad\qquad \{ \\
&\qquad\qquad\qquad (c_a, z_0) = z_0 + X_i Y_0 \\
&\qquad\qquad\qquad t_i = z_0 w \bmod 2^r \\
&\qquad\qquad\qquad (c_b, z_0) = z_0 + t_i N_0 \\
&\qquad\qquad\qquad \textbf{for } (j = 1 \textbf{ to } m - 1) \\
&\qquad\qquad\qquad\qquad (c_a, z_j) = z_j + X_i Y_j + c_a \\
&\qquad\qquad\qquad\qquad (c_b, z_{j-1}) = z_j + t_i N_j + c_b \\
&\qquad\qquad\qquad \text{endfor} \\
&\qquad\qquad\qquad (v, z_{m-1}) = c_a + c_b + v \\
&\qquad\qquad \} \\
&\qquad\qquad \text{endfor} \\
&\text{step 3:} \quad \text{if } (Z > N)\, Z = Z - N \\
&\qquad\qquad \text{return } Z
\end{aligned}
$$

图 8-4 FIOS 模乘算法

FIOS 模乘算法输出的是蒙哥马利模乘（$X \times Y \times R^{-1} \bmod N$）运算，为了调用其进行模幂运算，首先需要将模幂算法（图 8-3）中的消息 M、随机数 s 及 s^{-1} 转换成蒙哥马利形式，即 $M \times R \bmod N$，

$s \times R \bmod N$ 和 $s^{-1} \times R \bmod N$。转换方法是与 $R^2 \bmod N$ 做一次蒙哥马利模乘。算法执行完后所得到的结果 $Z \times R \bmod N$ 需要再与常数 1 做一次蒙哥马利模乘，才能得到通常形式下的模幂运算结果，即 $Z = MM(Z \times R \bmod N, 1)$。相关推导可参考有关论文，不在此详述。

8.1.3　AXI RSA128 的硬件设计

本节所设计的 AXI RSA128 的顶层架构如图 8-5 所示，主要包括两部分：AXI4-Lite 接口和 128 位 RSA 加/解密硬件加速模块。

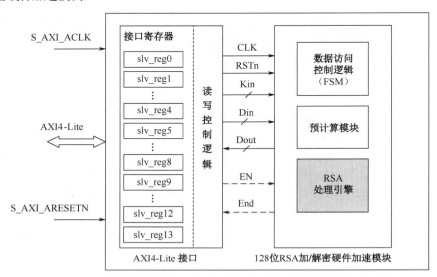

图 8-5　AXI RSA128 的顶层架构

AXI4-Lite 接口部分包含 14 个 32 位接口寄存器。

（1）2 个控制寄存器 slv_reg0 和 slv_reg13：前者为启动寄存器，用于控制 RSA 加/解密硬件加速模块是否启动运算；后者为终止寄存器，通过读取该寄存器的值判断 RSA 加/解密硬件加速模块是否已经结束运算。

（2）4 个密钥寄存器 slv_reg1～slv_reg4：用于保存由 MiniMIPS32 处理器发送的 128 位密钥信息。对于加密过程，保存的是公钥；对于解密过程，保存的是密钥。

（3）4 个输入寄存器 slv_reg5～slv_reg8：用于存储 MiniMIPS32 处理器发送 128 位输入信息。对于加密运算，保存的是待加密的明文；对于解密运算，保存的则是待解密的密文。

（4）4 个输出寄存器 slv_reg9～slv_reg12：用于保存 RSA 加/解密硬件加速模块的计算结果。对于加密运算，存储得到的密文；对于解密运算，则存储得到的明文。

读写控制逻辑用于实现 MiniMIPS32 处理器对 128 位 RSA 加/解密硬件加速模块的控制。

128 位 RSA 加解密硬件加速模块由 3 部分组成：数据访问控制逻辑、预计算模块及 RSA 处理引擎。数据访问控制逻辑通过有限状态机（FSM）实现，负责完成 RSA 处理引擎的数据搬运、加/解密的启动和终止，以及加/解密结果的输出等一系列 RSA 公钥密码系统处理流程的控制。预计算模块用于保存一些提前计算的参数供 RSA 处理引擎使用。例如，模数 N、BRL 算法中的随机数 s、FIOS 算法中的参数 w 和 R 等。RSA 处理引擎则主要完成模幂运算，通过有限状态机调度实现图 8-3 所示的 BRL 模幂算法。该算法逻辑又进一步通过调用如图 8-4 所示的 FIOS 模乘单元实现，其内部模乘器位宽为 64。加速模块的输入/输出端口列表如表 8-1 所示。

表 8-1　128 位 RSA 加/解密硬件加速模块的输入/输出端口

端 口 名 称	端 口 方 向	端 口 宽 度	端 口 描 述
CLK	输入	1	输入时钟（50MHz）
RSTn	输入	1	复位（低电平有效）
Kin	输入	128	密钥输入。对于加密，输入公钥；对于解密，输入密钥
Din	输入	128	加/解密信息输入。对于加密，输入明文；对于解密，输入密文
EN	输入	1	启动 RSA 加/解密计算
Dout	输出	128	加/解密信息输出。对于加密，输出密文；对于解密，输出明文
End	输出	1	用于判断 RSA 加/解密计算是否结束

　　RSA 处理引擎的架构如图 8-6 所示，其输入/输出端口如表 8-2 所示。其中，有限状态机用于产生控制信号，将输入消息、随机数和随机数的逆转等参数换成蒙哥马利形式，然后通过调用 FIOS 模乘单元执行 BRL 模幂算法，最后将结果转换成原始数据形式，完成 RSA 加/解密运算。FIOS 模乘单元基于按字相乘形式，保证了计算速度，且其核心运算逻辑只有$(c,z) = a + x \times y + b$一种形式，包括最后一步 $Z = Z - N$ 操作也可转化成此形式，即$(c,z) = Z + 0 \times 0 + (-N)$，这样所有的运算都可以复用同一套硬件单元完成，大幅度节省了面积。

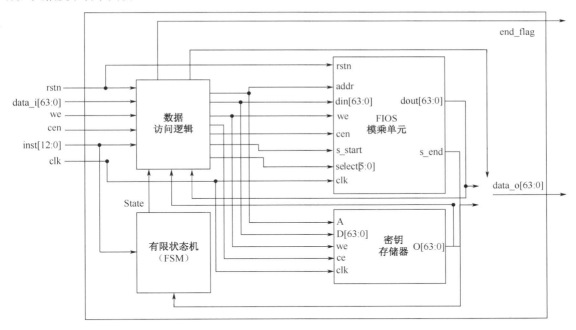

图 8-6　RSA 处理引擎的架构图

表 8-2　RSA 处理引擎的输入/输出端口

端 口 名 称	端 口 方 向	端口宽度/位	端 口 描 述
clk	输入	1	输入时钟（50MHz）
rstn	输入	1	复位（低电平有效）
we	输入	1	内部存储器模块读/写能信号。0 表示读出数据，1 表示写入数据
cen	输入	1	内部存储器模块使能信号（低电平有效）

续表

端口名称	端口方向	端口宽度/位	端口描述
inst	输入	13	控制及地址信号。 ● inst[12]：启动控制信号，1 表示启动模幂运算。 ● inst[11]：模乘、模幂选择信号，0 表示进行模幂运算，1 表示进行模乘运算。 ● inst[10]：内部存储器选择信号，0 表示选择密钥存储器，1 表示选择 FIOS 模乘单元内部存储器。 ● inst[9 : 4]：FIOS 模乘单元内部存储器的选择信号。 ● inst[3 : 1]：预留未使用信号。 ● inst[0]：存储器访问地址信号，RSA 处理引擎内部每块存储器只有两个存储单元，每个存储单元存放一个 64 位数据，地址线仅需要 1 位即可
data_i	输入	64	FIOS 模乘单元的输入数据
data_o	输出	64	FIOS 模乘单元的输出数据
end_flag	输出	1	结束标志信号。0 表示模幂运算尚未结束，1 表示模幂运算已结束

8.1.4 AXI RSA128 的集成

本节将继续采用基于 Block Design 的原理图设计方法，在 MiniMIPS32_FullSyS 中集成 128 位 RSA 加/解密硬件加速模块，分为两个阶段。首先，需要将所设计的 RSA 加/解密模块封装为带有 AXI4 接口的 IP 核，即 AXI RSA128，然后添加该 IP 核，并与 AXI Interconnect 进行集成，从而实现对 RSA 加/解密算法的硬件加速。

1. AXI RSA128 的封装

AXI RSA128 将被作为一个从设备集成到 MiniMIPS32_FullSyS 中，其封装过程与第 6 章中 VGA 控制器的封装过程一样，具体步骤如下。

步骤一. 创建工程

双击桌面 Vivado 的快捷方式图标，启动 Vivado 2017.3，进入开始界面。单击"Create New Project"按钮，创建一个名为 AXI_RSA 的新工程。

步骤二. 封装设置

（1）在菜单栏单击 Tools → Create and Package New IP，开始创建并封装 IP 核。

（2）弹出 Create and Package New IP（创建并封装新 IP 核）向导界面，如图 8-7 所示，直接单击"Next"按钮。

（3）由于 AXI RSA128 IP 核在系统中将作为从设备使用，故选择 Create AXI4 Peripheral，即创建一个新的 AXI4 外设；然后单击"Next"按钮，如图 8-8 所示。

（4）在弹出的窗口中设置所创建外设的基本信息，如图 8-9 所示，并单击"Next"按钮。

（5）在弹出的窗口中设置接口信息，如图 8-10 所示。Name（接口名）设置为 S_AXI。Interface Type（接口类型）选择 Lite，即 AXI4-Lite 接口。Interface Mode（接口模式）选择 Slave，表示从设备。Data Width（数据宽度）默认为 32 位。接口寄存器数目（Number of Registers）选择 14 个，MiniMIPS32 处理器通过 AXI Interconnect 将控制信息、公钥/密钥、明文/密文传入这些接口寄存器，从而输入给 RSA 加/解密硬件加速模块。然后，单击"Next"按钮。

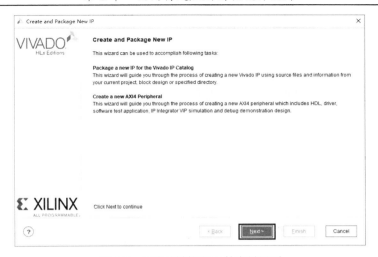

图 8-7　创建并封装新 IP 核向导界面

图 8-8　创建一个新的 AXI4 外设

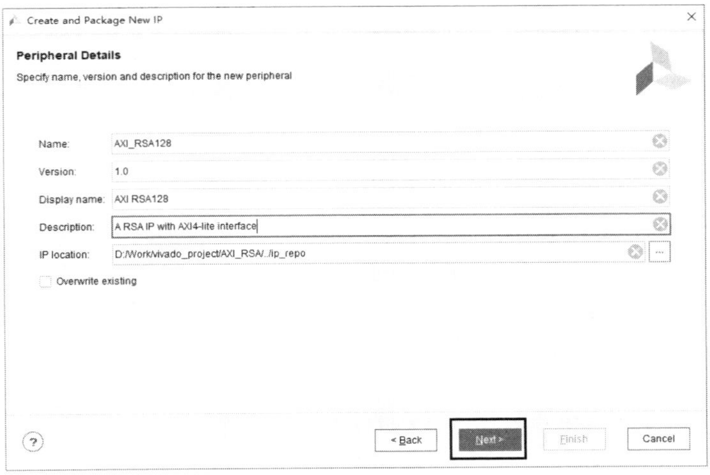

图 8-9　设置所创建外设的基本信息

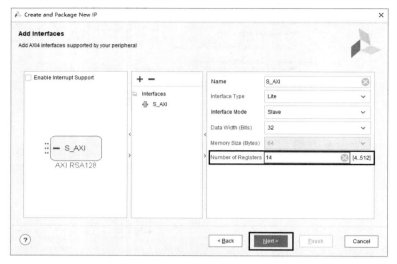

图 8-10　添加外设接口

（6）在弹出的 Create Peripheral 界面中选择 Edit IP 选项，进行 IP 核的创建，如图 8-11 所示。单击"Finish"按钮，生成一个新工程。

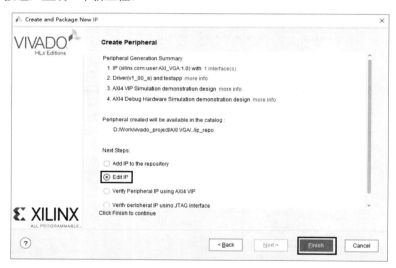

图 8-11　创建 IP 核

步骤三．添加设计文件

在新生成工程的 PROJECT MANAGER 工程管理区的 Sources 界面中单击"+"按钮。再在打开的 Add Sources 界面中选中 Add or create design sources，单击"Next"按钮，进入 Add or Create Design Sources 界面。接着，单击"Add Files"按钮添加 128 位 RSA 源文件（位于"随书资源、Chapter_8、project、RSA128_src"路径下）。单击"Finish"按钮，完成源文件的添加，如图 8-12 所示。

步骤四．修改设计文件

在 新 生 成 工 程 的 PROJECT MANAGER 工 程 管 理 区 的 Sources 界面中双击 AXI_RSA128_v1_0_S_AXI.v 接口文件，打开编辑界面，该文件是用于封装 RSA 加/解密硬件加速模块的 AXI4 接口文件。首先，将自动生成的接口文件中的 9～13 号接口寄存器（slv_reg9～slv_reg13）复位，并将写操作的代码注释掉，如图 8-13（a）和 8-13（b）所示，以避免在后续用户逻辑中对这些寄存器进行赋值时造成多源驱动的问题。然后，添加用户自定义逻辑，如图 8-13（c）所示。将接口寄存器 slv_reg1～slv_reg4 传递给信号 Kin，作为 128 位公钥或密钥的输入；将接口寄存器 slv_reg5～slv_reg8 传递给信号 Din，作为 128 位明文（加密）或密文（解密）输入；slv_reg0 的最低位作为 RSA 加/解密硬件加速模块的启动标志，slv_reg13 的最低位作为加/解密结束标志；最终的加/解密结果通过 Dout 信号传递给接口寄存器 slv_reg9～slv_reg12，进而由 MiniMIPS32 处理器通过 AXI Interconnect 接口读取。

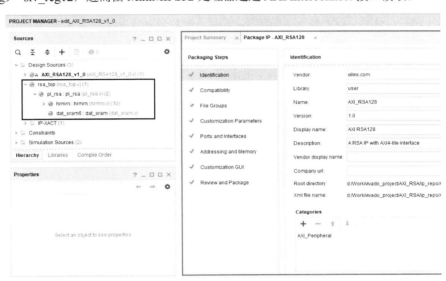

图 8-12　添加 RSA 源文件

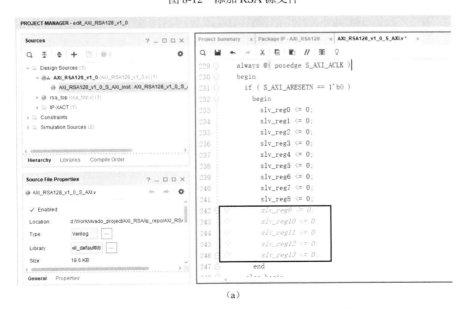

（a）

图 8-13　修改 AXI_RSA128_v1_0_S_AXI.v 文件

```
AXI_RSA128_v1_0_S_AXI.v *

Q  💾  ↩  →  ✗  🗐  📋  //  ⊞  ♀

312        // Slave register 8
313            slv_reg8[(byte_index*8) +: 8] <= S_AXI_WDATA[(byte_index*8) +: 8];
314        end
315  //       4'h9:
316  //        for ( byte_index = 0; byte_index <= (C_S_AXI_DATA_WIDTH/8)-1; byte_index = byte_index+1 )
317  //         if ( S_AXI_WSTRB[byte_index] == 1 ) begin
318  //            // Respective byte enables are asserted as per write strobes
319  //            // Slave register 9
320  //            slv_reg9[(byte_index*8) +: 8] <= S_AXI_WDATA[(byte_index*8) +: 8];
321  //         end
322  //       4'hA:
323  //        for ( byte_index = 0; byte_index <= (C_S_AXI_DATA_WIDTH/8)-1; byte_index = byte_index+1 )
324  //         if ( S_AXI_WSTRB[byte_index] == 1 ) begin
325  //            // Respective byte enables are asserted as per write strobes
326  //            // Slave register 10
327  //            slv_reg10[(byte_index*8) +: 8] <= S_AXI_WDATA[(byte_index*8) +: 8];
328  //         end
329  //       4'hB:
330  //        for ( byte_index = 0; byte_index <= (C_S_AXI_DATA_WIDTH/8)-1; byte_index = byte_index+1 )
331  //         if ( S_AXI_WSTRB[byte_index] == 1 ) begin
332  //            // Respective byte enables are asserted as per write strobes
333  //            // Slave register 11
334  //            slv_reg11[(byte_index*8) +: 8] <= S_AXI_WDATA[(byte_index*8) +: 8];
335  //         end
336  //       4'hC:
337  //        for ( byte_index = 0; byte_index <= (C_S_AXI_DATA_WIDTH/8)-1; byte_index = byte_index+1 )
338  //         if ( S_AXI_WSTRB[byte_index] == 1 ) begin
339  //            // Respective byte enables are asserted as per write strobes
340  //            // Slave register 12
341  //            slv_reg12[(byte_index*8) +: 8] <= S_AXI_WDATA[(byte_index*8) +: 8];
342  //         end
343  //       4'hD:
344  //        for ( byte_index = 0; byte_index <= (C_S_AXI_DATA_WIDTH/8)-1; byte_index = byte_index+1 )
345  //         if ( S_AXI_WSTRB[byte_index] == 1 ) begin
```

(b)

```
AXI_RSA128_v1_0_S_AXI.v *

Q  💾  ↩  →  ✗  🗐  📋  //  ⊞  ♀

509
510    // Add user logic here
511      reg    [127:0]    Kin;
512      reg    [127:0]    Din;
513      reg              EN;
514      wire   [127:0]    Dout;
515      wire             End;
516
517    always @(posedge S_AXI_ACLK)
518        begin
519            if ( S_AXI_ARESETN == 1'b0 )
520                begin
521                    Kin     <=    0;
522                    Din     <=    0;
523                    EN      <=    0;
524                    {slv_reg12, slv_reg11, slv_reg10, slv_reg9}    <=    0;
525                    slv_reg13    <=    0;
526                end
527            else
528                begin
529                    Kin     <=    {slv_reg4, slv_reg3, slv_reg2, slv_reg1};
530                    Din     <=    {slv_reg8, slv_reg7, slv_reg6, slv_reg5};
531                    EN      <=    slv_reg0[0];
532                    {slv_reg12, slv_reg11, slv_reg10, slv_reg9}    <=    Dout;
533                    slv_reg13[0]    <=    End;
534                end
535        end
536
537    rsa_top    rsa_top(.CLK(S_AXI_ACLK), .RSTn(S_AXI_ARESETN),
538                    .Kin(Kin), .Din(Din), .EN(EN),
539                    .Dout(Dout), .End(End));
540    // User logic ends
541
542    endmodule
```

(c)

图 8-13 修改 AXI_RSA128_v1_0_S_AXI.v 文件（续）

步骤五．打包封装

（1）关闭代码编辑界面，回到 Package IP 界面，选择 Packaging Steps 中的 File Groups 选项，然后单击 Merge changes from File Groups Wizard，如图 8-14 所示。

图 8-14　选择 File Groups 选项

（2）选择 Packaging Steps 中的 Review and Package 选项，并单击 "Re-Package IP" 按钮完成对 IP 核的封装，在弹出的窗口中单击 "Yes" 按钮，关闭所创建的临时工程，如图 8-15 所示。

图 8-15　选择 Review and Package 选项

2. 添加 AXI RSA128 IP 核

步骤一．添加 AXI RSA128 IP 核

（1）启动 Vivado 集成开发环境，打开之前设计的 MiniMIPS32_FullSyS 工程。

（2）在 Vivado 主界面的任务导航栏中选择 PROJECT MANAGER 下的 IP Catalog，在 IP Catalog 界面的空白处单击右键，在弹出的菜单中选择 Add Repository，并选择已封装的 AXI RSA128 IP 核所在路径，单击"Select"按钮，将其调入 IP 库。此时，IP Catalog 中又添加了一个新的 User Repository，展开后可看到所添加的 AXI RSA128 IP 核，如图 8-16 所示。

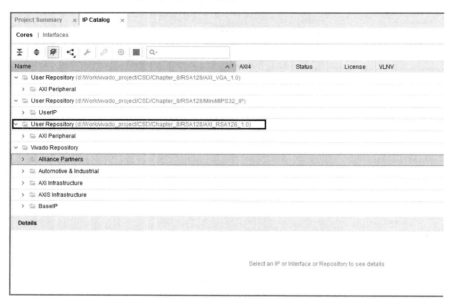

图 8-16　将 AXI RSA128 IP 核添加到 IP 库中

（3）打开 Block Design 界面，单击"+"添加 IP 核，在弹出窗口的 Search 文本框中输入 RSA，如图 8-17（a）所示。双击 AXI RSA128 IP 核完成添加，如图 8-17（b）所示。

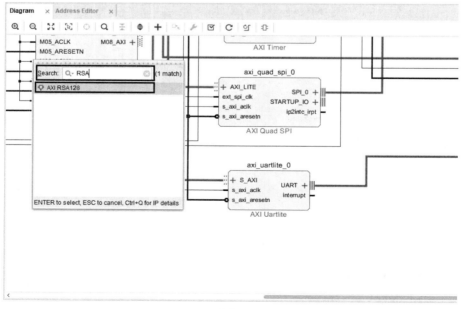

（a）

图 8-17　添加 AXI RSA128 IP 核

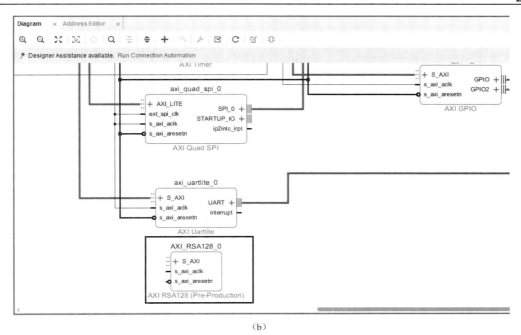

（b）

图 8-17　添加 AXI RSA128 IP 核（续）

步骤二. IP 核的连接

单击 Run Connection Automation，勾选 All Automation 复选框。单击"OK"按钮完成 AXI RSA128 IP 核与 AXI Interconnect 的连接，如图 8-18（a）所示。AXI RSA128 IP 核被连接到 AXI Interconnect 的 8 号主接口，即 M08_AXI，如图 8-18（b）所示。

（a）

图 8-18　自动连接 AXI RSA128 IP 核和 AXI Interconnect

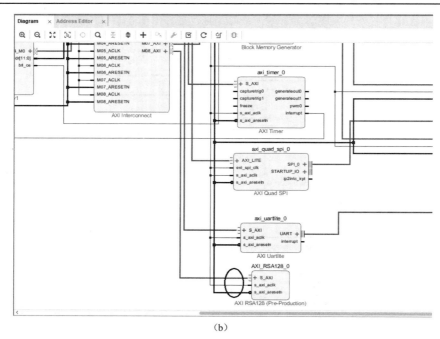

（b）

图 8-18　自动连接 AXI RSA128 IP 核和 AXI Interconnect（续）

步骤三．地址分配

定义所添加的 AXI RSA128 IP 核的地址范围为 0xBFE0_0000～0xBFE0_0FFF，容量为 4KB。由于该部分地址空间位于 kseg1 区域，采用固定地址映射，访存地址在送出 MiniMIPS32 处理器时高 3 位已经被清 0，所以在 Address Editor 中将此段地址应该配置为 0x1FE0_0000～0x1FE0_0FFF。单击 Block Design 界面上的 Address Editor（地址编辑器）选项，修改 Offset Address（基地址）为 0x1FE0_0000，从 Range（容量）下拉菜单中选择 4K，地址编辑器可根据容量自动计算出高字节地址为 0x1FE0_0FFF，如图 8-19 所示。

图 8-19　配置 AXI RSA128 IP 核的地址范围

步骤四．综合、实现并生成位流文件

最终，支持 128 位 RSA 公钥密码系统的 MiniMIPS32_FullSyS 原理图如图 8-20 所示。

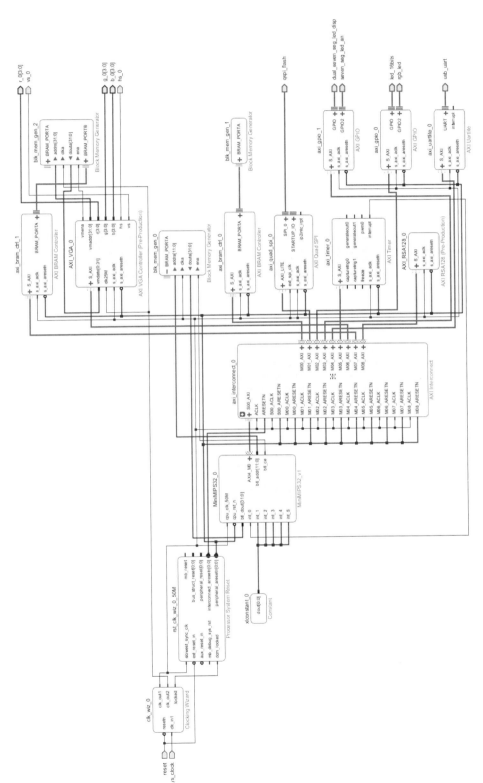

图 8-20 支持 128 位 RSA 公钥密码系统的 MiniMIPS32_FullSyS 原理图

8.1.5　RSA 加/解密 SoC 的功能验证

本节将以字符串"计算机系统设计\r\n"作为明文，通过 AXI RSA128 IP 核对其进行加密和解密，通过比较明文和解密还原后的结果是否一致，验证 RSA 加/解密 SoC 的实现是否正确。

为了简化设计，假设已给定一组明确的密钥对（在实际应用中为了保证安全性，密钥对需要随机生成），将模数 N 及相关的预计算数值（如 BRL 算法中的随机数 s、s^{-1}，FIOS 算法中的 w、R 和 m 等）固化在 AXI RSA128 IP 核内。验证程序所使用的密钥对如下：

假设 p = 0xFC859A61_30120007，q = 0xFC859A61_301200D1

则模数 $N = p \times q$ = 0xF9174DA9_1CB87644_2F650344_8F3005B7

$\varphi(N) = (p\text{-}1) \times (q\text{-}1)$ = 0xF9174DA9_1CB87642_3659CE82_2F0C04E0

在满足 e 与 $\varphi(N)$ 互质的前提下，选择公钥 e = 0xF9174DA9_1CB87642_3659CE82_2F0C0353。

根据公式 $d \times e$ = 1 mod $\varphi(N)$，计算得到私钥 d = 0xF230737D_176931DA_7E5B2FF5_DF12C77B。

RSA 加/解密 SoC 的工作流程（以加密为例，解密流程与之一致）如图 8-21 所示。

首先，CPU 通过指令将公钥和明文分别传入 AXI RSA128 IP 核的密钥寄存器和输入寄存器。然后，CPU 将 AXI RSA128 IP 核的启动寄存器置为 1，启动其进行加密计算。接着，CPU 监控 AXI RSA128 IP 核的终止寄存器的值，如果被置为 1，则说明加密已经结束，CPU 从其输出寄存器中读出密文；否则，加密还未结束，CPU 继续监控终止寄存器。

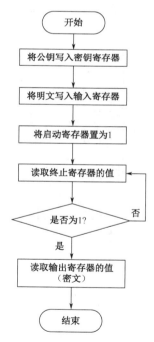

图 8-21　RSA 加/解密 SoC 的工作流程（以加密为例）

RSA 加解密 SoC 的功能验证由两个步骤来完成：编写功能验证程序和基于 Nexys4 DDR 板卡进行功能验证。

步骤一．编写功能验证程序

RSA 加/解密 SoC 的功能验证程序位于"随书资源\Chapter_8\project\RSA128\soft\rsa\src"路径下。主要由 3 个程序构成，分别是 machine.h、rsa.h 和 rsa128.c。

（1）machine.h 添加了对 AXI RSA128 IP 核的基地址和内部寄存器的偏移地址的定义，代码如图 8-22 中加黑部分所示。

```
……
……
// axi vga控制器基地址和偏移地址
#define VGA_BASE                    0xBFD40000
#define VGA_CTRL                    0x00000000
#define VGA_IMPOINT                 0x00000004
#define VGA_IMSIZE                  0x00000008
#define VGA_BGCOLOR                 0x0000000c

// AXI RSA128 IP核基地址及偏移地址
#define RSA_BASE                    0xBFE00000
#define RSA_START                   0x00000000
#define RSA_KEY0                    0x00000004
#define RSA_KEY1                    0x00000008
#define RSA_KEY2                    0x0000000c
#define RSA_KEY3                    0x00000010
#define RSA_INPUT0                  0x00000014
#define RSA_INPUT1                  0x00000018
#define RSA_INPUT2                  0x0000001c
#define RSA_INPUT3                  0x00000020
#define RSA_OUTPUT0                 0x00000024
#define RSA_OUTPUT1                 0x00000028
#define RSA_OUTPUT2                 0x0000002c
#define RSA_OUTPUT3                 0x00000030
#define RSA_END                     0x00000034

#define DELAY_CNT 3000000
……
……
```

图 8-22　machine.h 源代码

其中，RSA_BASE 宏定义了 AXI RSA128 IP 核的基地址。RSA_START 和 RSA_END 定义了两个控制/状态寄存器（slv_reg0 和 slv_reg13）的偏移地址，前者用于控制 AXI RSA128 IP 核启动加密或解密运算，后者用于标识加/解密运算是否结束。RSA_KEY0～RSA_KEY3 定义了 4 个 32 位密钥寄存器（slv_reg1～slv_reg4）的偏移地址，用于存放公钥或私钥。RSA_INPUT0～RSA_INPUT 3 定义了 4 个 32 位输入寄存器（slv_reg5～slv_reg8）的偏移地址，用于存放待加密的明文或待解密的密文。RSA_OUTPUT0～RSA_OUTPUT 3 定义了 4 个 32 位输出寄存器（slv_reg9～slv_reg12）的偏移地址，用于存放加密后的密文或解密后的明文。

（2）rsa.h 定义了和 AXI RSA128 IP 核相关的访问和控制函数，代码如图 8-23 所示。

第 4～6 行代码定义了一个 128 位数据的结构体，用于表示密钥、明文或密文。

第 9～12 行代码用于设置 AXI RSA128 IP 核的启动控制寄存器。val 取值为 1 时，启动 IP 核进行加/解密运算；val 取值为 0 时，终止 IP 核的运算。

第 15～20 行代码用于获取终止寄存器的值。当值为 1 时，表示 AXI RSA128 IP 核计算完毕；当值为 0 时，表示 IP 核仍在运算。

第 23～29 行代码用于向 4 个密钥寄存器加载公钥（加密）或私钥（解密）。

第 32～38 行代码实现了将待加密的明文或待解密的密文加载到 AXI RSA128 IP 核的 4 个输入寄存器中。

第 41～47 行代码实现了从 AXI RSA128 IP 核的 4 个输出寄存器中获取加密后的密文或解密后的明文。

（3）rsa128.c 首先使用公钥对明文"计算机系统设计\r\n"进行加密，再使用私钥对密文进行解密，然后通过比较加密前的明文和复原后的明文是否一致，来验证所设计的 RSA 公钥密码 SoC 功能的正确性，代码如图 8-24 所示。

```
01   #define WORD_SIZE 4
02
03   // 定义128位数据
04   typedef struct RSA_number{
05       INT32U num128[WORD_SIZE];
06   }RSA_var;
07
08   // 设置启动控制寄存器
09   void RSA_setSTART(INT32U val)
10   {
11       REG32(RSA_BASE + RSA_START) = val;
12   }
13
14   // 获取终止寄存器的取值
15   INT32U RSA_getEND( )
16   {
17       INT32U val;
18       val = REG32(RSA_BASE + RSA_END);
19       return val;
20   }
21
22   // 加载公钥（加密）或私钥（解密）
23   void RSA_loadKEY(RSA_var *key)
24   {
25       REG32(RSA_BASE + RSA_KEY0) = key->num128[3];
26       REG32(RSA_BASE + RSA_KEY1) = key->num128[2];
27       REG32(RSA_BASE + RSA_KEY2) = key->num128[1];
28       REG32(RSA_BASE + RSA_KEY3) = key->num128[0];
29   }
30
31   // 加载明文（加密）或密文（解密）
32   void RSA_loadINPUT(RSA_var *input)
33   {
34       REG32(RSA_BASE + RSA_INPUT0) = input->num128[3];
35       REG32(RSA_BASE + RSA_INPUT1) = input->num128[2];
36       REG32(RSA_BASE + RSA_INPUT2) = input->num128[1];
37       REG32(RSA_BASE + RSA_INPUT3) = input->num128[0];
38   }
39
40   // 输出密文（加密）或明文（解密）
41   void RSA_result(RSA_var* output)
42   {
43       output->num128[3] = REG32(RSA_BASE + RSA_OUTPUT0);
44       output->num128[2] = REG32(RSA_BASE + RSA_OUTPUT1);
45       output->num128[1] = REG32(RSA_BASE + RSA_OUTPUT2);
46       output->num128[0] = REG32(RSA_BASE + RSA_OUTPUT3);
47   }
```

图 8-23　rsa.h 源代码

```
01   #include "machine.h"
02   #include "uart.h"
03   #include "rsa.h"
04
05   #define    START        0x00000001
06   #define    STOP         0x00000000
07
08   RSA_var key_public  = {.num128 = {0xF9174DA9, 0x1CB87642, 0x3659CE82, 0x2F0C0353} }; // 公钥
09   RSA_var key_private = {.num128 = {0xF230737D, 0x176931DA, 0x7E5B2FF5, 0xDF12C77B} }; // 私钥
10   RSA_var plain       = {.num128 = {0xE3CBC6BC, 0xB5CFFABB, 0xE8C9B3CD, 0x0A0DC6BC} }; // 明文（计算机系统设计）
11   RSA_var cipher;
12   RSA_var result;
13
14   //RSA加解密算法
15   void rsa(RSA_var *key, RSA_var *input, RSA_var *output)
16   {
17
18       RSA_loadKEY(key);
19
20       RSA_loadINPUT(input);
21
22       RSA_setSTART(START);
23
24       while ( RSA_getEND() == 0) {}
25
26       RSA_setSTART(STOP);
27
```

图 8-24　rsa128.c 源代码

```
28          RSA_result(output);
29
30  }
31
32  void print(INT32U x) {
33          INT8U ch;
34          INT32U i = 0;
35          while(i < 8) {
36                  ch = ((x & 0xf0000000)>>28)&0xf;
37                  if(ch <= 9)
38                          ch = ch+'0';
39                  else
40                          ch = ch+'A'-10;
41                  uart_sendByte(ch);
42                  x = (x << 4);
43                  i ++;
44          }
45  }
46
47  void print_cipher(RSA_var *rsa_v)
48  {
49          INT32U i;
50          print(rsa_v->num128[0]);
51          for (i = 1; i <= WORD_SIZE-1; i++) {
52                  uart_sendByte('_');
53                  print(rsa_v->num128[i]);
54          }
55  }
56
57  int main()
58  {
59          INT32U i;
60          INT32U flag = 0;
61
62          // 打印加密前的明文
63          INT8U *str0 = (INT8U *)(&plain.num128);
64          uart_print("Plaintext before encryption: ", 29);
65          uart_print(str0, 16);
66          uart_sendByte('\r');
67          uart_sendByte('\n');
68
69          // 打印加密后的密文（文本形式）
70          uart_print("Ciphertext (Text):          ", 29);
71          rsa(&key_public, &plain, &cipher);
72          INT8U *str1 = (INT8U *)(&cipher.num128);
73          uart_print(str1, 16);
74          uart_sendByte('\r');
75          uart_sendByte('\n');
76
77          // 打印加密后的密文（ASCII码形式）
78          uart_print("Ciphertext (ASCII):         ", 29);
79          print_cipher(&cipher);
80          uart_sendByte('\r');
81          uart_sendByte('\n');
82          uart_sendByte('\r');
83          uart_sendByte('\n');
84
85          // 打印解密的明文
86          uart_print("Plaintext after  decryption: ", 29);
87          rsa(&key_private, &cipher, &result);
88          INT8U *str2 = (INT8U *)(&result.num128);
89          uart_print(str2, 16);
90          uart_sendByte('\r');
91          uart_sendByte('\n');
92
93          // 判断加密前的明文和解密后的明文是否相同
94          for(i = 0; i < WORD_SIZE; i++) {
95                  if (plain.num128[i] != result.num128[i]) {
96                          uart_print("RSA Fail!\r\n", 11);
97                          flag = 1;
98                          break;
99                  }
100                 else {
101                         if(flag == 0 && i == (WORD_SIZE - 1))
102                                 uart_print("RSA Success!\r\n", 14);
103                 }
104         }
105
106         while(1);
107
108         return 0;
109 }
```

图 8-24　rsa128.c 源代码（续）

　　第 8～9 行代码根据之前预计算的密钥对定义了 128 位的公钥和私钥。

　　第 10 行代码给出了明文"计算机系统设计\r\n"的编码。注意，这里给出的明文编码和 6.2 节 UART 串口验证程序中字符串 str2 给出的编码字节序是相反的，这是因为 rsa128.c 中通过整型定义明文，MiniMIPS32 处理器采用小端模式，为了正常显示，所以颠倒了字节序，而 6.2 节验证程序中采用字符数组定义字符串，故字节序不受大小端模式的影响。

　　第 15～30 行代码定义了一个 rsa 函数，用于实现 rsa 加密或解密算法。对于 RSA 公钥密码系统而言，加/解密算法的计算过程完全一致，需要根据传入密钥的不同区分加密和解密过程。该函数有 3 个参数，分别是密钥 key、输入 input 和输出 output。其中，key 保存公钥或私钥；input 保存待加密的明文或待解密的密文；output 保存加密后的密文或解密后的明文。第 18～20 行代码用于加载密钥和输入信息。第 22 行代码通过将启动寄存器的最低位设置为 1，来启动 AXI RSA128 IP 核进行加/解密运算。第 24 行代码通过一个循环不断检测终止寄存器的最低位是否等于 0，如果等于则继续检测；否则，表示 AXI RSA128 IP 核的运算已经结束，跳出循环。第 26 行代码通过将启动寄存器的最低位设置为 0，来终止 RSA128 IP 核的运算。第 28 行代码从 AXI RSA128 IP 核的输出寄存器中取出加密后的密文或解密后的明文。

　　第 32～55 行代码实现将密文以 ASCII 码的形式在串口调试工具上进行显示。

　　第 63～67 行代码在串口调试工具上打印加密前明文 plain。

　　第 70～83 行代码调用 rsa 函数对明文进行加密，然后在串口调试工具上分别以文本形式和 ASCII 码形式打印加密后的密文 cipher。

　　第 86～91 行代码再次调用 rsa 函数对密文进行解密，恢复明文，然后在串口调试工具上打印解密后的明文 result。

　　第 94～104 行代码将加密前的明文 plain 和解密后的复原明文 result 进行比对，如果相同，则功能验证通过，在串口调试工具上打印"RSA Success!"；否则，功能验证失败，在串口调试工具上打印"RSA Fail!"。

　　步骤二．基于 Nexys4 DDR 板卡进行功能验证

　　（1）首先，将 Nexys4 DDR 板卡与 PC 通过 USB Cable 线相连接，打开电源键。然后，在 Flow Navigator 中单击 PROGRAM AND DEBUG→Open Hardware Manager→Open Target→Auto Connect，完成 Vivado 与板卡的自动连接。

　　（2）在所添加的 Flash 设备上单击右键，选择 Program Configuration Memory Device 对其进行编程，即将待测试的程序写入 Flash 中。在弹出的窗口中，选择需要编程的 bin 文件，如图 8-25 所示，其他选项保持默认即可，单击"OK"按钮启动 Flash 编程。

　　（3）打开串口调试工具，连接 Nexys4 DDR FPGA 开发板的串口。

　　（4）在 Vivado 的 Flow Navigator 的 HARDWARE MANAGER 选项下，单击 Program device，在弹出的窗口中选择检查选中的比特流文件（MiniMIPS32_FullSyS_Wrapper.bit）是否正确，并单击"Program"按钮。这样，比特流文件就被烧写到 Nexys4 DDR 开发板的 FPGA 中，即可在开发板上验证功能是否正确。

　　（5）比特流文件被烧写完成后，按下板卡上的 CPU 复位按钮用于系统复位和启动。此时，将在串口调试工具上打印如图 8-26 所示的信息。第 1 行打印出加密前的明文"计算机系统设计"；第 2、3 行分别以文本形式和 ASCII 码形式打印出加密后的密文；第 4 行打印出解密后恢复的明文，仍然是"计算机系统设计"，与加密前的明文一致，说明 RSA 公钥密码 SoC 系统的加/解密功能正确，故第 5 行打印"RSA Success!"。

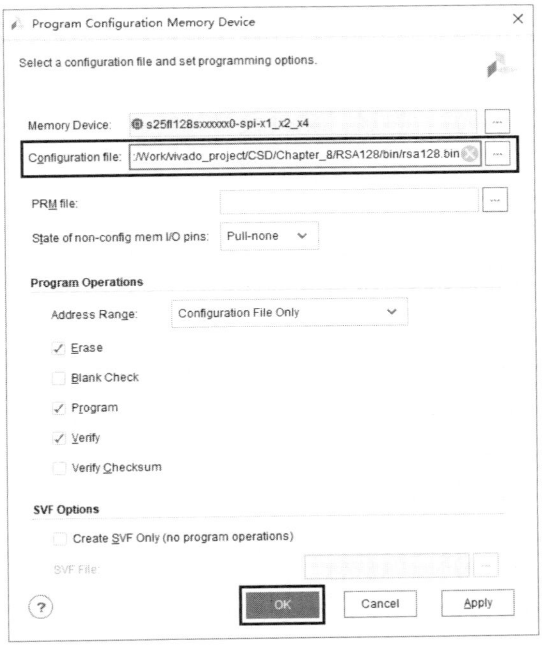

图 8-25　对 Flash 设备进行编程

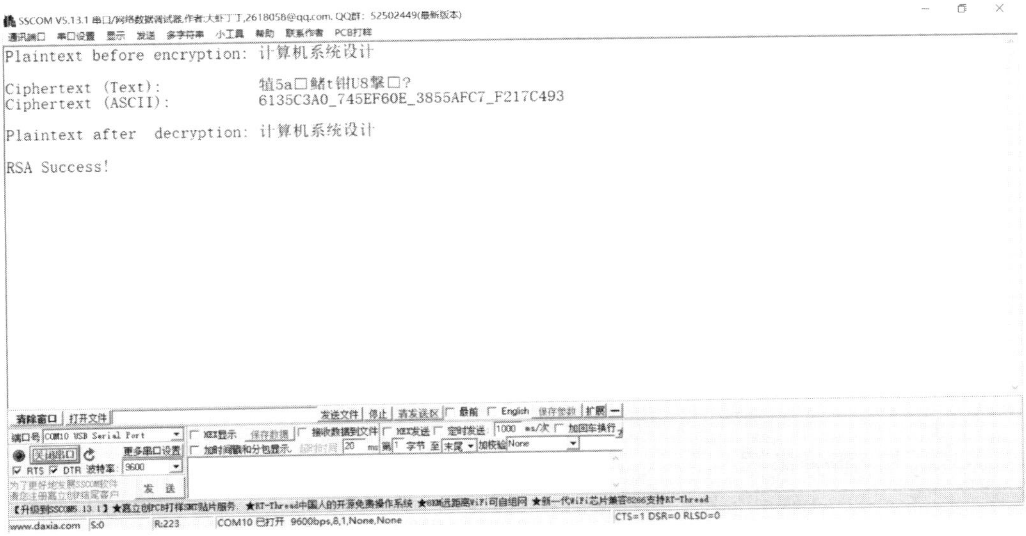

图 8-26　RSA 公钥密码 SoC 的功能验证结果

8.2　手写体数字识别 SoC 的软硬件设计

本节将设计一个基于朴素贝叶斯算法的硬件分类器模块，并将其集成进 MiniMIPS32_FullSyS 中，成为一款手写体数字识别专用 SoC。也可以直接使用本书配套资源提供的 AXI Bayes IP 核，将重点放在 SoC 的集成和功能验证程序的开发上。

本节所设计的朴素贝叶斯硬件分类器将被封装为具有 AXI4-Lite 接口的 IP 核——AXI Bayes，包括 4 个 32 位接口寄存器，其中有 2 个控制状态寄存器、1 个特征向量寄存器和 1 个分类结果寄存器。集成了 AXI Bayes 的 MiniMIPS32_FullSyS 在已训练好的模型基础上，可针对 Minist 数据集提供的手写体数字图像进行推断，计算出其所属的类别，完成分类识别工作。

8.2.1　贝叶斯定理简介

机器学习是人工智能的核心，而分类则是机器学习算法的一类重要应用，它使用已知的数据集（训练集）进行训练得到相应的模型，再通过这个模型进行推断对未知数据进行类别划分。分类涉及的数据集通常是带有标签的，属于有监督学习。目前分类算法很多，常见的包括贝叶斯、决策树、支持向量机、k 近邻、逻辑回归、神经网络和深度神经网络等。在众多分类算法中，贝叶斯方法以其简单性和高效性，一直被广泛应用到各种文本、图像等的分类工作中。贝叶斯分类方法是基于贝叶斯定理的一种统计学分类方法，它计算一个待测试元组属于每个类别的概率，并最终选出概率最大的类别作为分类结果。

通常情况下，对于事件 A 和 B，A 在 B 发生的条件下的概率与 B 在 A 发生的条件下的概率是不一样的，但是这两者是有确定关系的，而贝叶斯定理就是对这种关系的陈述。贝叶斯定理可以通过已知的 3 个概率函数推出第 4 个。对于事件 A 与事件 B，贝叶斯公式如下：

$$P(A\,|\,B) = \frac{P(A) \times P(B\,|\,A)}{P(B)}$$

其中，$P(A|B)$ 是 B 发生的条件下 A 发生的概率，由于得自 B 的取值，也被称为 A 的后验概率，与此相对地，$P(A)$ 被称为 A 的先验概率，因为它不考虑任何 B 方面的因素，也可以称其 A 的边缘概率；同样，$P(B|A)$ 是 A 发生的条件下 B 发生的概率，被称为 B 的后验概率，$P(B)$ 是 B 的先验概率或边缘概率，也称作标准化常量。根据以上这些术语，贝叶斯公式可表述为：

$$后验概率 = \frac{(似然度 \times 先验概率)}{标准化常量}$$

也就是说，后验概率与似然度和先验概率的乘积成正比。另外，比例（似然度/标准化常量）有时也被称为标准似然度，因此，贝叶斯公式可再次表示为：

$$后验概率 = 标准似然度 \times 先验概率$$

更一般的情况，若 $A_1 \cdots A_n$ 为一组完备事件，即 $\bigcup_{i=1}^{n} A_i = \Omega$，$A_i A_j = \phi$，$P(A_i) > 0$，则贝叶斯公式的形式为：

$$P(A_i\,|\,B) = \frac{P(B\,|\,A_i)P(A_i)}{\sum_{i=1}^{n} P(B\,|\,A_i)P(A_i)}$$

8.2.2　朴素贝叶斯分类器

基于贝叶斯定理的分类方法又可细分为朴素贝叶斯分类器、半朴素贝叶斯分类器等。其中，朴素贝叶斯分类器是在假设特征向量各属性独立的前提下运用贝叶斯定理的概率分类器，是贝叶斯分类器中最简单的一种。朴素贝叶斯分类方法已经得到广泛应用，在 20 世纪 60 年代就被引入文本信息检索中，并且直到现在它依然是一种热门的分类算法，被广泛应用到各种分类工作中。值得一提的是，尽管朴素贝叶斯分类器基于非常朴素的思想和非常简单的假设前提，但其在很多复杂的现实情形中仍然能够取得相当好的分类效果，同时，朴素贝叶斯分类器具备高度的可扩展性。不仅如此，朴素贝叶斯分类器只需要根据少量的训练数据估计出必要的参数，再加上其变量独立假设，因此只需要估计各个变量的概率，而不需要确定整个协方差矩阵。简言之，朴素贝叶斯分类具有坚实的数学基础和稳定的分类效率，同时所需估计的参数很少，对数据缺失不太敏感，并且算法足够简单。朴素贝叶斯分类的数学原理如下所述：

假设一个有 C 个类别的数据集 $\{(\boldsymbol{X}^i, y^i), i = 1, 2, \cdots, N\}$，其中，$\boldsymbol{X}^i = (x_0^i, x_1^i, \cdots, x_{n-1}^i)$ 是一个 n 维的特征向量，$\{y^i = c, c = 0, 1, \cdots, C-1\}$ 为其标签。对于一个新的特征向量 $\hat{\boldsymbol{X}} = (\widehat{x_0}, \widehat{x_1}, \cdots, \widehat{x_{n-1}})$，其类别 $\hat{y}$ 可被预测为：

$$\hat{y} = \underset{c=0,1,\cdots,C-1}{\mathrm{argmax}} \, P(y = c | \hat{\boldsymbol{X}}) \tag{8-3}$$

基于贝叶斯原理，上述等式可改写为：

$$\hat{y} = \underset{c=0,1,\cdots,C-1}{\mathrm{argmax}} \, \frac{P(y=c)P(\hat{\boldsymbol{X}} \mid y=c)}{P(\hat{\boldsymbol{X}})}$$

$$= \underset{c=0,1,\cdots,C-1}{\mathrm{argmax}} \, \frac{P(y=c)P(\widehat{x_0}, \widehat{x_1}, \ldots, \widehat{x_{n-1}} | y=c)}{P(\hat{\boldsymbol{X}})} \tag{8-4}$$

如前所述，朴素贝叶斯分类中有一个重要的前提，即假设特征向量各属性间是完全独立的，因此，结合相关概率理论可得：

$$P(\widehat{x_0}, \widehat{x_1}, \ldots, \widehat{x_{n-1}} | y=c) = \prod_{k=0}^{n-1} \, P(\widehat{x_k} | y=c) \tag{8-5}$$

$$P(\hat{\boldsymbol{X}}) = \prod_{k=0}^{n-1} \, P(\widehat{x_k}) \tag{8-6}$$

显然，对于一个特定的数据集，$P(\hat{\boldsymbol{X}})$ 的值是不变的：

$$\hat{y} = \underset{c=0,1,\cdots,C-1}{\mathrm{argmax}} \, P(y=c) \prod_{k=0}^{n-1} \, P(\widehat{x_k} | y=c) \tag{8-7}$$

上式中各个概率可利用数据集中相关取值出现的频率来估计，即

$$P(y=c) = \frac{\mathrm{Num}_{y=c}}{\mathrm{Num}} \tag{8-8}$$

若对于特征向量 $\boldsymbol{X}$ 的每个属性 $x_k \, (0 \leqslant k \leqslant n-1)$，都有对应的取值集合 $M_k = \{m_{k_i} \mid i \geqslant 1\}$，则对于每个属性有：

$$P(x_k = m_{k_i} | y=c) = \frac{\mathrm{Num}_{y=c \cap x_k = m_{k_i}}}{\mathrm{Num}_{y=c}} \tag{8-9}$$

其中，Num 表示整个数据集中样例的个数，$\mathrm{Num}_{y=c}$ 表示数据集中类别为 c 的数量，$\mathrm{Num}_{y=c \cap x_k = m_{k_i}}$ 表示数据集中类别为 c 且特征向量的分量 x_k 取值为 m_{k_i} 的个数。

综上所述，朴素贝叶斯分类包括两个阶段，即训练阶段和推断阶段。训练阶段主要包括两个工作，一是统计工作，即根据数据类别标签和属性取值的不同进行计数；二是计算工作，即根据计数结果，计算出相应概率的值。而在推断阶段，分类器根据训练阶段得到概率值，利用贝叶斯原理，再计算各类出现的概率，最后选出概率值最大的类别作为分类结果。由上述公式可以看出，贝叶斯分类器的计算属于典型计算密集型任务，十分适合采用专用硬件模块对核心算法进行加速，从而有效提升了计算能效。

本节将设计面向 Minist 手写体数字图像的朴素贝叶斯硬件分类器（称为 AXI Bayes），并将其集成到 MiniMIPS32_FullSyS 中，构成手写体数字识别 SoC。该 SoC 由 MiniMIPS32 处理器将每幅手写体数字对应的二值图像（分辨率为 28×28）的像素值构成的特征向量（包含 784 个属性）输入到 AXI Bayes 中完成分类识别计算。通过软件完成分类模型的计算，AXI Bayes 将固化分类模型，只负责完成推断计算的加速。

8.2.3 AXI Bayes 的硬件设计

本节所设计的 AXI Bayes 的顶层架构如图 8-27 所示，主要包括两部分：AXI4-Lite 接口和朴素贝叶斯硬件分类器模块。

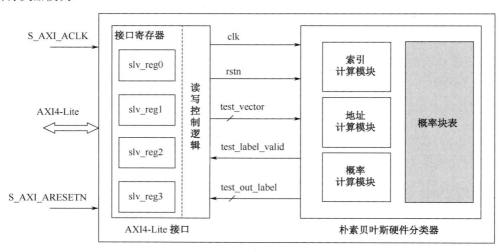

图 8-27　AXI Bayes 的顶层架构图

AXI4-Lite 接口部分包含 4 个 32 位接口寄存器。其中包括两个控制状态寄存器 slv_reg0 和 slv_reg3。slv_reg0 称为启动寄存器，第 0 位用于控制是否开始传递手写体数字图像的特征向量（取值为 1 时，开始传递；否则，不传递），第 1 位用于控制是否启动分类识别计算（取值为 1 时，启动计算；否则，不启动）；slv_reg3 称为终止寄存器，通过判断其最低位是否为 1 来标志识别分类计算是否结束。slv_reg1 称为分类结果寄存器，用于保存对每幅手写体数字图像的分类识别结果，取值为 0～9。slv_reg2 称为特征向量寄存器，用于接收 MiniMIPS32 处理器发送来的手写体数字图像的特征向量，然后再传递给朴素贝叶斯硬件分类器，每次接收 32 个属性值（每个属性值 1 位），整个特征向量需要传递 25 次。

朴素贝叶斯硬件分类器由 4 部分组成：索引计算模块、地址计算模块、概率计算模块和概率块表，其输入/输出端口如表 8-3 所示，内部架构如图 8-28 所示。

表 8-3　朴素贝叶斯硬件分类器的输入/输出端口

端口名称	端口方向	端口宽度	端口描述
clk	输入	1	输入时钟（50MHz）
rstn	输入	1	复位（低电平有效）
test_vector	输入	784	手写体数字图像的特征向量
test_label_valid	输出	1	分类结果有效标志信号
test_out_label	输出	4	分类结果（0～9）

1. 索引计算模块

由朴素贝叶斯分类算法可知，在进行分类时，需要计算各个类别分类结果的概率值。因此，索引计算模块将依次产生各个类别与特征向量各个属性的索引，以提供给地址计算模块计算出访问概率块表的地址。该模块的输入/输出端口如表 8-4 所示。

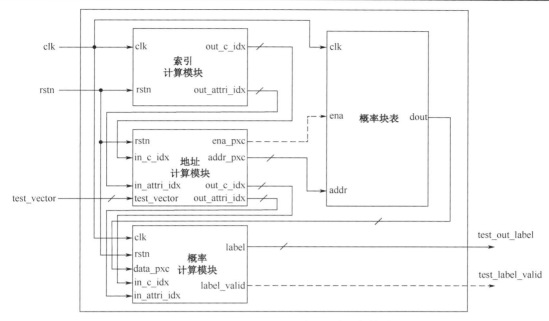

图 8-28　朴素贝叶斯硬件分类器的内部架构图

表 8-4　索引计算模块的输入/输出端口

端口名称	端口方向	端口宽度	端口描述
clk	输入	1	输入时钟（50MHz）
rstn	输入	1	复位（低电平有效）
out_c_idx	输出	4	类别索引
out_attri_idx	输出	10	特征向量属性索引

2. 地址计算模块

地址计算模块根据类别索引、属性索引和待测试特征向量的属性值，计算出访问概率块表的地址，同时将类别索引与属性索引传递下去，以供概率计算模块使用。该模块的输入/输出端口如表 8-5 所示。

表 8-5　地址计算模块的输入/输出端口

端口名称	端口方向	端口宽度	端口描述
rstn	输入	1	复位（低电平有效）
in_c_idx	输入	4	类别索引
in_attri_idx	输入	10	特征向量属性索引
test_vector	输入	784	手写体数字图像的特征向量
ena_pxc	输出	1	概率块表使能信号
addr_pxc	输出	14	概率块表访问地址
out_c_idx	输出	4	类别索引
out_attri_idx	输出	10	特征向量属性索引

3. 概率计算模块

概率计算模块基于贝叶斯公式，利用从概率块表中取出的数据、类别索引及属性索引，对于 0～9 中的每个类别计算相应的后验概率，最后取后验概率最大的类别作为最终的分类识别结果。该模块的输入/输出端口如表 8-6 所示。

表 8-6　概率计算模块的输入/输出端口

端口名称	端口方向	端口宽度	端口描述
clk	输入	1	输入时钟（50MHz）
rstn	输入	1	复位（低电平有效）
data_pxc	输入	10	从概率块表中获取的概率值
in_c_idx	输入	4	类别索引
in_attri_idx	输入	10	特征向量属性索引
label	输出	4	分类结果（0～9）
label_valid	输出	1	分类结果有效标志信号

4. 概率块表

概率块表中存储分类模型训练后得到的相关概率值，以供在分类识别时直接查询，避免再次计算，提升系统性能。对于 Minist 数据集，每个手写体数字图像的特征是一个 784 维的向量，其中每个分量属性都有 0 或 1 两种取值，并且整个数据集被划分为 10 类。因此，结合朴素贝叶斯分类原理可知，训练阶段将产生 15 690 种概率，其中，有 10 种概率为每个类别在训练数据中出现的概率，7840 种概率为每个属性取 0 时在不同类别下的条件概率，剩余的 7840 种概率为每个属性取 1 时在不同类别下的条件概率。为了简化设计，概率块表中只存储 15 680 个特征向量属性的条件概率，另外 10 种类别的概率，直接固化在硬件中。本设计中，我们对概率进行了定点化处理，每个概率值用 10bit 定点数表示，因此，概率块表的数据宽度为 10 位，深度为 15 680，容量约为 19KB。该模块的输入/输出端口如表 8-7 所示。

表 8-7　概率块表的输入/输出端口

端口名称	端口方向	端口宽度	端口描述
clk	输入	1	输入时钟（50MHz）
ena	输入	1	概率块表使能信号
addr	输入	14	概率块表访问地址
dout	输出	10	从概率块表中读出的概率值

8.2.4　AXI Bayes 的集成

本节将继续采用基于 Block Design 的原理图设计方法，在 MiniMIPS32_FullSyS 中集成基于朴素贝叶斯的手写体数字识别加速模块。首先，需要将所设计的贝叶斯分类器封装为带有 AXI4 接口的 IP 核，即 AXI Bayes，然后再添加该 IP 核，并与 AXI Interconnect 进行集成，实现对手写体数字分类识别的加速。

1. AXI Bayes 的封装

AXI Bayes 将被作为一个从设备集成到 MiniMIPS32_FullSyS 中，其封装过程与第 6 章中 VGA 控制器的封装过程一样，具体步骤如下。

步骤一. 创建工程

双击桌面 Vivado 的快捷方式图标，启动 Vivado 2017.3，进入开始界面。单击"Create New Project"按钮，创建一个名为 AXI_Bayes 的新工程。

步骤二. 封装设置

（1）在菜单栏单击 Tools→Create and Package New IP，开始创建并封装 IP 核。

（2）弹出 Create and Package New IP（创建并封装新 IP 核）向导界面，如图 8-29 所示，再单击"Next"按钮。

图 8-29　创建并封装新 IP 核向导界面

（3）由于 AXI_Bayes 在系统中将作为从设备使用，故选择 Create AXI4 Peripheral，即创建一个新的 AXI4 外设，然后单击"Next"按钮，如图 8-30 所示。

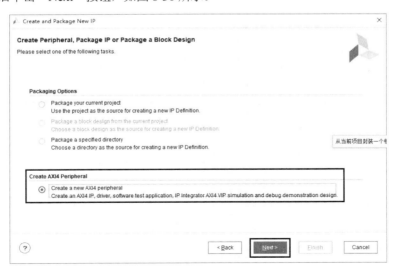

图 8-30　创建一个新的 AXI4 外设

（4）在弹出的窗口中设置所创建外设的基本信息，如图 8-31 所示，再单击"Next"按钮。

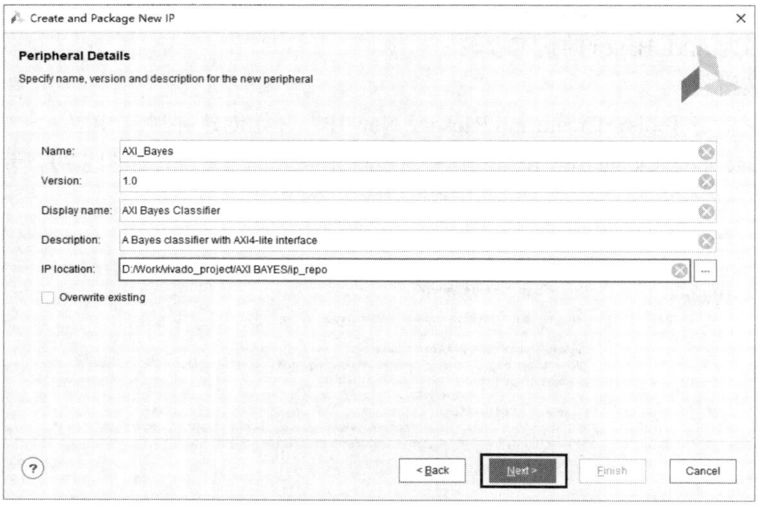

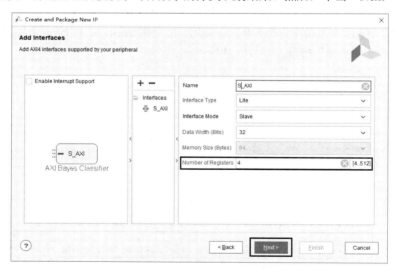

图 8-31　设置所创建外设的基本信息

（5）在弹出的窗口中设置接口信息，如图 8-32 所示。将 Name（接口名）设置为 S_AXI。Interface Type（接口类型）选择 Lite，即 AXI4-Lite 接口。Interface Mode（接口模式）选择 Slave，表示从设备。Data Width（数据宽度）默认为 32 位。Number of Registers（接口寄存器数目）选择 4 个。MiniMIPS32 处理器通过 AXI Interconnect 将控制信号、手写体数字的特征向量等信息传入这些接口寄存器，输入给贝叶斯分类器模块，再通过它们接收手写体数字的分类识别结果。然后，单击"Next"按钮。

图 8-32　添加外设接口

（6）在弹出的 Create Peripheral 界面中选择 Edit IP 选项，进行 IP 核的创建，如图 8-33 所示。单击"Finish"按钮，生成一个新工程。

步骤三．添加设计文件

在新生成工程的 PROJECT MANAGER 工程管理区的 Sources 窗口中单击"+"按钮。再在打开的 Add Sources 界面中选中 Add or create design sources，单击"Next"按钮，进入 Add or Create Design Sources

界面。接着，单击"Add Files"按钮添加贝叶斯分类器的源文件（位于"随书资源\Chapter_8\project\Bayes_src"路径下）。最后，单击 Finish 按钮，完成源文件的添加，如图 8-34 所示。

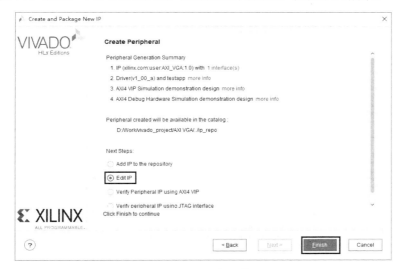

图 8-33　创建 IP 核

图 8-34　添加贝叶斯分类器的源文件（NBC.v）

步骤四．修改设计文件

在新生成工程的 PROJECT MANAGER 工程管理区的 Sources 窗口中，双击 AXI_Bayes_v1_0_S_AXI.v 接口文件，打开编辑界面，该文件是用于封装贝叶斯分类器模块的 AXI4 接口文件。首先，将自动生成的接口文件中对 1 号和 3 号接口寄存器（slv_reg1 和 slv_reg3）复位和写操作的代码注释掉，如图 8-35（a）和图 8-35（b）所示，以避免在后续用户逻辑中对这些寄存器进行赋值时造成多源驱动的问题。然后，添加用户自定义逻辑，如图 8-35（c）和图 8-35（d）所示。

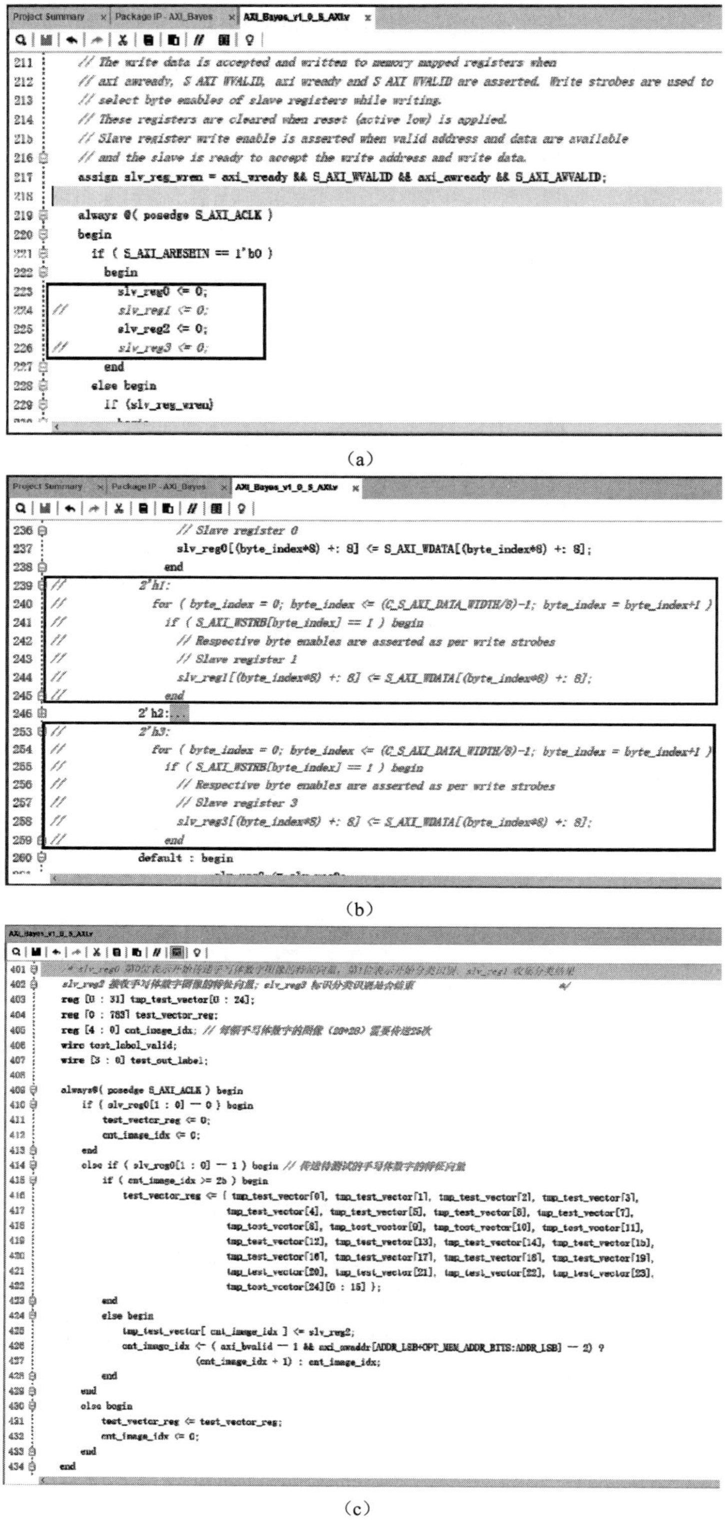

(a)

(b)

(c)

图 8-35　修改 AXI_Bayes_v1_0_S_AXI.v 接口文件

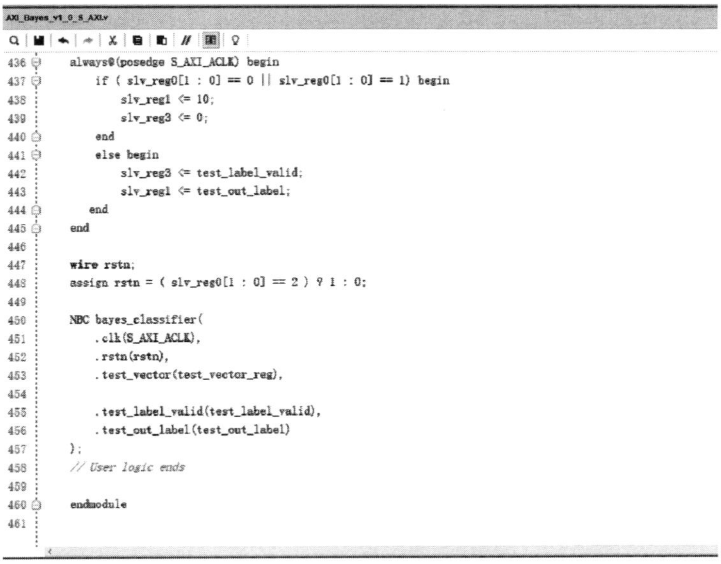

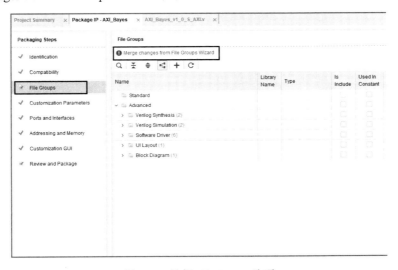

图 8-35　修改 AXI_Bayes_v1_0_S_AXI.v 接口文件（续）

步骤五．打包封装

（1）关闭代码编辑界面，回到 Package IP 界面，选择 Packaging Steps 中的 File Groups 选项，然后单击 Merge changes from File Groups Wizard，如图 8-36 所示。

图 8-36　选择 File Groups 选项

（2）选择 Packaging Steps 中的 Review and Package 选项，单击 "Re-Package IP" 按钮完成 IP 核的封装，再在弹出的窗口中单击 "Yes" 按钮，关闭所创建的临时工程，如图 8-37 所示。

2. 添加 AXI Bayes

步骤一．添加 AXI Bayes

（1）启动 Vivado 集成开发环境，打开之前设计的 MiniMIPS32_FullSyS 工程。

（2）在 Vivado 主界面的任务导航栏中选择 PROJECT MANAGER 下的 IP Catalog，在 IP Catalog 界面的空白处单击右键，在弹出的菜单中选择 Add Repository，选择已封装的 AXI Bayes 所在路径，单击"Select"按钮，将其调入 IP 库。此时，IP Catalog 中又添加了一个新的 User Repository，展开后可看到所添加的 AXI Bayes，如图 8-38 所示。

图 8-37　Review and Package 选项

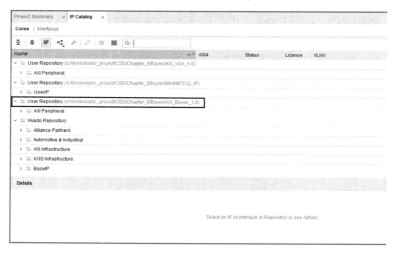

图 8-38　将 AXI Bayes 添加到 IP 库中

（3）打开 Block Design 界面，单击"+"添加 IP 核，在弹出窗口的 Search 文本框中输入 AXI Bayes Classifier，如图 8-39（a）所示。然后，双击 AXI Bayes 完成添加，如图 8-39（b）所示。

步骤二．IP 核的连接

单击 Run Connection Automation，勾选 All Automation 复选框。再单击"OK"按钮完成 AXI Bayes 与 AXI Interconnect 的连接，如图 8-40（a）所示。AXI Bayes 被连接到了 AXI Interconnect 的 8 号主接口，即 M08_AXI，如图 8-40（b）所示。

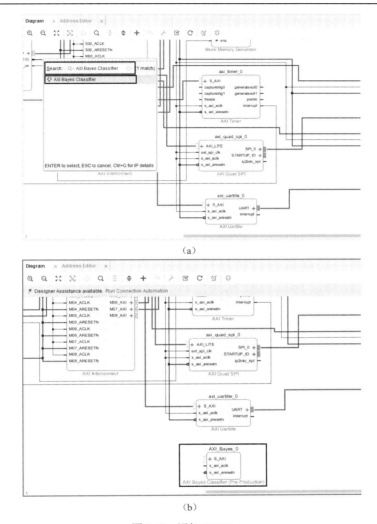

（a）

（b）

图 8-39 添加 AXI Bayes

（a）

图 8-40 自动连接 AXI Bayes 和 AXI Interconnect

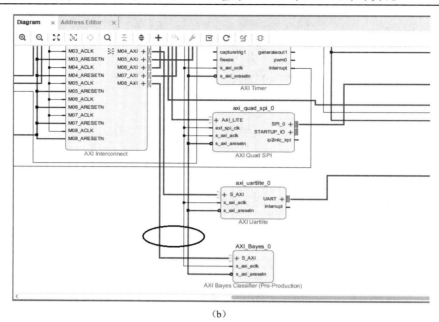

（b）

图 8-40　自动连接 AXI Bayes 和 AXI Interconnect（续）

步骤三．地址分配

定义所添加的 AXI Bayes 的地址范围为 0xBFE1_0000～0xBFE1_0FFF，容量为 4KB。由于该部分地址空间位于 kseg1 区域，采用固定地址映射，访存地址在送出 MiniMIPS32 处理器时高 3 位已经被清 0，所以在 Address Editor 中对此段地址应该配置为 0x1FE1_0000～0x1FE1_0FFF。单击 Block Design 界面上的 Address Editor（地址编辑器）选项，修改 Offset Address（基地址）为 0x1FE1_0000，从 Range（容量）下拉菜单中选择 4K，地址编辑器可根据容量自动计算出高字节地址为 0x1FE1_0FFF，如图 8-41 所示。

Diagram	×	Address Editor	×				
Cell			Slave Interface	Base Name	Offset Address	Range	High Address
∨ ⊕ MiniMIPS32_0							
∨ 〓 m0 (32 address bits : 4G)							
〓 axi_uartlite_0			S_AXI	Reg	0x1FD1_0000	4K ▾	0x1FD1_0FFF
〓 AXI_VGA_0			S_AXI	S_AXI_reg	0x1FD4_0000	4K ▾	0x1FD4_0FFF
〓 axi_bram_ctrl_1			S_AXI	Mem0	0x1000_0000	64K ▾	0x1000_FFFF
〓 axi_quad_spi_0			AXI_LITE	Reg	0x1FD2_0000	4K ▾	0x1FD2_0FFF
〓 axi_gpio_1			S_AXI	Reg	0x1FD0_1000	4K ▾	0x1FD0_1FFF
〓 axi_timer_0			S_AXI	Reg	0x1FD3_0000	4K ▾	0x1FD3_0FFF
〓 axi_bram_ctrl_0			S_AXI	Mem0	0x0000_0000	256K ▾	0x0003_FFFF
〓 axi_gpio_0			S_AXI	Reg	0x1FD0_0000	4K ▾	0x1FD0_0FFF
〓 AXI_Bayes_0			S_AXI	S_AXI_reg	0x1FE1_0000	4K ▾	0x1FE1_0FFF

图 8-41　配置 AXI Bayes 的地址范围

步骤四．综合、实现并生成位流文件

最终，支持手写体数字分类识别的 MiniMIPS32_FullSyS 原理图如图 8-42 所示。

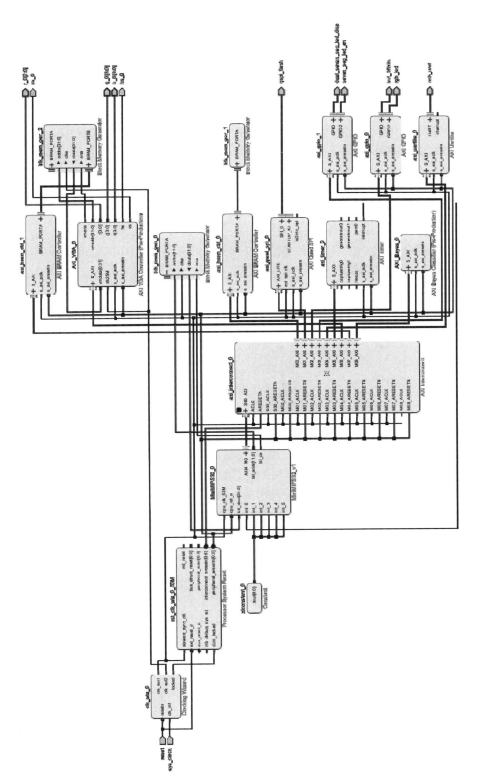

图 8-42 支持手写体数字分类识别的 MiniMIPS32_FullSyS 原理图

8.2.5　手写体数字识别 SoC 的功能验证

本节以图 6-113 所示的 100 幅 Minist 手写体数字图像作为测试用例，通过 AXI Bayes IP 核对其逐个进行识别，将识别结果通过串口调试工具进行打印，并与显示器上显示的正确图像进行比较，验证所设计的手写体数字识别系统的功能是否正确。功能验证工作包括两个步骤：编写功能验证程序和基于 Nexys4 DDR 板卡进行功能验证。

步骤一．编写功能验证程序

手写体数字分类识别 SoC 的功能验证程序位于 "随书资源\Chapter_8\project\Bayes\soft\ bayes\src" 路径下。主要由 5 个程序构成，分别是 machine.h、bayes.h、images.h、pixels.h 和 bayes_test.c。

（1）machine.h 添加了对 AXI Bayes 的基地址和内部寄存器的偏移地址的定义，代码如图 8-43 中加黑部分所示。

```
......
......
// axi vga控制器基地址和偏移地址
#define VGA_BASE              0xBFD40000
#define VGA_CTRL              0x00000000
#define VGA_IMPOINT           0x00000004
#define VGA_IMSIZE            0x00000008
#define VGA_BGCOLOR           0x0000000c

// 贝叶斯分类器基地址和偏移地址
#define BAYES_BASE            0xBFE10000
#define BAYES_START           0x00000000
#define BAYES_CLASSRES        0x00000004
#define BAYES_VECTOR          0x00000008
#define BAYES_END             0x0000000c

#define DELAY_CNT 3000000
......
```

图 8-43　machine.h 源代码

其中，BAYES_BASE 宏定义了 AXI Bayes 的基地址。BAYES_START 和 BAYES_END 定义了两个控制/状态寄存器（slv_reg0 和 slv_reg3）的偏移地址，前者用于控制 AXI Bayes 接收手写体数字的特征向量和启动分类识别计算，后者用于标识分类识别是否结束。BAYES_CLASSRES 定义了分类结果寄存器（slv_reg1）的偏移地址，用于存放分类识别的计算结果。BAYES_VECTOR 定义了特征向量寄存器（slv_reg2）的偏移地址，用于保存每个待识别的手写体数字图像的特征向量。

（2）bayes.h 定义了和 AXI Bayes 相关的访问和控制函数，代码如图 8-44 所示。

```
01    // 设置贝叶斯分类器中的接口寄存器
02    void bayes_setREG(INT32U offset, INT32U val)
03    {
04        REG32(BAYES_BASE + offset) = val;
05    }
06
07    // 读取贝叶斯分类器中的接口寄存器
08    INT32U bayes_getREG(INT32U offset)
09    {
10        return REG32(BAYES_BASE + offset);
11    }
```

图 8-44　bayes.h 源代码

第 2～5 行代码定义了用于设置贝叶斯分类器中接口寄存器的函数，该函数有两个参数，分别是寄存器偏移地址 offset 和待设置的值 val。

第 8～11 行代码定义了用于读取贝叶斯分类器中接口寄存器的函数，该函数以寄存器偏移地址 offset 作为参数，返回对应寄存器中的值。

（3）images.h 与 6.4.6 小节 AXI VGA 控制器 IP 核功能验证程序中的 images.h 文件是相同的，定义了一个无符号整型数组 images,用于保存图 6-113 所示 100 个手写体数字图像的像素值。该数组中的元素将被存入显存 VRAM 中,然后在 AXI VGA 的控制下通过屏幕进行显示。

(4)pixels.h 定义了一个无符号整型数组 pixels,按照 minist 数据集中手写体数字图像的分辨率(28×28),将图 6-113 所示的每个手写体数字所对应的像素值转化为 25 个特征向量进行存储。每个数组元素对应一个特征向量,每个特征向量为 32 位。该数组中的特征向量将被送入 AXI Bayes 中完成手写体数字的分类识别。

(5)bayes_test.c 首先将图 6-113 所示的 100 个手写体数字的图像显示在屏幕上,然后调用 AXI Bayes 对这 100 个手写体数字进行分类识别,并将识别出的结果打印在串口调试工具上。通过 AXI Bayes 完成手写体数字识别的流程如图 8-45 所示。

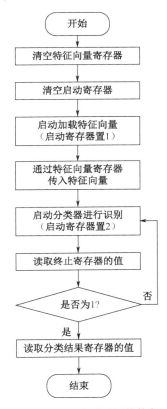

图 8-45　通过 AXI Bayes 完成手写体数字识别的流程图

识别完成后,通过将屏幕上显示的原手写体数字和打印出的识别结果进行比较,可计算出支持手写体数字分类识别的 MiniMIPS32_FullSyS 的识别准确率,代码如图 8-46 所示。

```
01    #include "machine.h"
02    #include "uart.h"
03    #include "vga.h"
04    #include "bayes.h"
05    #include "images.h"
06    #include "pixels.h"
07
08    // 定义图像的显示位置、尺寸和屏幕的背景颜色
09    #define IM_XPOINT        160
10    #define IM_YPOINT        100
11    #define IM_WIDTH         320
12    #define IM_HEIGHT        280
```

图 8-46　bayes_test.c 源代码

```c
13   #define BGC              0x00000FFF
14
15   INT32U right_class[100] = { 7,2,1,0,4,1,4,9,5,9,
16                               0,6,9,0,1,5,9,7,3,4,
17                               9,6,6,5,4,0,7,4,0,1,
18                               3,1,3,4,7,2,7,1,2,1,
19                               1,7,4,2,3,5,1,2,4,4,
20                               6,3,5,5,6,0,4,1,9,5,
21                               7,8,9,3,7,4,6,4,3,0,
22                               7,0,2,9,1,7,3,2,9,7,
23                               7,6,2,7,8,4,7,3,6,1,
24                               3,6,9,3,1,4,1,7,6,9  };
25
26   INT32U result_class[100];
27
28   int main() {
29
30       // 初始化VGA控制器
31       vga_init();
32
33       // 加载图像
34       load_image( IM_XPOINT, IM_YPOINT, IM_WIDTH, IM_HEIGHT, images );
35
36       // 配置VGA控制器的图像显示位置信息、图像尺寸信息和背景颜色信息
37       vga_setimpoint(IM_XPOINT, IM_YPOINT);
38       vga_setimsize(IM_WIDTH, IM_HEIGHT);
39       vga_setbgcolor(BGC);
40
41       // 启动VGA控制器
42       vga_start();
43
44       // 启动AXI Bayes IP核进行手写体数字的识别
45       uart_print( "Handwritten digits recognition based on Bayes Classifier is started!\r\n\r\n", 72 );
46       INT32U right_num = 0;
47       INT32U dig_num;
48       INT32U feat_vec;
49       // 100个手写体数字逐个进行分类识别
50       for (dig_num = 0; dig_num < 100; dig_num++) {
51
52               bayes_setREG(BAYES_VECTOR, 0x00000000);              // 清空特征向量寄存器
53               bayes_setREG(BAYES_START, 0x00000000);               // 清空启动寄存器
54               bayes_setREG(BAYES_START, 0x00000001);               // 启动AXI Bayes IP核加载特征向量
55
56               // 每个手写体数字由25个特征向量组成
57               for ( feat_vec = 0; feat_vec < 25; feat_vec++ )
58                       bayes_setREG(BAYES_VECTOR, pixels[dig_num * 25 + feat_vec]);
59
60               // 启动分类器进行手写体数字的分类识别
61               bayes_setREG(BAYES_START, 0x00000002);
62
63               while(1) {
64
65                       if ( REG32(BAYES_BASE + BAYES_END) == 1 ) {          // 判断分类识别是否结束
66
67                               result_class[dig_num] = bayes_getREG(BAYES_CLASSRES);   // 获取分类结果
68
69                               // 判断分类结果是否与正确结果一致
70                               if ( result_class[dig_num] == right_class[dig_num] )
71                                       right_num++;
72                               break;
73                       }
74               }
75       }
76
77       // 清空启动寄存器，停止AXI Bayes IP核工作
78       bayes_setREG(BAYES_START, 0x00000000);
79
80       uart_print( "Classification result: \r\n\r\n", 27 );
81
82       // 打印手写体数字的分类识别结果
83       INT32U row, col;
84       for (row = 0; row < 10; row++) {
85               for (col = 0; col < 10; col++) {
86                       dig_num = row * 10 + col;
87                       uart_sendByte( result_class[dig_num] + '0' );
88                       uart_sendByte( ' ' );
89               }
90               uart_print( " \r\n", 3 );;
91       }
92
```

图 8-46　bayes_test.c 源代码（续）

```
77        // 清空启动寄存器，停止AXI Bayes IP核工作
78        bayes_setREG( BAYES_START, 0x00000000);
79
80        uart_print( "Classification result: \r\n\r\n", 27 );
81
82        // 打印手写体数字的分类识别结果
83        INT32U row, col;
84        for (row = 0; row < 10; row++) {
85                for (col = 0; col < 10; col++) {
86                        dig_num = row * 10 + col;
87                        uart_sendByte( result_class[dig_num] + '0' );
88                        uart_sendByte( ' ' );
89                }
90                uart_print( " \r\n", 3 );;
91        }
92
93        uart_print( "\r\nClassification is complete! \r\n", 32 );
94        uart_print( "The classification accuracy is   ", 33 );
95        uart_sendByte( (right_num / 10) + '0' );
96        uart_sendByte( (right_num % 10) + '0' );
97        uart_sendByte( '%' );
98        uart_print( ".\r\n", 3 );
99
100       return 0;
101   }
```

图 8-46　bayes_test.c 源代码（续）

第 9～13 行代码定义一系列宏，包括图像显示位置、图像尺寸和图像背景颜色编码。

第 15～26 行代码定义了两个无符号整型数组 right_class 和 result_class。前者保存对 100 个手写体数字的正确分类结果，后者用于存储通过 AXI Bayes 进行分类识别后的结果。

第 31～42 行代码实现将图 6-113 所示的 100 个待识别的手写体数字图像通过屏幕进行显示，代码与 6.4.6 节给出的代码相同，这里不再赘述。

第 50～75 行代码启动贝叶斯分类器对 100 个手写体数字进行逐个分类识别。第 50 行代码是最外层循环，每次将 1 个手写体数字送入 AXI Bayes 进行识别。识别过程如下：首先，第 52～53 行代码清空特征向量寄存器（slv_reg2）和启动寄存器（slv_reg0）；然后，第 54 行代码将启动寄存器的最低位设置为 1，启动向 AXI Bayes 加载特征向量；接着，第 57～58 行代码将每个手写体数字对应的 25 个特征向量依次传输给 AXI Bayes；第 61 行代码将启动寄存器的次低位设置为 1，启动 AXI Bayes 进行基于朴素贝叶斯的分类识别计算；第 63～74 行代码读取终止寄存器（slv_reg3）的值，如果为 1，则表示分类识别计算已经结束，此时通过分类结果寄存器（slv_reg1）获取识别结果，并存入 result_class 数组，再将其与正确结果（right_class）进行比较，如果一致，则将正确识别数 right_num 加 1。

第 78 行代码表示在对 100 个手写体数字完成识别后，通过将启动寄存器清 0，停止 AXI Bayes 工作。

第 83～98 行代码将识别出的结果按照 10 行 10 列的形式通过串口调试工具进行打印。

步骤二．基于 Nexys4 DDR 板卡进行功能验证

（1）首先，将 Nexys4 DDR 板卡与 PC 通过 USB Cable 线相连接，打开电源键。然后，在 Flow Navigator 中单击 PROGRAM AND DEBUG→Open Hardware Manager→Open Target→Auto Connect，完成 Vivado 与板卡的自动连接。

（2）在所添加的 Flash 设备上单击右键，选择 Program Configuration Memory Device 对其进行编程，即将待测试的程序写入 Flash 中。在弹出的窗口中，选择需要编程的 bin 文件，如图 8-47 所示，其他选项保持默认即可，单击"OK"按钮启动 Flash 编程。

图 8-47　对 Flash 设备进行编程

（3）打开串口调试工具，连接 Nexys4 DDR FPGA 开发板的串口。

（4）通过 VGA 连接线将 Nexys4 DDR FPGA 开发板和显示器屏幕进行连接。

（5）在 Vivado 的 Flow Navigator 中的 HARDWARE MANAGER 选项下，单击 Program device。在弹出的窗口中选择检查选中的比特流文件（MiniMIPS32_FullSyS_Wrapper.bit）是否正确，再单击"Program"按钮。这样，比特流文件被烧写到 Nexys4 DDR 开发板的 FPGA 中，即可在开发板上验证功能是否正确。

（6）比特流文件被烧写完成后，按下板卡上的 CPU 复位按钮用于系统的复位和启动。此时，显示器屏幕上将显示如图 8-48（a）所示的 100 个手写体数字，按照 10 行 10 列进行排列。同时，串口调试工具将打印出分类识别结果，也按 10 行 10 列进行排列，如图 8-48（b）所示。通过对比可以看出，图 8-48（b）中方框标记出的是识别错误的数字，总计 14 个，因此基于朴素贝叶斯分类器的手写体数字识别系统的识别准确率为 86%。

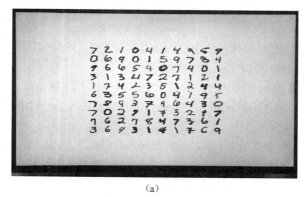

（a）

图 8-48　手写体数字识别 SoC 的功能验证结果

(b)

图 8-48　手写体数字识别 SoC 的功能验证结果（续）

参 考 文 献

[1]　MIPS Technologies. MIPS Architecture for Programmers Volume I: Introduction to the MIPS32 Architecture, 2005.

[2]　MIPS Technologies. MIPS Architecture for Programmers Volume II: The MIPS32 Instruction Set, 2005

[3]　MIPS Technologies. MIPS Architecture for Programmers Volume III: MIPS32 Privileged Resource Architecture, 2005.

[4]　Dominic Sweetman 著. 李鹏，鲍峥，石洋等译. MIPS 体系结构透视. 北京：机械工业出版社，2008.

[5]　刘佩林，谭志明，刘嘉龑. MIPS 体系结构与编程. 北京：科学出版社，2008.

[6]　雷思磊. 自己动手写 CPU. 北京：电子工业出版社，2014.

[7]　袁春风. 计算机组成与系统结构（第 2 版）. 北京：清华大学出版社，2015.

[8]　胡伟武. 计算机体系结构基础. 北京：机械工业出版社，2017.

[9]　John L. Hennessy, David A. Patterson 著. 贾洪峰译. 计算机体系结构：量化研究方法（第 5 版）. 北京：人民邮电出版社，2013.

[10]　郭炜等. SoC 设计方法与实现（第 3 版）. 北京：电子工业出版社，2017.

[11]　高亚军. Vivado 从此开始. 北京：电子工业出版社，2016.

[12]　陆佳华，潘祖龙，彭竞宇. 嵌入式系统软硬件协同设计实战指南（基于 Xilinx Zynq）. 北京：机械工业出版社，2014.

[13]　汤勇明，张圣清，陆佳华. 搭建你的数字积木·数字电路与逻辑设计（Verilog HDL&Vivado 版）. 北京：清华大学出版社，2017.

[14]　Koc C K , Acar T , Kaliski B S . Analyzing and Comparing Montgomery Multiplication Algorithms. IEEE Micro, 2002, 16(3):26-33.

[15]　Boscher A, Handschuh H, Trichina E. Blinded Fault Resistant Exponentiation Revisited. Sixth International Workshop on Fault Diagnosis and Tolerance in Cryptography. FDTC 2009. Lausanne, Switzerland, 6 September 2009. IEEE, 2009.